机器学习数学基础

Python语言实现

周洋 张小霞◎编著

北京大学出版社
PEKING UNIVERSITY PRESS

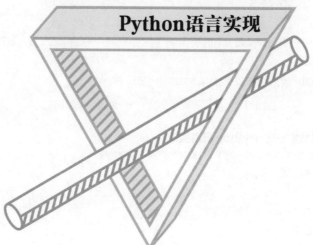

内 容 简 介

本书是一本系统介绍机器学习所涉及的数学知识和相关Python编程的实例工具书，同时还介绍了非常经典的综合案例，除了编写机器学习的代码，还编写了深度学习的代码。本书一共分为两部分。

第一部分为数学基础知识部分，包含8个章节，介绍了微积分、线性代数、概率统计、信息论、模糊数学、随机过程、凸优化和图论的系统知识体系及几个数学知识点对应的Python编程实例。通过这些实例，读者能够了解Scikit-learn、Scikit-fuzzy、Theano、SymPy、NetworkX和CVXPY中相应的库函数的应用。

第二部分为案例部分，包含4个章节，介绍了微积分、线性代数和概率统计问题的建模方法、求解流程和编程实现，以及工业生产领域的Python实战，包含了机器学习算法和深度学习PyTorch框架的应用。

在学习本书内容前，建议读者先掌握基本的Python编程知识和数学基础，然后将本书通读一遍，了解本书的大概内容，最后再跟着实例进行操作。

本书既注重数学理论，又偏重编程实践，实用性强，适用于对编程有一定基础，对系统的数学知识非常渴望，想从事人工智能、大数据等方向研究的读者。同时也适合作为广大职业院校相关专业的教材或参考用书。

图书在版编目(CIP)数据

机器学习数学基础：Python语言实现 / 周洋，张小霞编著. — 北京：北京大学出版社，2021.8
ISBN 978-7-301-32267-3

Ⅰ.①机… Ⅱ.①周… ②张… Ⅲ.①机器学习②软件工具 – 程序设计 Ⅳ.①TP181②TP311.561

中国版本图书馆CIP数据核字(2021)第119618号

书　　名　机器学习数学基础(Python语言实现)
JIQI XUEXI SHUXUE JICHU (PYTHON YUYAN SHIXIAN)
著作责任者　周　洋　张小霞　编著
责 任 编 辑　王继伟
标 准 书 号　ISBN 978-7-301-32267-3
出 版 发 行　北京大学出版社
地　　址　北京市海淀区成府路205号　100871
网　　址　http://www.pup.cn　　新浪微博：@北京大学出版社
电 子 信 箱　pup7@pup.cn
电　　话　邮购部 010-62752015　发行部 010-62750672　编辑部 010-62570390
印 刷 者　河北文福旺印刷有限公司
经 销 者　新华书店
787毫米×1092毫米　16开本　16.5印张　400千字
2021年8月第1版　2022年9月第2次印刷
印　　数　4001-6000册
定　　价　69.00元

前言

INTRODUCTION

机器学习，数学之美

为什么写这本书?

近年来，随着人工智能技术的飞速发展，传统机器学习算法的应用领域也逐渐扩大，岗位需求增加，越来越多的人投身到人工智能、大数据领域的探索学习中。

人工智能是目前计算机科学中十分热门的一个领域，而机器学习作为人工智能的核心技术，其底层逻辑就是数学知识的应用。为此，我们编写了这本《机器学习数学基础(Python语言实现)》，希望借此书能够帮助更多想学习机器学习、深度学习，但数学基础较为薄弱的人阅读学习。

这本书有什么特点?

数学知识点经过系统梳理，能让读者快速入门并掌握实际应用。全书分为两部分，第一部分从机器学习数学基础的几大体系入手，系统讲解机器学习的相关数学知识，同时穿插了19个基于Python编程的“小试牛刀”实例，以及20个“专家点拨”的知识；第二部分安排了8个大型的基于Python编程的机器学习应用案例，包括数学建模和工业应用方面的典型案例。本书具有以下特点。

1. 知识丰富，内容全面

机器学习数学基础知识包括微积分、线性代数、概率统计、信息论、模糊数学、随机过程、凸优化和图论，本书将其中与机器学习联系紧密的知识点提炼出来，进行了系统的讲解。内容丰富，架构清晰，相关知识点还可以通过本书进行快速查找。

2. 特色章节，助力提升

数学基础知识部分中的“凸优化”是与机器学习、深度学习结合非常紧密的章节，可以说是本书的一个主要特色，对于读者理解优化算法非常有帮助。

3. 程序简单，涵盖面广

19个“小试牛刀”编程实例，是笔者通过对相应的数学知识点进行Python编程的实例展现，同时介绍了Scikit-learn、Scikit-fuzzy、Theano、SymPy、NetworkX和CVXPY中库函数的应用，让读者有非常亲切的阅读体验。

4. 精心挑选的实战案例

第二部分的案例是笔者精心为读者设计的，微积分、线性代数和概率统计对应的简单案例，将数学建模的过程也融入其中；工业应用中的综合案例，包含了机器学习算法和深度学习 PyTorch 框架的应用，更全面地向读者介绍现实中的应用案例，让读者加深对机器学习和深度学习的了解。

通过这本书能学到什么？

(1)数学知识点的系统梳理：系统了解微积分、线性代数、概率统计、信息论、模糊数学、随机过程、凸优化和图论的知识点。

(2)数学知识点 Python 编程：掌握数学基础知识对应的 Python 编程实例，以及 Scikit-learn、Scikit-fuzzy、Theano、SymPy、NetworkX 和 CVXPY 中相应的库函数。

(3)数学建模分析：理解微积分、线性代数和概率统计问题的建模方法、求解流程和编程实现，帮助读者构建模型分析现实中的小问题。

(4)工业案例 Python 实战：工业生产领域的实战让读者提升编程能力，了解更多机器学习算法和深度学习 PyTorch 框架的应用。

这本书的阅读注意事项

(1)本书编写的数学基础知识部分是按照机器学习相关的内容总结的，给读者做数学方面的参考，同时帮助读者建立良好的数学思维。

(2)本书比较重要的定义、定理和推论用实线矩形框标示，伪代码部分用虚线矩形框标示。

(3)实例部分读者可以参照本书自行实现，并对比运行结果，多练习以提升编程能力。

除了书，您还能得到什么？

(1)赠送：案例源码。提供书中相关案例的源代码，方便读者学习参考。

(2)赠送：Python 常见面试题精选(50道)，旨在帮助读者在工作面试时提升过关率。

(3)赠送：职场高效人士学习资源大礼包，包括“微信高手技巧随身查”“QQ 高手技巧随身查”“手机办公 10 招就够”电子书，以及“5 分钟学会番茄工作法”“10 招精通超级时间整理术”讲解视频，让读者轻松应对职场那些事。

温馨提示：以上资源，请用手机微信扫描下方二维码关注公众号，输入代码“Q74393m”，获取下载地址及密码。

目录

CONTENTS

第 1 章

微积分

★本章导读★

在机器学习算法或深度学习算法中，微积分都是很基础的知识。所以，有必要梳理微积分的基本知识结构，以便更近一步学习机器学习算法。本章将介绍微积分中函数、极限、导数、梯度及积分等基本概念。

★学习目标★

- 理解大部分概念，如函数、极限、导数、积分等。
- 能计算常见函数的导数、偏导数。
- 了解简单复合函数求导的链式法则。
- 理解泰勒公式和泰勒展开式。

★知识要点★

- 函数、反函数、复合函数、极限的基础概念和性质。
- 导数、偏导数、全导数、求导法则、导数的应用。
- 方向导数和梯度。
- 不定积分和定积分的基础概念和性质。

1.1 函数和极限

函数的概念和性质是微积分的入门基础，是数学大厦不可或缺的根基。函数极限的性质也在机器学习算法的推导中经常用到，掌握这些基本概念是非常重要的。

1.1.1 函数的定义

在学习函数之前，我们可以先回忆一下自然界中的一些现象。“一个人的经验会随着年龄的增长而不断增加，同时一个人的体质会随着年龄的增长而不断下降。”这句文字描述只是简单地说明了它们之间的变化关系，具体如何刻画它们之间的变化呢？这时就要引入函数的定义。

函数的定义 设A,B都是非空的数的集合，$f:x\to y$是从A到B的一个对应法则，那么从A到B的映射$f:A\to B$就叫作函数，记作$y=f(x)$，其中$x\in A,y\in B$。

这里有3个重要的因素：定义域A、值域B和对应的映射法则f。变量x的变化范围叫作这个函数的定义域。通常x叫作自变量，y叫作函数值(或因变量)，变量y的变化范围叫作这个函数的值域。根据函数自变量和因变量之间的关系，可以把函数分为更多的种类，例如，单变量函数、多变量函数、复合函数、反函数等。

1.1.2 反函数

反函数的定义 设函数$y=f(x)$的定义域是D，值域是$f(D)$。如果对于值域$f(D)$中的每一个y，在D中有且仅有一个x使得$g(y)=x$，则按此对应法则得到了一个定义在$f(D)$上的函数，并把该函数称为函数$y=f(x)$的反函数，记作$x=f^{-1}(y),y\in f(D)$。

反函数有一个比较重要的性质，即关于$y=x$对称。如图1-1所示，$y=2^x(x\geqslant 0)$与$x=\log_2(y)(y\geqslant 1)$互为反函数。

初等函数(初等函数可以简单地理解为中学阶段所学的常见函数，如指数函数、对数函数、三角函数等，初等函数的四则运算也是初等函数，微积分中的主要研究对象也是初等函数)中存在很多这样的关系，如指数函数和对数函数。

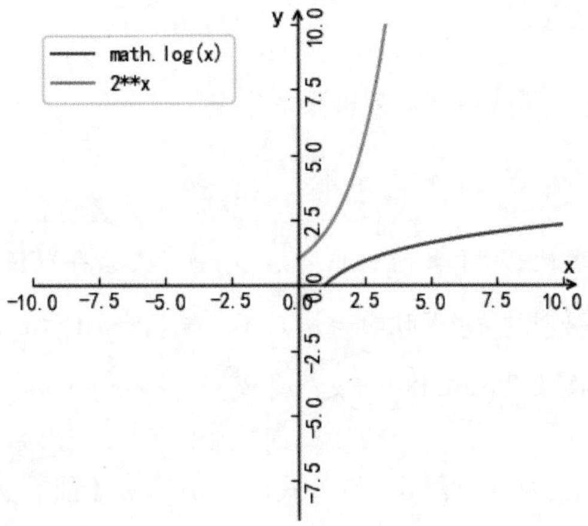

图 1-1　反函数绘制

1.1.3　复合函数

通俗地说，复合函数是将几个简单的常用函数以一定的形式组合在一起形成的新函数。

复合函数的定义　若y是u的函数：$y=f(u)$，而u又是x的函数：$u=g(x)$，且$g(x)$的函数值的全部或部分在$f(u)$的定义域内，则y通过u成为x的函数，这种函数称为由函数$u=g(x)$和函数$y=f(u)$构成的复合函数，记作$y=f\left[g(x)\right]$，其中u叫作中间变量。

现实世界中存在很多的复合函数，如学习能力就是一个复合函数。学习能力首先是学历、执行力、专注度的函数，同时学历、执行力、专注度可以看成是随时间变化的函数。这样综合起来的函数就是复合函数。

1.1.4　多元函数

前面定义的函数自变量只有一个，实际问题中可能会有多个，这就引申到多元函数的定义。

多元函数中二元函数的定义　设有两个独立的变量x与y在其给定的变域D中，任取一组数值时，第3个变量z就以某一确定的法则有唯一确定的值与其对应，那么变量z称为变量x与y的二元函数，记作$z=f(x,y)$，其中x与y称为自变量，函数z也叫作因变量，自变量x与y的变域D称为函数的定义域。

多元函数在现实世界中也非常常见，如一个人的成长受多方面的影响，对于这个多方面就体现了多元函数的概念。

1.1.5 函数极限的性质

在学习函数极限之前，先来了解一下数列极限的定义。

1. 数列极限与函数极限

数列极限的定义 一般地，对于数列 $x_1, x_2, \cdots, x_n, \cdots$ 来说，若存在任意给定的正数 ε(不论它多么小)，总存在正整数 N，使得对于 $n > N$ 时的一切 x_n 不等式 $|x_n - a| < \varepsilon$ 都成立，那么就称常数 a 是数列 x_n 的极限或称数列 x_n 收敛于 a，记作 $\lim\limits_{n \to \infty} x_n = a$ 或 $x_n \to a(n \to \infty)$。

此外，此定义中的正数 ε 只有任意给定，不等式 $|x_n - a| < \varepsilon$ 才能表达出 x_n 与 a 无限接近的意思，且定义中的正整数 N 与任意给定的正数 ε 是有关的，它是随着 ε 的给定而选定的。这就是著名的 ε-N 语言描述的数列极限。

通过上述数列极限的定义，可知数列可看作一类特殊的函数，即自变量取1到∞内的正整数，若自变量不再限于正整数的顺序，而是连续变化的，于是它就成了函数。下面来学习函数的极限。

函数极值有两种情况：一种是自变量无限增大；另一种是自变量无限接近某一定点 x_0，如果在这时，函数值无限接近于某一常数 A，就称函数存在极值。我们已经了解了函数极值的情况，那么函数的极限如何呢？

下面结合数列的极限来学习一下函数极限的概念，函数的极限可分为自变量趋向无穷大时函数的极限和自变量趋向有限值时函数的极限两种。

自变量趋向无穷大时函数极限的定义 设函数 $y = f(x)$，若对于任意给定的正数 ε(不论它多么小)，总存在正数 X，使得对于适合不等式 $|x| > X$ 的一切 x，所对应的函数值 $f(x)$ 都满足不等式 $|f(x) - A| < \varepsilon$，那么常数 A 就叫作函数 $y = f(x)$ 当 $x \to \infty$ 时的极限，记作 $\lim\limits_{x \to \infty} f(x) = A$。

自变量趋向有限值时函数极限的定义 设函数 $f(x)$ 在某点 x_0 的某个去心邻域内有定义，且存在数 A，若对于任意给定的 ε(不论它多么小)，总存在正数 δ，当 $0 < |x - x_0| < \delta$ 时，$|f(x) - A| < \varepsilon$，则称函数 $f(x)$ 当 $x \to x_0$ 时存在极限，且极限为 A，记作 $\lim\limits_{x \to x_0} f(x) = A$。

数列极限和函数极限都有很重要的定理，即夹逼定理。

数列极限的夹逼定理 如果数列 $\{x_n\}$，$\{y_n\}$ 及 $\{z_n\}$ 满足下列条件：

(1) $y_n \leqslant x_n \leqslant z_n (n = 1,2,3,\cdots)$；

(2) $\lim\limits_{n \to \infty} y_n = a$，$\lim\limits_{n \to \infty} z_n = a$，

则数列 $\{x_n\}$ 的极限存在，且 $\lim\limits_{n \to \infty} x_n = a$。

函数极限的夹逼定理 设函数$f(x)$在点a的某一去心邻域$U(\hat{a},\delta)$内(或$|x|\geqslant X$时)满足下列条件:

(1)$g(x)\leqslant f(x)\leqslant h(x)$;

(2)$\lim\limits_{x\to a}g(x)=A,\lim\limits_{x\to a}h(x)=A$(或$\lim\limits_{x\to\infty}g(x)=A,\lim\limits_{x\to\infty}h(x)=A$),

则$\lim\limits_{x\to a}f(x)$存在,且$\lim\limits_{x\to a}f(x)=A$(或$\lim\limits_{x\to\infty}f(x)$存在,且$\lim\limits_{x\to\infty}f(x)=A$)。

从定理中可以看出,这个结论不仅说明了极限存在,而且给出了求极限的方法。

2. 函数极限的运算规则

前面的内容介绍了函数极限的定义,下面介绍函数极限的运算规则。

若已知$x\to x_0$(或$x\to\infty$)时,$f(x)\to A,g(x)\to B$,则

(1)$\lim\limits_{x\to x_0}(f(x)\pm g(x))$存在,且$\lim\limits_{x\to x_0}(f(x)\pm g(x))=A\pm B$;

(2)$\lim\limits_{x\to x_0}f(x)\cdot g(x)$存在,且$\lim\limits_{x\to x_0}f(x)\cdot g(x)=A\cdot B$;

(3)$\lim\limits_{x\to x_0}\dfrac{f(x)}{g(x)}$存在,且$\lim\limits_{x\to x_0}\dfrac{f(x)}{g(x)}=\dfrac{A}{B}\ (B\neq 0)$。

推论 $\lim\limits_{x\to x_0}k\cdot f(x)=kA$($k$为常数);

$\lim\limits_{x\to x_0}[f(x)]^m=A^m$($m$为正整数)。

在求函数的极限时,利用上述规则就可把一个复杂的函数化为若干个简单的函数来求极限。

下面介绍两个比较重要的公式。

(1)$\lim\limits_{x\to 0}\dfrac{\sin x}{x}=1$;

(2)$\lim\limits_{x\to 0}(1+x)^{\frac{1}{x}}=\mathrm{e}$或$\lim\limits_{x\to\infty}\left(1+\dfrac{1}{x}\right)^x=\mathrm{e}$。

对于重要极限的求解,最直接的方式就是拼凑成这样的格式。第1个公式本质上就是$\dfrac{0}{0}$型,变化时就应该变成这样的形式。第2个公式本质上就是1^∞型,计算时就需要拼凑成这样的形式。在数学中通常把$\dfrac{0}{0}$和1^∞叫作不定型。

3. 无穷大量和无穷小量

这里读者可以先思考一个问题,函数极限中有哪些特殊的极限呢?前文介绍自变量趋向无穷大时函数的极限和自变量趋向有限值时函数的极限,都是趋近于一个特定的值。若趋近于无穷大量和无穷小量,又该如何定义,下面就来介绍一下。

(1)无穷大量。

先来看一个例子:已知函数$f(x)=\dfrac{1}{x}$,当$x\to 0$时,可知$f(x)\to\infty$,这种情况称为$f(x)$趋向无穷大。为此,可作如下定义。

当 $x \to x_0$ 时，无穷大量的定义　设有函数 $y = f(x)$，在 $x = x_0$ 的去心邻域内有定义，对于任意给定的正数 N(一个任意大的数)，总可以找到正数 δ，当 $0 < |x - x_0| < \delta$ 时，$|f(x)| > N$ 成立，则称函数当 $x \to x_0$ 时为无穷大量，记作 $\lim\limits_{x \to x_0} f(x) = \infty$(表示为无穷大量，实际它是没有极限的)。

当 $x \to \infty$ 时，无穷大量的定义　设有函数 $y = f(x)$，当 x 充分大时有定义，对于任意给定的正数 N(一个任意大的数)，总可以找到正数 M，当 $|x| > M$ 时，$|f(x)| > N$ 成立，则称函数当 $x \to \infty$ 时为无穷大量，记作 $\lim\limits_{x \to \infty} f(x) = \infty$。

(2)无穷小量。

无穷小量是什么呢？以零为极限的变量即称为无穷小量。

无穷小量的定义　设有函数 $f(x)$，对于任意给定的正数 ε(不论它多么小)，总存在正数 δ(或正数 M)，使得对于适合不等式 $0 < |x - x_0| < \delta$(或 $|x| > M$)的一切 x，所对应的函数值满足不等式 $|f(x)| < \varepsilon$，则称函数 $f(x)$ 当 $x \to x_0$(或 $x \to \infty$)时为无穷小量，记作 $\lim\limits_{x \to x_0} f(x) = 0$(或 $\lim\limits_{x \to \infty} f(x) = 0$)。

此外，无穷大量与无穷小量都是一个变化不定的量，不是常量，只有0可作为无穷小量的唯一常量。无穷大量与无穷小量的区别是：前者无界，后者有界；前者发散，后者收敛于0。无穷大量与无穷小量互为倒数关系。

1.1.6　洛必达法则

前文在讲解重要极限时介绍了两种不定型，那么对于更多的不定型又是如何计算极限的呢？常见的不定式极限还有 $0\cdot\infty, 1^\infty, 0^0, \infty^0, \infty-\infty$ 等类型。经过简单变换，它们一般均可化为 $\frac{0}{0}$ 型或 $\frac{\infty}{\infty}$ 型的极限。下面介绍一般的通用方法，也是降低函数极限计算的有效方法，即洛必达法则。

1. $\frac{0}{0}$ 型

若函数 $f(x)$ 和 $g(x)$ 满足下列条件：

(1) $\lim\limits_{x \to a} f(x) = 0, \lim\limits_{x \to a} g(x) = 0$；

(2)在点 a 的某去心邻域内 $f(x)$ 和 $g(x)$ 可导，且 $g'(x) \neq 0$；

(3) $\lim\limits_{x \to a} \frac{f'(x)}{g'(x)} = A$($A$ 可为实数，也可为 ∞)，

则有

$$\lim_{x \to a} \frac{f(x)}{g(x)} = \lim_{x \to a} \frac{f'(x)}{g'(x)} = A$$

2. $\frac{\infty}{\infty}$型

若函数$f(x)$和$g(x)$满足下列条件:

(1)$\lim\limits_{x \to a} f(x) = \infty, \lim\limits_{x \to a} g(x) = \infty$;

(2)在点a的某去心邻域内$f(x)$和$g(x)$可导,且$g'(x) \neq 0$;

(3)$\lim\limits_{x \to a} \frac{f'(x)}{g'(x)} = A$($A$可为实数,也可为$\infty$),

则有

$$\lim_{x \to a} \frac{f(x)}{g(x)} = \lim_{x \to a} \frac{f'(x)}{g'(x)} = A$$

如果将极限$x \to a$换成$x \to a^+, x \to a^-$或$x \to \infty, x \to -\infty, x \to +\infty$,那么只要把条件做相应的改变,结论依然成立。

1.1.7 函数的连续性

在自然界中有许多连续变化的现象,如潮汐的变化、花朵的开放等。这种现象在函数关系上的反映,就是函数的连续性。函数的连续性是一个很强的性质,现实世界中连续的函数往往是稀缺的。但是,连续性是一个非常重要的性质,值得我们去学习和了解。连续本质而言就是连续的变化,所以在学习之前,先学习函数的增量。

在定义函数的连续性之前,先来学习一个概念——增量。

设变量x从它的一个初值x_1变到终值x_2,终值与初值的差$x_2 - x_1$就叫作变量x的增量,记作Δx。即$\Delta x = x_2 - x_1$,增量Δx可正可负。

再来看一个例子:函数$y = f(x)$在点x_0的邻域内有定义,当自变量x在邻域内从x_0变到$x_0 + \Delta x$时,函数y相应地从$y = f(x_0)$变到$f(x_0 + \Delta x)$,其对应的增量为$\Delta y = f(x_0 + \Delta x) - f(x_0)$。

现在可对连续性的概念这样描述:如果当Δx趋向于零时,函数y对应的增量Δy也趋向于零,即$\lim\limits_{\Delta x \to 0} \Delta y = 0$,那么就称函数$y = f(x)$在点$x_0$处连续。

函数连续性的定义 设函数$y = f(x)$在点x_0的某一邻域内有定义,如果有$\lim\limits_{x \to x_0} f(x) = f(x_0)$,则称函数$y = f(x)$在点$x_0$处连续,且称$x_0$为函数$y = f(x)$的连续点。

闭区间上的连续函数有以下3个定理。

最值定理 闭区间上的连续函数在该区间上一定有界;闭区间上的连续函数一定有最大值和最小值。

介值定理 设$f(x)$在$[a,b]$上连续,且$f(a) \neq f(b)$,则对于$f(a)$与$f(b)$之间的任意常数C,在(a,b)内至少存在一点ξ,使得$f(\xi) = C(a < \xi < b)$。

以上这些定理的描述读者没必要去记住，可以简单地画个图来理解，如图1-2和图1-3所示。

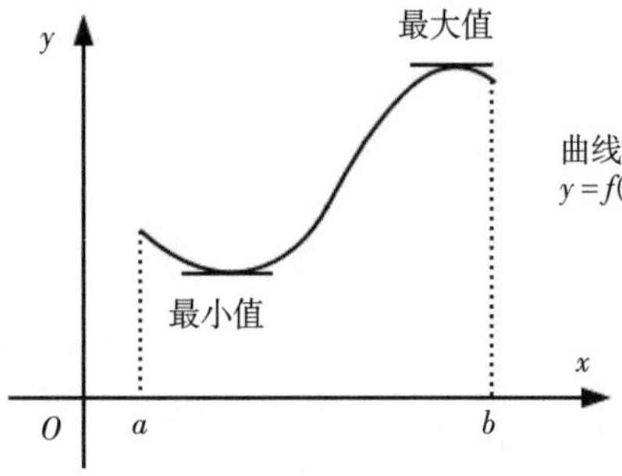

图1-2 最值定理示例

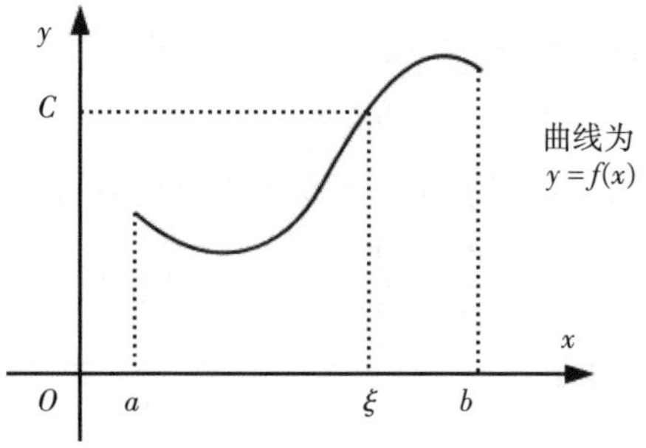

图1-3 介值定理示例

零点存在定理(勘根定理) 设函数$f(x)$在闭区间$[a,b]$上连续，且$f(a)$与$f(b)$异号($f(a)\cdot f(b)<0$)，那么在开区间(a,b)内至少有函数$f(x)$的一个零点，即至少存在一个$c(a<c<b)$使得$f(c)=0$。

如图1-4所示，$f(a)\cdot f(b)<0$时，零点可能有一个也可能有多个。

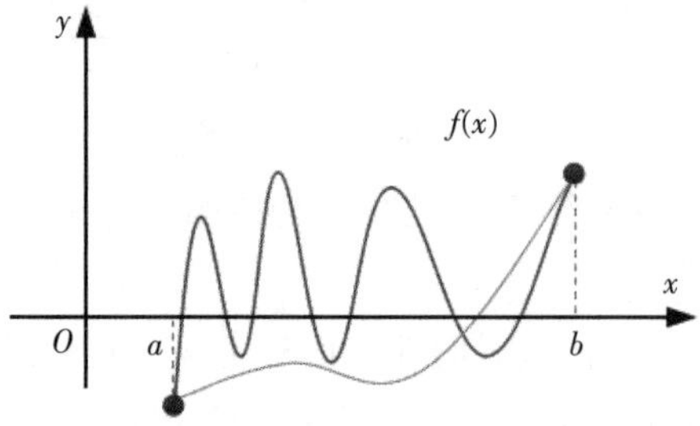

图1-4 零点存在定理示例

1.1.8 拉格朗日乘数法

拉格朗日乘数法应用广泛，可以解决约束优化问题。机器学习的优化算法中也有拉格朗日乘数法的影子，所以需要读者先初步的了解。拉格朗日乘数法的基本思想就是通过引入拉格朗日乘子来将含有n个变量和k个约束条件的约束优化问题转化为含有$n+k$个变量的无约束优化问题。拉格朗日乘子背后的数学意义是其为约束方程梯度线性组合中每个向量的系数。

如何将一个含有n个变量和k个约束条件的约束优化问题转化为含有$n+k$个变量的无约束优化问题？拉格朗日乘数法从数学意义入手，通过引入拉格朗日乘子建立极值条件，对n个变量分别求偏导(对应n个方程)，然后加上k个约束条件(对应k个拉格朗日乘子)一起构成包含了$n+k$个变量的$n+k$个方程的方程组问题，这样就能根据求方程组的方法对其进行求解。

拉格朗日乘数法的基本形态，也就是将函数$z=f(x,y)$在条件$\varphi(x,y)=0$下的条件极值问题转化为函数$F(x,y)=f(x,y)+\lambda\varphi(x,y)$的无条件极值问题。

条件极值，即对自变量有附加条件的极值。问题可以转化为一个函数在某一特定条件下寻找可能的极值点，即函数$z=f(x,y)$在条件$\varphi(x,y)=0$下寻找可能的极值点。

这里需要构造一个函数$F(x,y)=f(x,y)+\lambda\varphi(x,y)$，得到如下方程组：

$$\begin{cases} f_x(x,y)+\lambda\varphi_x(x,y)=0 \\ f_y(x,y)+\lambda\varphi_y(x,y)=0 \\ \varphi(x,y)=0 \end{cases}$$

其中，λ为某一常数。

解出x,y,λ，其中x,y就可能是极值点的坐标。

也可以由此推广到有变量和多个条件的情况下求解，这几乎成了解决带等式约束优化问题的常用方法。

1.1.9 函数间断点

1. 间断点的定义

设函数$f(x)$在点x_0处连续$\Leftrightarrow \lim\limits_{x\to x_0} f(x)=f(x_0)$。

间断点的定义 函数$f(x)$在点x_0处连续，必须满足下列条件：

(1) $f(x)$在点x_0处有定义；

(2) $\lim\limits_{x\to x_0} f(x)$存在；

(3) $\lim\limits_{x\to x_0} f(x)=f(x_0)$。

上述3个条件中只要有一个不满足，就称函数$f(x)$点x_0处不连续(或间断)，并称点x_0为$f(x)$的不连续点(或间断点)。

间断点图形：函数在一点间断，其图形在该点断开，如图1–5所示。

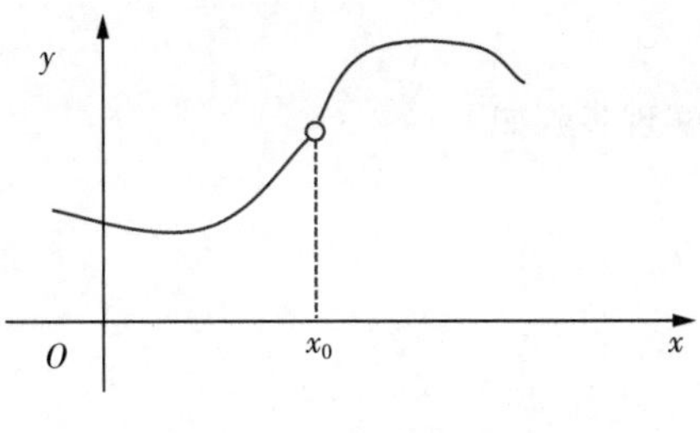

图1–5 间断点

2. 间断点的分类

(1)第一类间断点：如果函数$f(x)$在点x_0处间断，且左、右极限$f(x_0^-)$,$f(x_0^+)$都存在，若$f(x_0^-) \neq f(x_0^+)$,则称点x_0为$f(x)$的跳跃间断点；如果函数$f(x)$在点x_0处间断，且左、右极限$f(x_0^-)$,$f(x_0^+)$都存在，若$f(x_0^-) = f(x_0^+)$,则称点x_0为$f(x)$的可去间断点。跳跃间断点和可去间断点统称为第一类间断点。其特点是函数在点x_0处左、右极限都存在。

(2)第二类间断点：如果函数$f(x)$在点x_0处间断，且左、右极限$f(x_0^-)$,$f(x_0^+)$至少有一个不存在，则称点x_0为$f(x)$的第二类间断点。

小试牛刀01：Python编程实现函数极限

★案例说明★

利用Python的SymPy库实现$\lim\limits_{a \to 0} \dfrac{\sin(a)}{a}$和$\lim\limits_{n \to \infty} \left(\dfrac{n+3}{n+2}\right)^n$的求解。

SymPy是一个符号计算的Python库。SymPy支持符号计算、高精度计算、模式匹配、绘图、解方程、微积分、组合数学、离散数学、几何学、概率与统计、物理学等各方面的功能，用一套强大的符号计算体系完成诸如多项式求值、求极限、解方程、求积分、微分方程、级数展开、矩阵运算等计算问题。本节将调用SymPy的库函数sympy.limit实现函数极限的求解。SymPy库有许多标识可引用来表示特殊的数学符号。例如，sympy.oo 表示无穷大(标识方式是两个小写字母o连接在一起)，sympy.E表示自然常数e，sympy.pi表示圆周率。

★实现思路★

案例01：求解$\lim\limits_{a \to 0} \dfrac{\sin(a)}{a}$，实现步骤如下。

步骤1：定义a。

步骤2：定义$b = \dfrac{\sin(a)}{a}$。

步骤3：定义result = $\lim\limits_{a \to 0} b$。

案例02：求解$\lim\limits_{n \to \infty} \left(\dfrac{n+3}{n+2}\right)^n$，实现步骤如下。

步骤1：定义n。

步骤2：定义$h = \left(\dfrac{n+3}{n+2}\right)^n$。

步骤3：定义$y = \lim\limits_{n \to \infty} h$。

★编程实现★

案例01的实现代码如下。

```
# -*- coding: utf-8 -*-
import sympy
sympy.init_printing()
from sympy import oo
# 1.求sin(a) / a在a=0处的极限
a = sympy.Symbol('a')
b = sympy.sin(a) / a
result = sympy.limit(b, a, 0)
print('sin(a) / a在a=0处的极限:', result)
```

运行结果如图1-6所示。

sin(a) / a在a=0处的极限: 1

图1-6　运行结果

案例02的实现代码如下。

```
# 2.求[(n+3)/(n+2)]^n,n趋近无穷大时的极值
n = sympy.Symbol('n')
h = ((n+3)/(n+2)) ** n
y = sympy.limit(h, n, sympy.oo)
print('[(n+3)/(n+2)]^n ,n趋近无穷大的极值:', y)
```

运行结果如图1-7所示。

[(n+3)/(n+2)]^n ,n趋近无穷大的极值: E

图1-7　运行结果

1.2 导数

导数在微积分中占有非常重要的地位。在机器学习和深度学习中经常用到导数,因此掌握各种求导法则的精髓,熟悉导数的各种应用非常有必要。

1.2.1　导数的概念

了解了函数及其性质,函数的变化率又如何表示呢?这个问题就引出来导数的概念。下面先来了解一下导数的定义。

1. 导数的定义

物理学上的速度在数值上等于物体在单位时间内通过的路程。加速度则是速度的变化量与发生这一变化所用时间的比值，即$\Delta v/\Delta t$。下面先来讨论一下描述质点运动的函数$s=f(t)$。t到t_0这段时间内质点的平均速度为

$$\vec{v}=\frac{f(t)-f(t_0)}{t-t_0}$$

若质点是匀速运动的，则这就是质点在t_0时的瞬时速度；若质点是非匀速直线运动的，则这还不是质点在t_0时的瞬时速度。我们认为，当时间段$t-t_0$无限地接近于0时，此平均速度会无限地接近于质点在t_0时的瞬时速度，即

$$v=\lim_{t\to t_0}\frac{f(t)-f(t_0)}{t-t_0}$$

为此，就产生了导数的定义。

> **导数的定义**　设函数$y=f(x)$在点x_0的某一邻域内有定义，当自变量x在x_0处有增量Δx($x+\Delta x$也在该邻域内)时，相应地，函数有增量$\Delta y=f(x_0+\Delta x)-f(x_0)$，若$\Delta y$与$\Delta x$之比当$\Delta x\to 0$时极限存在，则称此极限值为函数$y=f(x)$在点$x_0$处的导数，记作$y'\big|_{x=x_0}$，$\frac{\mathrm{d}y}{\mathrm{d}x}\Big|_{x=x_0}$或$f'(x_0)$。

2. 左、右导数

若极限$\lim\limits_{\Delta x\to 0^-}\frac{\Delta y}{\Delta x}$存在，我们就称它为函数$y=f(x)$在$x=x_0$处的左导数。若极限$\lim\limits_{\Delta x\to 0^+}\frac{\Delta y}{\Delta x}$存在，我们就称它为函数$y=f(x)$在$x=x_0$处的右导数。函数$y=f(x)$在点$x_0$处的左、右导数存在且相等是函数$y=f(x)$在点$x_0$处可导的充要条件。

1.2.2　偏导数、全导数

1.2.1小节介绍了导数的定义，了解了导数是函数的变化率，但是对于二元函数或更多元函数，如果要研究它的变化率，就需要了解偏导数和全导数的概念。

1. 偏导数

> **偏导数的定义**　设有二元函数$z=f(x,y)$，点(x_0,y_0)是其定义域D内一点，当y固定在y_0，而x在x_0处有增量Δx时，相应地，函数$z=f(x,y)$有增量(称为对x的偏增量)$\Delta_x z=f(x_0+\Delta x,y_0)-f(x_0,y_0)$，若$\Delta_x z$与$\Delta x$之比当$\Delta x\to 0$时极限$\lim\limits_{\Delta x\to 0}\frac{\Delta_x z}{\Delta x}=\lim\limits_{\Delta x\to 0}\frac{f(x_0+\Delta x,y_0)-f(x_0,y_0)}{\Delta x}$存在，则称此极限值为函数$z=f(x,y)$在点$(x_0,y_0)$处对$x$的偏导数，记作$f_x'(x_0,y_0)$或$\frac{\partial f}{\partial x}\Big|_{(x_0,y_0)}$。

2. 全导数

> **全导数的定义** 由二元函数$z=f(u,v)$和两个一元函数$u=\varphi(x)$,$v=\psi(x)$复合起来的函数$z=f[\varphi(x),\psi(x)]$是x的一元函数。这时,复合函数的导数就是一个一元函数的导数$\frac{\mathrm{d}z}{\mathrm{d}x}$,称为全导数。

1.2.3 高阶导数

我们知道,在物理学上变速直线运动的速度$v(t)$是位置函数$s(t)$对时间t的导数,而加速度a又是速度v对时间t的变化率,即速度v对时间t的导数。这种导数的导数叫作s对t的二阶导数。下面是高阶导数的数学定义。

> **高阶导数的定义** 函数$y=f(x)$的导数$y'=f'(x)$仍然是x的函数,我们把$y'=f'(x)$的导数叫作函数$y=f(x)$的二阶导数,记作y''或$\frac{\mathrm{d}^2y}{\mathrm{d}x^2}$,即$y''=(y')'$或$\frac{\mathrm{d}^2y}{\mathrm{d}x^2}=\frac{\mathrm{d}}{\mathrm{d}x}\left(\frac{\mathrm{d}y}{\mathrm{d}x}\right)$。相应地,把$y=f(x)$的导数$y'=f'(x)$叫作函数$y=f(x)$的一阶导数。类似地,二阶导数的导数叫作三阶导数,三阶导数的导数叫作四阶导数,…,$n-1$阶导数的导数叫作n阶导数,分别记作y''',$y^{(4)}$,…,$y^{(n)}$或$\frac{\mathrm{d}^3y}{\mathrm{d}x^3}$,$\frac{\mathrm{d}^4y}{\mathrm{d}x^4}$,…,$\frac{\mathrm{d}^ny}{\mathrm{d}x^n}$。

二阶及二阶以上的导数统称为高阶导数。由此可见,求高阶导数就是多次接连地求导数,所以在求高阶导数时可运用前面所学的求导方法。

1.2.4 函数的基础求导法则

函数的基础求导法则较多,包括函数的和与差的求导法则、常数与函数的积的求导法则、函数的积的求导法则、函数的商的求导法则、复合函数的求导法则、反函数的求导法则、隐函数的求导法则等,下面将一一进行介绍。

1. 常用的求导公式

首先来看一些基本的初等函数的求导公式。

$$(C)'=0,(x)'=1,(x^n)'=nx^{n-1},(\sin x)'=\cos x,(\mathrm{e}^x)'=\mathrm{e}^x,(\ln x)'=\frac{1}{x}$$

其中,e作为数学常数,是一个无理数,是自然对数函数的底数,约等于2.718281828。

2. 函数的和与差的求导法则

函数的和与差的求导法则比较简单,两个可导函数的和(差)的导数等于这两个函数的导数的和(差),用公式可写成$(u\pm w)'=u'\pm w'$,其中u,w为可导函数。

3. 常数与函数的积的求导法则

在求一个常数与一个可导函数的乘积的导数时，常数因子可以提到求导记号外，用公式可写成 $(cu)' = cu'$。

下面来看一个简单的例子：设 $f(x) = 4\sin x - \mathrm{e}^x + 2x^2 + 5$，求 $f'(x)$ 及 $f'(0)$。

解：依据以上介绍的常用的求导公式、函数的和与差的求导法则、常数与函数的积的求导法则，可得

$$(4\sin x)' = 4\cos x, (\mathrm{e}^x)' = \mathrm{e}^x, (2x^2)' = 4x, (5)' = 0$$

故

$$\begin{aligned} f'(x) &= (4\sin x - \mathrm{e}^x + 2x^2 + 5)' \\ &= (4\sin x)' - (\mathrm{e}^x)' + (2x^2)' + (5)' \\ &= 4\cos x - \mathrm{e}^x + 4x \end{aligned}$$

$$f'(0) = (4\cos x - \mathrm{e}^x + 4x)\Big|_{x=0} = 3$$

4. 函数的积的求导法则

两个可导函数乘积的导数等于第1个因子的导数乘第2个因子，加上第1个因子乘第2个因子的导数，用公式可写成 $(uw)' = u'w + uw'$。

如果是3个函数相乘，如何表示呢？可以先把其中的两个看成一项，再逐次求导。

5. 函数的商的求导法则

两个可导函数之商的导数等于分子的导数与分母的乘积减去分母的导数与分子的乘积，再除以分母的平方，用公式可写成 $\left(\dfrac{u}{w}\right)' = \dfrac{u'w - uw'}{w^2}$。

6. 复合函数的求导规则

两个可导函数复合而成的复合函数的导数等于函数对中间变量的导数乘中间变量对自变量的导数，用公式可写成 $\dfrac{\mathrm{d}y}{\mathrm{d}x} = \dfrac{\mathrm{d}y}{\mathrm{d}w} \cdot \dfrac{\mathrm{d}w}{\mathrm{d}x}$，其中 w 为中间变量。

7. 反函数的求导法则

根据反函数的定义，函数 $y = f(x)$ 为单调连续函数，则它的反函数 $x = g(y)$ 也为单调连续函数。为此，可给出反函数的求导法则(以定理的形式给出)。

定理 若 $x = g(y)$ 是单调连续的，且 $g(y) \neq 0$，则它的反函数 $y = f(x)$ 在点 x 处可导，且有 $f'(x) = \dfrac{1}{g'(y)}$。

通过此定理可以发现，反函数的导数等于原函数导数的倒数。

这里的反函数是以 y 为自变量的，我们没有对它作记号变换，即 $g'(y)$ 是对 y 求导，$f'(x)$ 是对 x 求导。

8. 隐函数的求导法则

用解析法表示函数时，可以有不同的形式。若函数y可以用含自变量x的算式表示，如$y = \sin x$，$y = 1 + x$等，这样的函数叫作显函数。前面所遇到的函数大多都是显函数。

一般地，如果在方程$F(x,y) = 0$中，当x在某一区间内任取一值时，相应地，总有满足此方程的y值存在，则称方程$F(x,y) = 0$在该区间内确定了x的隐函数y。把一个隐函数化成显函数的形式，叫作隐函数的显化。

隐函数的求导法则如下。

若已知$F(x,y) = 0$，求$\frac{\mathrm{d}y}{\mathrm{d}x}$时，一般按下列步骤进行求解：

(1)若方程$F(x,y) = 0$，能化为$y = f(x)$的形式，则用前面所学的方法进行求导；

(2)若方程$F(x,y) = 0$，不能化为$y = f(x)$的形式，则是方程两边对x进行求导，并把y看成x的函数$y = f(x)$，用复合函数的求导法则进行求导。

1.2.5 链式法则及复杂函数的求导

根据函数的基础求导法则可以对简单的函数求导，对于嵌套函数和其他复杂函数如何求导也是需要读者了解的内容。

1. 链式法则

设$u = \varphi(x,y)$，$w = \psi(x,y)$均在点(x,y)处可导，函数$z = f(u,w)$在对应的点(u,w)处有连续的一阶偏导数，则称复合函数$z = f[\varphi(x,y),\psi(x,y)]$在点$(x,y)$处可导，且有链导公式：

$$\frac{\partial z}{\partial x} = \frac{\partial z}{\partial u}\cdot\frac{\partial u}{\partial x} + \frac{\partial z}{\partial w}\cdot\frac{\partial w}{\partial x}$$
$$\frac{\partial z}{\partial y} = \frac{\partial z}{\partial u}\cdot\frac{\partial u}{\partial y} + \frac{\partial z}{\partial w}\cdot\frac{\partial w}{\partial y}$$

上述公式可以推广到三元及三元以上的多元函数，在此不再一一详述。

一个多元复合函数，其一阶偏导数的个数取决于此复合函数自变量的个数。在一阶偏导数的链导公式中，项数的多少取决于与此自变量有关的中间变量的个数。

2. 复杂函数的求导

复杂函数形式多样，但主要还是加法、乘法、n次幂和嵌套这4类简单函数组合在一起。这4种组合对应的4种方法可以解决大部分复杂函数的求导问题。

1.2.6 导数的应用

结合导数在机器学习中的应用，着重介绍以下几个方面，包括函数的极值和最值、泰勒公式和泰勒展开式及常用的中值定理。

1. 函数的极值和最值

函数的极值和最值，包括这里面的驻点、拐点都与机器学习中“寻找最优解”息息相关，首先来了解一下它们的基本概念。

(1)函数的极值。

函数极值的定义 设函数$f(x)$在区间(a,b)内有定义，x_0是(a,b)内一点。若存在着点x_0的一个邻域，对于这个邻域内任何点x(x_0点除外)，$f(x) < f(x_0)$均成立，则称$f(x_0)$是函数$f(x)$的一个极大值；若存在着点x_0的一个邻域，对于这个邻域内任何点x(点x_0除外)，$f(x) > f(x_0)$均成立，则称$f(x_0)$是函数$f(x)$的一个极小值。

函数的极大值与极小值统称为函数的极值，使函数取得极值的点称为极值点。知道了函数极值的定义之后，又怎样求函数的极值呢？思考这个问题之前，还需要先学习一下驻点这个概念。

凡是使$f'(x) = 0$的点x，称为函数$f(x)$的驻点。

判断极值点存在的方法如下：设函数$f(x)$在点x_0的邻域可导，且$f'(x_0) = 0$。第1种情况，若当x取x_0左侧邻近值时，$f'(x) > 0$；当x取x_0右侧邻近值时，$f'(x) < 0$，则函数$f(x)$在点x_0处取得极大值。第2种情况，若当x取x_0左侧邻近值时，$f'(x) < 0$；当x取x_0右侧邻近值时，$f'(x) > 0$，则函数$f(x)$在点x_0处取得极小值。导数在点x_0处不存在的情况下此判定方法也适用。用上述方法求极值的一般步骤如下。

步骤1：求$f'(x)$。

步骤2：求$f'(x) = 0$的全部的解，即驻点。

步骤3：判断$f'(x)$在驻点两侧的变化规律，即可判断出函数的极值。

读者已经了解了一元函数的极大值、极小值的求解步骤，对于多元函数的极大值、极小值的求解也可采用同样的步骤。下面给出实际问题中多元函数的极大值、极小值的求解步骤，具体如下。

步骤1：根据实际问题建立函数关系，确定其定义域。

步骤2：求出驻点。

步骤3：结合实际意义判定极大值、极小值。

(2)函数的最值。

在工农业生产、工程技术及科学实验中，常会遇到这样一类问题，即在一定条件下，怎样使“用工最少”“用料最省”“产能最大”等。这类问题在数学上可归结为求某一函数的最大值、最小值的问题。怎样求函数的最大值、最小值呢？前面已经知道了，函数的极值是局部的。要求$f(x)$在$[a,b]$上的最大值、最小值时，可求出开区间(a,b)内全部的极值点，加上端点$f(a)$，$f(b)$的值，从中取得最大值、最小值即为所求。

曲线的凹向与拐点问题也需要探讨。通过前面的学习，可知由一阶导数的正负，可以判定出函数的单调区间与极值，但是还不能进一步研究曲线的性态，为此还要了解曲线的凹性。

曲线凹向的定义 对区间I的曲线$y = f(x)$作切线，如果曲线弧在所有切线的下方，则称曲线在区间I下凹；如果曲线弧在所有切线的上方，则称曲线在区间I上凹。

曲线凹向的判定定理1 设函数$y=f(x)$在区间(a,b)上可导,它对应曲线是向上凹(或向下凹)的充要条件是:导数$f'(x)$在区间(a,b)上是单调增(或单调减)。

曲线凹向的判定定理2 设函数$y=f(x)$在区间(a,b)上可导,并且具有一阶导数和二阶导数,则有

(1)若在(a,b)内,$f''(x)>0$,则$y=f(x)$在$[a,b]$对应的曲线是下凹的;

(2)若在(a,b)内,$f''(x)<0$,则$y=f(x)$在$[a,b]$对应的曲线是上凹的。

拐点的定义 连续函数上,上凹弧与下凹弧的分界点称为此曲线上的拐点。

拐点的判定方法如下。

如果$y=f(x)$在区间(a,b)内具有二阶导数,则可按下列步骤来判定$y=f(x)$的拐点。

步骤1:求$f''(x)$。

步骤2:令$f''(x)=0$,解出此方程在区间(a,b)内的实根。

步骤3:对于步骤2中解出的每一个实根x_0,检查$f''(x)$在x_0左、右两侧邻近的符号,若符号相反,则此点是拐点;若符号相同,则此点不是拐点。

2. 泰勒公式和泰勒展开式

泰勒展开本质上就是为了在某个点附近,用多项式函数去近似其他函数。这是因为多项式函数具有非常多优良的性质,例如,多项式函数好计算、好求导、好积分等。

泰勒级数是利用函数某个点处的导数,来近似这个点附近函数的值。先来讨论下面这个问题,如果$f(x)$在a的邻域内能表示成$f(x)=c_0+c_1(x-a)+c_2(x-a)^2+\cdots+c_n(x-a)^n+\cdots$这种形式的幂级数,其中$a$是事先给定的某一常数,那么系数$c_n$与$f(x)$应有怎样的关系呢?

由于$f(x)$可以表示成幂级数,因此根据幂级数的性质可知,$f(x)$在$x=a$的邻域内任意阶可导。对其幂级数两端逐次求导,可得

$$f'(x)=c_1+2c_2(x-a)+3c_3(x-a)^2+\cdots$$

$$f''(x)=2c_2+3!c_3(x-a)+\cdots$$

$$\cdots$$

$$f^{(n)}(x)=n!c_n+(n+1)!c_{n+1}(x-a)+\cdots$$

$$\cdots$$

在$f(x)$幂级数展开式及其各阶导数中,令$x=a$,分别得$c_0=f(a),c_1=f'(a),c_2=\frac{1}{2!}f''(a),\cdots,c_n=\frac{1}{n!}f^{(n)}(a),\cdots$。

把这些所求的系数代入$f(x)=c_0+c_1(x-a)+c_2(x-a)^2+\cdots+c_n(x-a)^n+\cdots$,可得

$$f(x)=f(a)+f'(a)(x-a)+\frac{f''(a)}{2!}(x-a)^2+\cdots+\frac{f^{(n)}(a)}{n!}(x-a)^n+\cdots$$

该式的右端的幂级数称为$f(x)$在$x=a$处的泰勒级数。

关于泰勒级数的问题：函数写成泰勒级数后是否收敛？是否收敛于$f(x)$?

上式是在$f(x)$可以展开成形如$f(x)=c_0+c_1(x-a)+c_2(x-a)^2+\cdots+c_n(x-a)^n+\cdots$的幂级数的假定下得出的。实际上，只要$f(x)$在$x=a$处任意阶可导，就可以写出函数的泰勒级数。

函数写成泰勒级数是否收敛将取决于$f(x)$与它的泰勒级数的部分和之差$r_n(x)=f(x)-\left[f(a)+f'(a)(x-a)+\frac{f''(a)}{2!}(x-a)^2+\cdots+\frac{f^{(n)}(a)}{n!}(x-a)^n\right]$是否随$n\to+\infty$而趋向于零。如果在某一区间$I$中有$\lim\limits_{n\to+\infty}r_n(x)=0, x\in I$，那么$f(x)$在$x=a$处的泰勒级数将在区间$I$中收敛于$f(x)$。此时，把这个泰勒级数称为函数$f(x)$在区间$I$中的泰勒展开式。

泰勒定理 设函数$f(x)$在$x=a$的邻域内$n+1$阶可导，则对于位于此邻域内的任一x，至少存在一点c，c在a与x之间，使得$f(x)=f(a)+f'(a)(x-a)+\frac{f''(a)}{2!}(x-a)^2+\cdots+\frac{f^{(n)}(a)}{n!}(x-a)^n+r_n(x)$，其中$r_n(x)=\frac{f^{(n+1)}(c)}{(n+1)!}(x-a)^{n+1}$。此公式也被称为泰勒公式。

在泰勒公式中，取$a=0$，此时泰勒公式变成$f(x)=f(0)+f'(0)x+\frac{f''(0)}{2!}x^2+\cdots+\frac{f^{(n)}(0)}{n!}x^n+\frac{f^{(n+1)}(c)}{(n+1)!}x^{n+1}$，其中$c$在0与$x$之间，此公式被称为麦克劳林公式。函数$f(x)$在$x=0$处的泰勒级数称为麦克劳林级数。当麦克劳林公式中的余项趋近于零时，称相应的泰勒展开式为麦克劳林展开式，即$f(x)=f(0)+f'(0)x+\frac{f''(0)}{2!}x^2+\cdots+\frac{f^{(n)}(0)}{n!}x^n+\cdots$。

关于泰勒级数我们还有很多可以学习的地方，如级数应用的案例，如何找出近似的最大误差，判断级数是否收敛的测试，等等。

3. 常用的中值定理

在给出微分学中值定理的数学定义之前，可以先从几何的角度看一个问题。设有连续函数$y=f(x)$，a与b是它定义区间内的两点$(a<b)$，假定此函数在(a,b)内处处可导，也就是说，在(a,b)内的函数图形上处处都有切线。

从图1–8中容易得知，差商$\frac{\Delta y}{\Delta x}=\frac{f(b)-f(a)}{b-a}$就是割线$MN$的斜率，若把割线$MN$作平行于自身的移动，那么至少有一次机会达到离割线最远的一点$D(x=c)$处成为曲线的切线。而曲线的斜率为$f'(c)$，由于切线与割线是平行的，因此$f'(c)=\frac{f(b)-f(a)}{b-a}$成立。这个结果就称为微分学中值定理，也称为拉格朗日中值定理。

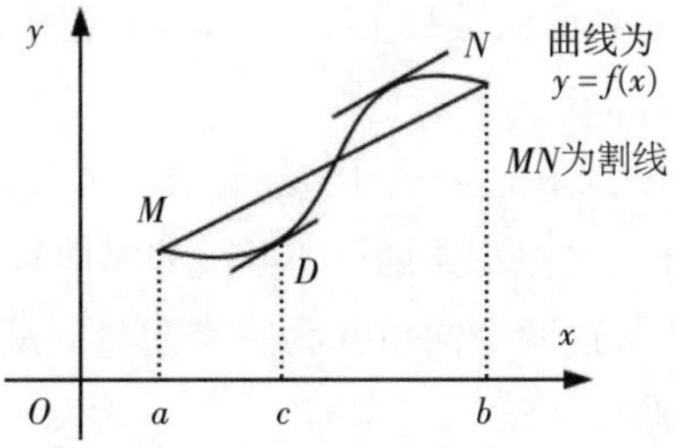

图 1-8　割线和切线

拉格朗日中值定理　如果函数$y = f(x)$在闭区间$[a,b]$上连续，在开区间(a,b)内可导，那么在(a,b)内至少有一点c，使$f(b) - f(a) = (b - a)f'(c)$成立。

该定理存在特殊情形，即$f(a) = f(b)$的情形，称为罗尔中值定理。

罗尔中值定理　如果$g(x)$在闭区间$[a,b]$上连续，在开区间(a,b)内可导，且$g(a) = g(b)$，那么在(a,b)内至少有一点c，使$g'(c) = 0$成立。

下面再介绍一个通过拉格朗日中值定理推广得来的定理——柯西中值定理。

柯西中值定理　如果函数$f(x)$，$g(x)$在闭区间$[a,b]$上连续，在开区间(a,b)内可导，且$g(x) \neq 0$，那么在(a,b)内至少有一点c，使$\dfrac{f(b) - f(a)}{g(b) - g(a)} = \dfrac{f'(c)}{g'(c)}$成立。

1.3　方向导数和梯度

方向导数和梯度的概念与深度学习息息相关，是深度学习基本概念中正向传播和反向传播的基础。

1.3.1　向量

向量是指具有n个互相独立性质(维度)对象的表示，向量常使用字母加箭头或黑体字母的形式进行表示，也可以使用几何坐标来表示向量，如$\vec{a} = \overrightarrow{OP} = xi + yj + zk$，可以用坐标$(i, j, k)$表示向量$\boldsymbol{a}$。

向量的模是指向量的大小，也就是向量的长度，是向量坐标到原点的距离，常记作$|\boldsymbol{a}|$。

单位向量是指长度为一个单位(模为1)的向量。

数量积又称为内积、点积，物理学上称为标量积。设两个向量为$\boldsymbol{a} = (x_1,y_1)$，$\boldsymbol{b} = (x_2,y_2)$，并且$\boldsymbol{a}$和$\boldsymbol{b}$

之间的夹角为θ。两个向量$\boldsymbol{a}$与$\boldsymbol{b}$的数量积是数量$|\boldsymbol{a}|\cdot|\boldsymbol{b}|\cos\theta$，记作$\boldsymbol{a}\cdot\boldsymbol{b}$，其中$|\boldsymbol{a}|$,$|\boldsymbol{b}|$是两向量的模，$\theta$是两向量之间的夹角($0\leqslant\theta\leqslant\pi$)。

两个向量$\boldsymbol{a}$与$\boldsymbol{b}$的向量积(外积、叉积)是一个向量，记作$\boldsymbol{a}\times\boldsymbol{b}$，它的模是$|\boldsymbol{a}\times\boldsymbol{b}|=|\boldsymbol{a}|\cdot|\boldsymbol{b}|\sin\theta$，其中$\theta$是两向量之间的夹角($0\leqslant\theta\leqslant\pi$)。向量积是两个不共线非零向量所在平面的一组法向量。

如果两个向量的点积为零，那么这两个向量互为正交向量。从几何意义上来说，正交向量在二维/三维空间上其实就是两个向量垂直。

如果两个或多个向量，它们的点积均为0，那么它们互相称为正交向量。

1.3.2 方向导数、梯度

偏导数只是二元函数沿着坐标轴x或y的变化率，但是能否求沿着任意方向的变化率呢？当然可以，这就要用到方向导数，而其中方向导数取最大值的方向就是梯度，也就是函数变化率最大的方向。

1.3.3 雅可比矩阵与近视问题

本小节的内容不用刻意去理解或记忆，在需要时查询即可。

在了解雅可比矩阵之前，先看一下雅可比向量。雅可比向量可理解为向量和偏导数的整合概念，将分立的、高维函数的偏导数整合在一起，借用线性代数来描述高维空间，打包成整体观看偏导数的状态。

函数$f(x_1,x_2,x_3,\cdots,x_n)$，如果其所有的一阶偏导数都存在，则雅可比向量表示为$\boldsymbol{J}=\left(\frac{\partial f}{\partial x_1},\frac{\partial f}{\partial x_2},\frac{\partial f}{\partial x_3},\cdots,\frac{\partial f}{\partial x_n}\right)$。

雅可比矩阵如何表示呢？在向量微积分中，雅可比矩阵是一阶偏导数以一定方式排列成的矩阵，其行列式称为雅可比行列式。设$u=\varphi(x,y)$，$v=\psi(x,y)$均在点(x,y)处可导，函数$z=J(u,v)$在对应的点(u,v)处有连续的一阶偏导数，函数$z=J\left[\varphi(x,y),\psi(x,y)\right]$在点$(x,y)$处存在如下一阶偏导数：

$$J_u=\left(\frac{\partial u}{\partial x},\frac{\partial u}{\partial y}\right),J_v=\left(\frac{\partial u}{\partial x},\frac{\partial u}{\partial y}\right)$$

则得到雅可比矩阵为$\boldsymbol{J}=\begin{pmatrix}\frac{\partial u}{\partial x},\frac{\partial u}{\partial y}\\ \frac{\partial v}{\partial x},\frac{\partial v}{\partial y}\end{pmatrix}$。

可以看出，x,y是独立变量；u,v是依赖变量。

雅可比矩阵的近视问题如何理解呢？上述函数$z=J\left[\varphi(x,y),\psi(x,y)\right]$，设$J=0$，在有多个极值点的情况下，可以分别求出极值点坐标。

分析这些极值点不难发现有最小值点、最大值点和鞍点。这种求法只能看到近处的最小值点和最大值点，看不到全局的最小值点和最大值点。这就是所谓的近视问题。但是，效率高也是雅可比矩阵的优点，只需摸索周围的几个点，按照计算的方向和幅度，跳跃式的前进，不需要穷尽所有的点。

1.3.4 黑塞矩阵

二阶偏导数矩阵也就是所谓的黑塞矩阵(Hessian Matrix)。黑塞矩阵是一个自变量为向量的实值函数的二阶偏导数组成的方阵,描述如下。

函数$f(x_1,x_2,x_3,\cdots,x_n)$,如果其所有的二阶偏导数都存在,其中$\boldsymbol{x}=(x_1,x_2,x_3,\cdots,x_n)$,则黑塞矩阵表示为

$$\boldsymbol{H}(f)=\begin{pmatrix} \frac{\partial^2 f}{\partial x_1^2} & \frac{\partial^2 f}{\partial x_1 x_2} & \cdots & \frac{\partial^2 f}{\partial x_1 x_n} \\ \frac{\partial^2 f}{\partial x_2 x_1} & \frac{\partial^2 f}{\partial x_2^2} & \cdots & \frac{\partial^2 f}{\partial x_2 x_n} \\ \vdots & \vdots & \ddots & \vdots \\ \frac{\partial^2 f}{\partial x_n x_1} & \frac{\partial^2 f}{\partial x_n x_2} & \cdots & \frac{\partial^2 f}{\partial x_n^2} \end{pmatrix}$$

黑塞矩阵可以帮助解决雅可比矩阵的近视问题。

$|\boldsymbol{H}(f)|>0$且$H(f)_{11}>0,\boldsymbol{J}(f)=0$有解的情况下可求得最小值点。

$|\boldsymbol{H}(f)|>0$且$H(f)_{11}<0,\boldsymbol{J}(f)=0$有解的情况下可求得最大值点。

$|\boldsymbol{H}(f)|<0,\boldsymbol{J}(f)=0$有解的情况下可求得鞍点。

小试牛刀02:Python编程实现雅可比矩阵、黑塞矩阵

★案例说明★

本案例调用SymPy的库函数求解出雅可比矩阵的形式,调用Theano的库函数计算雅可比矩阵和黑塞矩阵的值。Theano是一个基于Python的擅长处理多维数组的库(这方面它类似于NumPy)。当它与其他深度学习库结合起来时,非常适合数据探索。它为执行深度学习中大规模神经网络算法的运算所设计。其实,它可以被更好地理解为一个数学表达式的编译器,用符号式语言定义我们想要的结果。该框架会对我们的程序进行编译,来高效运行于GPU(图形处理器)或CPU(中央处理器)。用Theano的库函数可以求解雅可比矩阵和黑塞矩阵。

★实现思路★

这里实现3个小案例,分别是调用SymPy的库函数求解出雅可比矩阵的形式、调用Theano的库函数实现雅可比矩阵的计算、调用Theano的库函数实现黑塞矩阵的计算。

实例01:调用SymPy的库函数求解出雅可比矩阵的形式,SymPy是用于符号数学的Python库,它旨在成为功能齐全的计算机代数系统。SymPy包括从基本符号算术到微积分、代数、离散数学和量子物理学的功能。SymPy的强大在于可以进行很多种符号运算,如简化表达式,计算导数、积分、极限,解方程,矩阵运算,等等。案例中我们调用的是SymPy库中的symbols、Matrix和jacobian函数。

在SymPy中,用symbols来定义变量,也就是说,在使用某个变量前,必须先定义它。symbols('x')可

以理解成x是一个变量(符号),一定要记住括号中的x用英文半角单引号引起来。

Matrix(list),使用list来确定矩阵的维度。

jacobian(x)用于计算雅可比矩阵。

实例02和03:调用Theano的库函数实现雅可比矩阵和黑塞矩阵的计算,与深度学习的库类似,Theano支持7种内置变量,即scalar(标量)、vector(向量)、row(行向量)、col(列向量)、matrix(矩阵)、tensor3和tensor4。这些变量统一叫作张量,0阶的张量叫作标量,1阶的张量叫作向量,2阶的张量叫作矩阵,等等。Theano还有个很好用的函数,就是求函数的偏导数theano.grad()。

本例中主要调用的是Theano库中的scan函数。scan是Theano中构建循环Graph的方法。scan是一个灵活复杂的函数,任何用循环、递归或与序列有关的计算,都可以用scan完成。

示例代码:theano.scan(fn, sequences=None, outputs_info=None, non_sequences=None, n_steps=None, truncate_gradient=-1, go_backwards=False, mode=None, name=None, profile=False, allow_gc=None, strict=False)。

主要参数说明如下。

fn:函数类型,scan的一步执行。除了outputs_info,fn可以返回sequences变量的更新updates。fn的输入变量顺序为sequences中的变量,outputs_info的变量,non_sequences中的变量。

sequences:scan进行迭代的变量;scan会在T.arange()生成的list上遍历。

outputs_info:初始化fn的输出变量,与输出的shape一致;如果初始化值设为None,则表示这个变量不需要初始值。

non_sequences:fn函数用到的其他变量,迭代过程中不可改变(unchange)。

n_steps:fn的迭代次数。

返回值:形为 (outputs, updates)的元组,outputs是Theano的变量或Theano变量的列表,表示scan的输出(按照outputs_info 的顺序)。updates 是一个字典的子类,指定了所有共享变量的更新规则。这个字典应该被传递给 theano.function。不同于正常字典的是,我们验证这些key为SharedVariable并且确保这些字典的求和是一致的。

返回类型:元组(tuple)。

★编程实现★

实例01:调用SymPy的库函数求解出雅可比矩阵的形式,实现代码如下。

```
# -*- coding: utf-8 -*-
import sympy
m, n, i, j = sympy.symbols("m n i j") # 设置变量(符号)
m = i ** 4 - 2 * j ** 3 - 1
n = j - i * j ** 2 + 5
funcs = sympy.Matrix([m, n]) # 矩阵的维度m,n
args = sympy.Matrix([i, j])
res = funcs.jacobian(args) # 调用jacobian函数求解
print(res)
```

运行结果如图1-9所示。

```
Matrix([[4*i**3, -6*j**2], [-j**2, -2*i*j + 1]])
```

图1-9 运行结果

实例02:调用Theano的库函数实现雅可比矩阵的计算,实现代码如下。

```
# -*- coding: utf-8 -*-
import theano
from theano import function, config, shared, sandbox
import theano.tensor as T
# 计算雅可比矩阵
x = T.dvector('x')
y = x ** 3 + x ** 4
# 调用scan构建循环Graph
J, updates = theano.scan(lambda i, y, x:T.grad(y[i], x), sequences=T.arange(
                         y.shape[0]), non_sequences=[y, x])
f1 = function([x], J, updates=updates)
print("f1=", f1([5, 5]))
```

运行结果如图1-10所示。

```
f1= [[575.   0.]
 [  0. 575.]]
```

图1-10 运行结果

实例03:调用Theano的库函数实现黑塞矩阵的计算,实现代码如下。

```
# -*- coding: utf-8 -*-
import theano
from theano import function, config, shared, sandbox
import theano.tensor as T
# 计算黑塞矩阵
x = T.dvector('x')
y = x ** 3 + x ** 4
cost = y.sum()
gy = T.grad(cost, x)  # 求梯度
# 调用scan构建循环Graph
H, updates = theano.scan(lambda i, gy, x:T.grad(gy[i], x), sequences=T.arange(
                         gy.shape[0]), non_sequences=[gy, x])
f2 = function([x], H, updates=updates)
print("f2=", f2([5, 5]))
```

运行结果如图1-11所示。

```
f2= [[330.   0.]
 [  0. 330.]]
```

图1-11 运行结果

1.4 积分

微积分的两大部分是微分与积分。微分实际上是函数的微小增量，函数在某一点的导数值乘自变量以这点为起点的增量，得到的就是函数的微分；如果针对一元函数而言，那么微分近似等于函数的实际增量。而积分是已知一个函数的导数，求这个函数。所以，微分与积分互为逆运算。积分的应用很广，如计算面积、体积和计算概率等，积分可以分为不定积分和定积分，下面将一一进行介绍。

1.4.1 不定积分

了解不定积分，首先需要从原函数和原函数族的概念出发，然后再探讨不定积分的概念和性质。

1. 原函数和原函数族

什么是原函数呢？

原函数的定义 已知函数$f(x)$是一个定义在某区间的函数，如果存在函数$F(x)$，使得在该区间内的任一点都有$\mathrm{d}F'(x)=f(x)\mathrm{d}x$，则在该区间内就称函数$F(x)$为函数$f(x)$的原函数。

关于原函数，存在这样一个问题：函数$f(x)$满足什么条件时，才保证其原函数一定存在呢？这里就引入了原函数存在定理。

原函数存在定理 若函数$f(x)$在某区间上连续，则在该区间上函数$f(x)$的原函数$F(x)$一定存在。

若函数$f(x)$存在原函数，那么其原函数一共有多少个呢？这里就引入了原函数族的概念。

原函数族的定义 设C是一个常数，函数$F(x)$是函数$f(x)$的一个原函数，则函数$F(x)+C$也是函数$f(x)$的一个原函数，这里就称$F(x)+C$为$f(x)$的原函数族。

上述定义也可以理解为不定积分是求的原函数族而不是单一函数。

可以明显的看出，若函数$F(x)$为函数$f(x)$的原函数，则函数族$F(x)+C$(C为任意一个常数)中的任意一个函数一定是$f(x)$的原函数，所以若函数$f(x)$有原函数，则其原函数为无穷多个。

2. 不定积分的概念

不定积分的定义 函数$f(x)$的全体原函数叫作函数$f(x)$的不定积分，记作$\int f(x)\mathrm{d}x$。

由以上定义可知，如果函数$F(x)$为函数$f(x)$的一个原函数，那么$f(x)$的不定积分$\int f(x)\mathrm{d}x$就是函数族$F(x)+C$，记作$\int f(x)\mathrm{d}x=F(x)+C$。

3. 不定积分的性质

函数的和的不定积分等于各个函数的不定积分的和，即$\int[f(x)+g(x)]\mathrm{d}x=\int f(x)\mathrm{d}x+\int g(x)\mathrm{d}x$。

求不定积分时，被积函数中不为零的常数因子可以提到积分号外，即$\int kf(x)\mathrm{d}x=k\int f(x)\mathrm{d}x$。

1.4.2 求不定积分的方法

1.4.1小节介绍了不定积分的概念和性质，下面介绍求解不定积分的方法。

1. 积分的基本公式

首先熟悉一下积分的基本公式。

$$\int x^{\alpha}\mathrm{d}x=\frac{x^{\alpha+1}}{\alpha+1}+C(\alpha\neq-1)$$

$$\int a^{x}\mathrm{d}x=\frac{a^{x}}{\ln a}+C(a>0\text{且}a\neq1)$$

$$\int \mathrm{e}^{x}\mathrm{d}x=\mathrm{e}^{x}+C$$

$$\int\frac{1}{x}\mathrm{d}x=\ln|x|+C$$

$$\int\sin x\mathrm{d}x=-\cos x+C$$

$$\int\cos x\mathrm{d}x=\sin x+C$$

$$\int\frac{1}{\cos^{2}x}\mathrm{d}x=\tan x+C$$

$$\int\frac{1}{\sin^{2}x}\mathrm{d}x=-\cot x+C$$

求不定积分是在求函数族，所以记住一定要加上常数C。对于不定积分的计算，我们在学习了常用的求导公式后，可以采用逆向思维的方式进行计算。同时，在计算时记住积分公式的形状，照着这个形状进行“凑公式”计算。

2. 换元法

凑微分法实际就是换元法，即把被积函数代换成易解的积分形式。下面介绍两种换元法。

方法1：设$f(w)$具有原函数$F(w)$，$w=g(x)$可导，那么$F[g(x)]$是$f[g(x)]g'(x)$的原函数，即有换元公式$\int f[g(x)]g'(x)\mathrm{d}x=F[g(x)]+C=\left[\int f(w)\mathrm{d}w\right]_{w=g(x)}$。

方法2：设$x=g(t)$是单调、可导的函数，并且$g'(t)\neq0$，又设$f[g(t)]g'(t)$具有原函数$\varphi(t)$，则$\varphi[g(x)]$是$f(x)$的原函数，其中，$g(x)$是$x=g(t)$的反函数，即有换元公式$\int f(x)\mathrm{d}x=\varphi[g(x)]+C=\left[\int g(t)g'(t)\mathrm{d}t\right]_{t=g(x)}$。

不定积分的换元法是在复合函数求导法则的基础上得来的，读者应根据具体实例来选择所用的方法。求不定积分不像求导那样有规则可依，因此只有不断练习才能熟练地求出某函数的不定积分。

接下来看一个简单的例子：求$\int \frac{dx}{x^2 - a^2}$。

解：因为
$$\frac{1}{x^2 - a^2} = \frac{1}{2a}\frac{(x+a)-(x-a)}{(x+a)(x-a)} = \frac{1}{2a}\left(\frac{1}{x-a} - \frac{1}{x+a}\right)$$

所以
$$\begin{aligned}\int \frac{dx}{x^2 - a^2} &= \int \frac{1}{2a}\left(\frac{1}{x-a} - \frac{1}{x+a}\right)dx \\ &= \frac{1}{2a}\left[\int \frac{dx}{x-a} - \int \frac{dx}{x+a}\right] \\ &= \frac{1}{2a}\left[\int \frac{d(x-a)}{x-a} - \int \frac{d(x+a)}{x+a}\right] \\ &= \frac{1}{2a}\left[\ln|x-a| - \ln|x+a|\right] + C \\ &= \frac{1}{2a}\ln\left|\frac{x-a}{x+a}\right| + C\end{aligned}$$

3. 分部积分法

这种方法是利用两个函数乘积的求导法则得来的。设函数 $u = u(x)$ 及 $v = v(x)$ 具有连续导数。我们知道，两个函数乘积的求导公式为 $(uv)' = u'v + uv'$，移项，得 $uv' = (uv)' - u'v$，对其两边求不定积分得 $\int uv'dx = uv - \int u'vdx$，这就是分部积分公式。在使用分部积分法时，应恰当地选取 u 和 dv，否则就会南辕北辙。选取 u 和 dv 一般要考虑两点。

(1)v 要容易求得。

(2)$\int vdu$ 比 $\int udv$ 容易积出。

1.4.3　定积分

以上介绍的是不定积分，下面再引申到定积分的概念和性质。

1. 定积分及其应用

我们先来看一个实际问题，即如何求曲边梯形的面积？对于这部分的内容能建立一个形象思维即可，不需要花过多的时间。求由连续曲线 $y = f(x)$、x 轴及直线 $x = h$、$x = k$ 所围成的曲边梯形的面积 A，如图 1-12 所示。

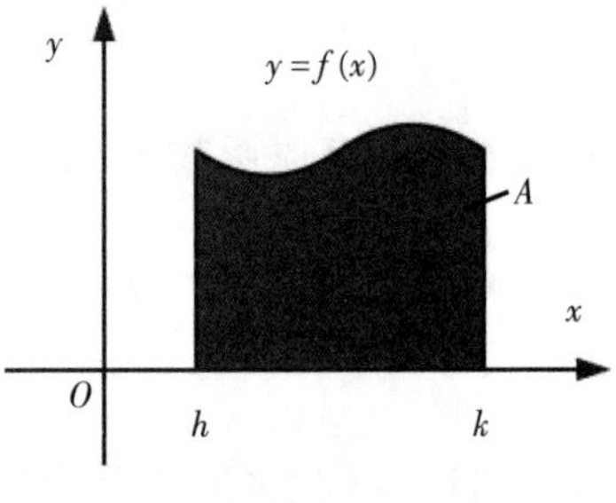

图 1-12　曲边梯形

我们知道，矩形面积的求法，但这个图形有一边是一条曲线，又该如何求呢？曲边梯形在底边上各点处的高 $f(x)$ 在区间 $[h,k]$ 上变动，而且它的高是连续变化的，因此在很小的一段区间的变化很小，近似于不变，并且当区间的长度无限缩小时，高的变化也无限减小。因此，如果把区间 $[h,k]$ 分成许多小区间，在每个小区间上，用其中某一点的高来近似代替同一个小区间上的窄曲边梯形的变高，再根据矩形的面积公式，即可求出相应窄曲边梯形面积的近似值,从而求出整个曲边梯形面积的近似值。

显然,把区间$[h,k]$分得越细,所求出的面积值越接近于精确值。为此,产生了定积分的概念。

定积分的定义　设函数$f(x)$在$[h,k]$上有界,在$[h,k]$中任意插入若干个分点$h=x_0<x_1<\cdots<x_{n-1}<x_n=k$,把区间$[h,k]$分成$n$个小区间$[x_0,x_1],\cdots,[x_{n-1},x_n]$,各个小区间的长度依次为$\Delta x_1=x_1-x_0,\Delta x_2=x_2-x_1,\cdots,\Delta x_n=x_n-x_{n-1}$,在每个小区间$[x_{i-1},x_i]$上任取一点$\xi_i(x_{i-1}\leqslant\xi_i\leqslant x_i)$,作函数值$f(\xi_i)$与小区间长度$\Delta x_i$的乘积$f(\xi_i)\Delta x_i(i=1,2,\cdots,n)$,并作和$S=\sum_{i=1}^{n}f(\xi_i)\Delta x_i$。记$\lambda=\max\{\Delta x_1,\Delta x_2,\cdots,\Delta x_n\}$,如果不论对$[h,k]$怎样分法,也不论在小区间$[x_{i-1},x_i]$上的点$\xi_i$怎样取法,只要当$\lambda\to0$时,和$S$总趋近于确定的极限$I$,那么就称这个极限$I$为函数$f(x)$在区间$[h,k]$上的定积分,记作$\int_h^k f(x)\mathrm{d}x$,即$\int_h^k f(x)\mathrm{d}x=I=\lim_{\lambda\to0}\sum_{i=1}^{n}f(\xi_i)\Delta x_i$。

从以上定积分的定义中,可以再推导出函数$f(x)$可以积分时需要满足的条件,即以下两个定理。

定理1　若函数$f(x)$在区间$[h,k]$上连续,则$f(x)$在区间$[h,k]$上可积。

定理2　若函数$f(x)$在区间$[h,k]$上有界,且只有有限个间断点,则$f(x)$在区间$[h,k]$上可积。

2. 定积分的性质

定积分的性质主要有以下几个。

性质1　函数的和(差)的定积分等于它们的定积分的和(差),即

$$\int_h^k[f(x)\pm g(x)]\mathrm{d}x=\int_h^k f(x)\mathrm{d}x\pm\int_h^k g(x)\mathrm{d}x$$

性质2　被积函数的常数因子可以提到积分号外,即$\int_h^k mf(x)\mathrm{d}x=m\int_h^k f(x)\mathrm{d}x$。

性质3　如果在区间$[h,k]$上,$f(x)\leqslant g(x)$,则$\int_h^k f(x)\mathrm{d}x\leqslant\int_h^k g(x)\mathrm{d}x(h<k)$。

性质4　设P及p分别是函数$f(x)$在区间$[h,k]$上的最大值及最小值,则$p(k-h)\leqslant\int_h^k f(x)\mathrm{d}x\leqslant P(k-h)$。

性质5　如果函数$f(x)$在区间$[h,k]$上连续,则在积分区间$[h,k]$上至少存在一点ξ,使下式成立:

$$\int_h^k f(x)\mathrm{d}x=f(\xi)(k-h)$$

其中,性质5为定积分中值定理。

对于定积分的计算都是先求出原函数,然后带入上下限进行计算即可。

基本公式　如果函数$F(x)$是连续函数$f(x)$在区间$[a,b]$上的一个原函数,则

$$\int_a^b f(x)\mathrm{d}x=F(b)-F(a)$$

专家点拨

NO1. 从事编程开发的人员如何学习微积分?

首先,我们的目标是学习机器学习算法或深度学习算法然后进行应用,而不是去参加考试,那么我们就没有必要去记住太多的公式。本章学习微积分是为了更好地学习后面更加有用和实际的算法,所以对于一些概念以能看懂为目的,不需要过多地去验算及记忆,在有需要时去查询即可。

NO2. 学习微积分需要全部掌握吗?

微积分课程是针对所有工科所设计的,而不同工科其需求点是不同的。对于机器学习或深度学习算法工程师而言,他们主要掌握微积分关于一元定积分的应用即可。级数、曲线积分、曲面积分在实际工程中使用较少,所以本章没有介绍。

NO3. 学习微积分需要大量做题吗?

对于算法工程师而言,他们不需要大量地去做习题,只要能对常用函数求导、能求偏导、能使用链式法则、掌握泰勒展开式及原理即可。根据这方面的需求,可适当地做做练习题。

本章小结

本章主要介绍了微积分中函数、极限、导数、梯度及积分等基本概念,通过Python编程实现了几个小的案例并展示了实现代码,给出了微积分常见问题的解答。

本章的难点是如何理解拉格朗日乘数法、方向导数、梯度、雅可比矩阵和黑塞矩阵,这几部分知识点与机器学习和深度学习息息相关。其他需重点掌握的是函数极限的运算、复杂函数的求导、求不定积分的方法,要求能够在今后的运用中熟知这些基本方法。

第 2 章 线性代数

★本章导读★

本章将介绍线性代数中向量、内积、范数、矩阵、线性变换、二次型、矩阵分解等基本知识，尤其对矩阵和线性变换将做比较详细的介绍。

★学习目标★

- 理解向量的运算及性质。
- 理解矩阵的运算及性质。
- 理解矩阵奇异值分解的几种常用形式。

★知识要点★

- 行列式及其性质。
- 向量组的线性组合和线性相关性。
- 内积和范数。
- 矩阵的运算、逆矩阵、矩阵的初等变换、矩阵的秩、方阵的特征值和特征向量。
- 二次型、奇异值分解。

2.1 行列式

线性代数中，行列式是一个函数，它和矩阵有一定的关系。几何上，行列式可以看作有向面积或体积的概念在一般的欧几里得空间中的推广。行列式在线性代数、微积分(如积分的换元公式)中都有重要的应用。下面将分别介绍二阶、三阶和 n 阶行列式。

2.1.1 二阶与三阶行列式

我们在中学时学习过线性方程求解的问题，下面先来回顾一下。

用消元法解二元线性方程组 $\begin{cases} a_{11}x_1 + a_{12}x_2 = b_1 & (1) \\ a_{21}x_1 + a_{22}x_2 = b_2 & (2) \end{cases}$。

(1) × a_{22}: $\quad a_{11}a_{22}x_1 + a_{12}a_{22}x_2 = b_1a_{22}$

(2) × a_{12}: $\quad a_{12}a_{21}x_1 + a_{12}a_{22}x_2 = b_2a_{12}$

上面两式相减消去 x_2，得 $\left(a_{11}a_{22} - a_{12}a_{21}\right)x_1 = b_1a_{22} - a_{12}b_2$。

类似地，消去 x_1，得 $\left(a_{11}a_{22} - a_{12}a_{21}\right)x_2 = a_{11}b_2 - b_1a_{21}$。

当 $a_{11}a_{22} - a_{12}a_{21} \neq 0$ 时，方程组的解为

$$x_1 = \frac{b_1a_{22} - a_{12}b_2}{a_{11}a_{22} - a_{12}a_{21}}, x_2 = \frac{a_{11}b_2 - b_1a_{21}}{a_{11}a_{22} - a_{12}a_{21}} \tag{2-1}$$

可见，分母均由方程组的4个系数确定，排成数表为 $\begin{matrix} a_{11} & a_{12} \\ a_{21} & a_{22} \end{matrix}$，由此再推导出行列式的表达式。

表达式 $\boldsymbol{D} = a_{11}a_{22} - a_{12}a_{21} = \begin{vmatrix} a_{11} & a_{12} \\ a_{21} & a_{22} \end{vmatrix}$，称为以上数表的二阶行列式，记作 $\boldsymbol{D} = \det\left(a_{ij}\right)$，可用对角线法则记忆，即 a_{11},a_{22} 为主对角线，a_{12},a_{21} 为副对角线。

式(2-1)中的分子也可以写成二阶行列式，即

$$\boldsymbol{D}_1 = b_1a_{22} - a_{12}b_2 = \begin{vmatrix} b_1 & a_{12} \\ b_2 & a_{22} \end{vmatrix}, \boldsymbol{D}_2 = a_{11}b_2 - b_1a_{21} = \begin{vmatrix} a_{11} & b_1 \\ a_{21} & b_2 \end{vmatrix}$$

式(2-1)可以写为 $x_1 = \dfrac{\boldsymbol{D}_1}{\boldsymbol{D}}, x_2 = \dfrac{\boldsymbol{D}_2}{\boldsymbol{D}}$。

三阶行列式定义为

$$\begin{vmatrix} a_{11} & a_{12} & a_{13} \\ a_{21} & a_{22} & a_{23} \\ a_{31} & a_{32} & a_{33} \end{vmatrix} = a_{11}a_{22}a_{33} + a_{12}a_{23}a_{31} + a_{13}a_{21}a_{32} - a_{13}a_{22}a_{31} - a_{12}a_{21}a_{33} - a_{11}a_{23}a_{32}$$

对于三阶行列式，其计算可采用下面的对角线法则。

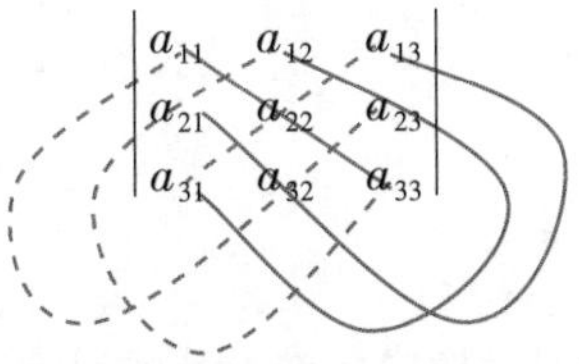

$$= a_{11}a_{22}a_{33} + a_{12}a_{23}a_{31} + a_{13}a_{21}a_{32} - a_{13}a_{22}a_{31} - a_{12}a_{21}a_{33} - a_{11}a_{23}a_{32}$$

注意:画实线的三元素的乘积冠以正号,画虚线的三元素的乘积冠以负号。

需要说明的是,对角线法则只适用于二阶与三阶行列式。

2.1.2 全排列和对换

排列的概念是如何引入的?假设现在有1、2、3、4这四个数字,那么它们可以组成多少个没有重复数字的四位数呢?

先看最高位数(千位数)的放法,这里有4种放法,即4个数字可以选择;固定千位数的数字后,百位数的放法要少一个选择,只有3种放法,即3个数字可以选择;再固定百位数的数字后,十位数的放法又要少一个选择,只有2种放法,即2个数字可以选择;最后轮到放个位数时就只有1个数字可以选择了,所以共有$4 \times 3 \times 2 \times 1 = 24$种放法。

1. 排列及其逆序数

全排列要解决的问题就是把n个不同的元素排成一排,总共会有多少种不同的排法。

> **全排列的定义** 由1到n个数组成的一个有序数组称为一个n级全排列(简称排列)。

n个不同的元素所有排列的种数,通常用P_n表示。根据前面的例子$P_4 = 4 \times 3 \times 2 \times 1 = 24$,同理

$$P_n = n \times (n-1) \times \cdots \times 3 \times 2 \times 1 = n!$$

> **逆序数的定义** 在一个排列中,如果两个数(称为数对)的前后位置与大小顺序相反,即前面的数大于后面的数,那么称它们构成一个逆序(反序)。一个排列中所有逆序的总数称为此排列的逆序数。

计算排列逆序数的方法:分别计算出排在$1,2,\cdots,n-1,n$前面比它大的数码之和,即分别计算出$1,2,\cdots,n-1,n$这n个元素的逆序数$t_1,t_2,\cdots,t_n$,这n个元素的逆序数的总和即为所求排列的逆序数。表达式如下。

$$t = t_1 + t_2 + \cdots + t_n = \sum_{i=1}^{n} t_i$$

此外,还有奇排列和偶排列的概念,即奇排列为逆序数为奇数的排列,偶排列为逆序数为偶数的排列。

2. 对换

> **对换的定义** 在排列中,将任意两个元素对调,其余元素不动,就得到另一个排列,这样一个

变换叫作对换。将相邻的两个元素对换,叫作相邻对换。

定理 一个排列中任意两个元素对换,排列改变奇偶性。

推论 奇排列对换成标准排列的对换次数为奇数,偶排列对换成标准排列的对换次数为偶数。

2.1.3 n阶行列式

回顾三阶行列式$\begin{vmatrix} a_{11} & a_{12} & a_{13} \\ a_{21} & a_{22} & a_{23} \\ a_{31} & a_{32} & a_{33} \end{vmatrix} = a_{11}a_{22}a_{33} + a_{12}a_{23}a_{31} + a_{13}a_{21}a_{32} - a_{13}a_{22}a_{31} - a_{12}a_{21}a_{33} - a_{11}a_{23}a_{32}$,右边每项都是不同行不同列的3个元素的乘积。除正负号外都可写成$a_{1p_1}a_{2p_2}a_{3p_3}$,第1个下标(行标)为标准排列1,2,3,第2个下标(列标)为p_1,p_2,p_3,它是1,2,3的某个排列,这样的排列共包含$3! = 6$种,所以三阶行列式等号右边包含6项。

正负号与列标排列的性质相关:偶排列为正,奇排列为负。

三阶行列式可写成$\begin{vmatrix} a_{11} & a_{12} & a_{13} \\ a_{21} & a_{22} & a_{23} \\ a_{31} & a_{32} & a_{33} \end{vmatrix} = \sum (-1)^t a_{1p_1}a_{2p_2}a_{3p_3}$。

依次类推,可得到n阶行列式$\begin{vmatrix} a_{11} & a_{12} & \cdots & a_{1n} \\ a_{21} & a_{22} & \cdots & a_{2n} \\ \vdots & \vdots & \ddots & \vdots \\ a_{n1} & a_{n2} & \cdots & a_{nn} \end{vmatrix} = \sum (-1)^t a_{1p_1}a_{2p_2}\cdots a_{np_n}$。其中,$t$为列标排列的逆序数。

2.1.4 几种特殊行列式的值

这里先来介绍几个概念,行列式从左上角到右下角的一条斜线所经过的元素叫作主对角元素,这条斜线也叫作主对角线;行列式从右上角到左下角的一条斜线所经过的元素叫作副对角元素,这条斜线也叫作副对角线。下面来介绍几种比较特殊的行列式。

1. 上、下三角行列式

若主对角线以下的元素全为0,主对角线以上的元素不全为0,则称该行列式为上三角行列式;若主对角线以上的元素全为0,主对角线以下的元素不全为0,则称该行列式为下三角行列式。之所以将行列式化为上三角或下三角行列式,是因为这样可以直接计算出行列式的值。计算公式如下。

$$\begin{vmatrix} a_{11} & a_{12} & \cdots & a_{1n} \\ 0 & a_{22} & \cdots & a_{2n} \\ \vdots & \vdots & \ddots & \vdots \\ 0 & 0 & \cdots & a_{nn} \end{vmatrix} = \begin{vmatrix} a_{11} & 0 & \cdots & 0 \\ a_{21} & a_{22} & \cdots & 0 \\ \vdots & \vdots & \ddots & \vdots \\ a_{n1} & a_{n2} & \cdots & a_{nn} \end{vmatrix} = \prod_{k=1}^{n} a_{kk}$$

2. 对角行列式

除主对角线上的元素外，其他元素均为0的行列式称为对角行列式。对于n阶对角行列式和副对角行列式，其计算公式如下。

$$\begin{vmatrix} a_{11} & 0 & \cdots & 0 \\ 0 & a_{22} & \cdots & 0 \\ \vdots & \vdots & \ddots & \vdots \\ 0 & 0 & \cdots & a_{nn} \end{vmatrix} = \prod_{k=1}^{n} a_{kk}$$

$$\begin{vmatrix} 0 & 0 & \cdots & 0 & a_{1n} \\ 0 & 0 & \cdots & a_{2,n-1} & 0 \\ \vdots & \vdots & \ddots & \vdots & \vdots \\ 0 & a_{n-1,2} & \cdots & 0 & 0 \\ a_{n1} & 0 & \cdots & 0 & 0 \end{vmatrix} = (-1)^{\frac{n(n-1)}{2}} a_{1n} a_{2,n-1} \cdots a_{n1}$$

3. 特殊行列式

下面的特殊行列式与下三角行列式类似，副对角线以上的元素全为0，副对角线以下的元素不全为0，这样的行列式也可以直接计算出行列式的值。计算公式如下。

$$\begin{vmatrix} 0 & 0 & \cdots & 0 & a_{1n} \\ 0 & 0 & \cdots & a_{2,n-1} & a_{2n} \\ \vdots & \vdots & \ddots & \vdots & \vdots \\ 0 & a_{n-1,2} & \cdots & a_{n-1,n-1} & a_{n-1,n} \\ a_{n1} & a_{n2} & \cdots & a_{n,n-1} & a_{nn} \end{vmatrix} = (-1)^{\frac{n(n-1)}{2}} a_{1n} a_{2,n-1} \cdots a_{n1}$$

这几类特殊的行列式除了比较容易计算行列式的值这个优点，也有特殊的应用场景，例如，在线性代数中，LU分解是矩阵分解的一种，可以将一个矩阵分解为一个单位下三角矩阵和一个上三角矩阵的乘积。而LU分解又主要应用在数值分析中，用来解线性方程、求反矩阵或计算行列式。

2.1.5 n阶行列式的性质

记$\boldsymbol{D} = \begin{vmatrix} a_{11} & a_{12} & \cdots & a_{1n} \\ a_{21} & a_{22} & \cdots & a_{2n} \\ \vdots & \vdots & \ddots & \vdots \\ a_{n1} & a_{n2} & \cdots & a_{nn} \end{vmatrix}$，$\boldsymbol{D}^{\mathrm{T}} = \begin{vmatrix} a_{11} & a_{21} & \cdots & a_{n1} \\ a_{12} & a_{22} & \cdots & a_{n2} \\ \vdots & \vdots & \ddots & \vdots \\ a_{1n} & a_{2n} & \cdots & a_{nn} \end{vmatrix}$，行列式$\boldsymbol{D}^{\mathrm{T}}$称为行列式$\boldsymbol{D}$的转置行列式，它们具有如下性质。

性质1 行列式与它的转置行列式相等。

行列式中行与列具有同等的地位，因此行列式的性质凡是对行成立的对列也同样成立。

性质2 互换行列式的两行(列)，行列式变号。

例如，第2行和第3行互换$\begin{vmatrix} 2 & 4 & 5 \\ 1 & 5 & 7 \\ 3 & 3 & 8 \end{vmatrix} = -\begin{vmatrix} 2 & 4 & 5 \\ 3 & 3 & 8 \\ 1 & 5 & 7 \end{vmatrix}$，第2列和第3列互换$\begin{vmatrix} 2 & 4 & 5 \\ 1 & 5 & 7 \\ 3 & 3 & 8 \end{vmatrix} = -\begin{vmatrix} 2 & 5 & 4 \\ 1 & 7 & 5 \\ 3 & 8 & 3 \end{vmatrix}$。

推论 如果行列式有两行(列)完全相同，则此行列式等于零。

性质3 行列式的某一行(列)中所有的元素都乘同一数k，等于用数k乘此行列式。

$$\begin{vmatrix} a_{11} & a_{12} & \cdots & a_{1n} \\ \vdots & \vdots & \vdots & \vdots \\ ka_{i1} & ka_{i2} & \cdots & ka_{in} \\ \vdots & \vdots & \vdots & \vdots \\ a_{n1} & a_{n2} & \cdots & a_{nn} \end{vmatrix} = k \begin{vmatrix} a_{11} & a_{12} & \cdots & a_{1n} \\ \vdots & \vdots & \vdots & \vdots \\ a_{i1} & a_{i2} & \cdots & a_{in} \\ \vdots & \vdots & \vdots & \vdots \\ a_{n1} & a_{n2} & \cdots & a_{nn} \end{vmatrix}$$

推论 行列式的某一行(列)中所有元素的公因子可以提到行列式符号外。

性质4 行列式中如果有两行(列)元素成比例，则此行列式等于零。

证明：

$$\begin{vmatrix} a_{11} & a_{12} & \cdots & a_{1n} \\ \vdots & \vdots & \vdots & \vdots \\ a_{i1} & a_{i2} & \cdots & a_{in} \\ \vdots & \vdots & \vdots & \vdots \\ ka_{i1} & ka_{i2} & \cdots & ka_{in} \\ \vdots & \vdots & \vdots & \vdots \\ a_{n1} & a_{n2} & \cdots & a_{nn} \end{vmatrix} = k \begin{vmatrix} a_{11} & a_{12} & \cdots & a_{1n} \\ \vdots & \vdots & \vdots & \vdots \\ a_{i1} & a_{i2} & \cdots & a_{in} \\ \vdots & \vdots & \vdots & \vdots \\ a_{i1} & a_{i2} & \cdots & a_{in} \\ \vdots & \vdots & \vdots & \vdots \\ a_{n1} & a_{n2} & \cdots & a_{nn} \end{vmatrix} = 0$$

性质5 若行列式的某一列(行)的元素都是两数之和，则该行列式等于两个行列式之和。

例如，

$$\boldsymbol{D} = \begin{vmatrix} a_{11} & a_{12} & \cdots & (a_{1i} + a'_{1i}) & \cdots & a_{1n} \\ a_{21} & a_{22} & \cdots & (a_{2i} + a'_{2i}) & \cdots & a_{2n} \\ \vdots & \vdots & \vdots & \vdots & \vdots & \vdots \\ a_{n1} & a_{n2} & \cdots & (a_{ni} + a'_{ni}) & \cdots & a_{nn} \end{vmatrix}$$

则

$$\boldsymbol{D} = \begin{vmatrix} a_{11} & a_{12} & \cdots & a_{1i} & \cdots & a_{1n} \\ a_{21} & a_{22} & \cdots & a_{2i} & \cdots & a_{2n} \\ \vdots & \vdots & \vdots & \vdots & \vdots & \vdots \\ a_{n1} & a_{n2} & \cdots & a_{ni} & \cdots & a_{nn} \end{vmatrix} + \begin{vmatrix} a_{11} & a_{12} & \cdots & a'_{1i} & \cdots & a_{1n} \\ a_{21} & a_{22} & \cdots & a'_{2i} & \cdots & a_{2n} \\ \vdots & \vdots & \vdots & \vdots & \vdots & \vdots \\ a_{n1} & a_{n2} & \cdots & a'_{ni} & \cdots & a_{nn} \end{vmatrix}$$

性质6 把行列式的某一列(行)的各个元素乘同一个数，然后加到另一列(行)对应的元素上去，行列式的值不变。

例如，

$$\begin{vmatrix} a_{11} & \cdots & a_{1i} & \cdots & a_{1j} & \cdots & a_{1n} \\ a_{21} & \cdots & a_{2i} & \cdots & a_{2j} & \cdots & a_{2n} \\ \vdots & \vdots & \vdots & \vdots & \vdots & \vdots & \vdots \\ a_{n1} & \cdots & a_{ni} & \cdots & a_{nj} & \cdots & a_{nn} \end{vmatrix} \xlongequal{r_i + kr_j} \begin{vmatrix} a_{11} & \cdots & (a_{1i} + ka_{1j}) & \cdots & a_{1j} & \cdots & a_{1n} \\ a_{21} & \cdots & (a_{2i} + ka_{2j}) & \cdots & a_{2j} & \cdots & a_{2n} \\ \vdots & \vdots & \vdots & \vdots & \vdots & \vdots & \vdots \\ a_{n1} & \cdots & (a_{ni} + ka_{nj}) & \cdots & a_{nj} & \cdots & a_{nn} \end{vmatrix}$$

2.2 用向量描述空间

对于向量的概念我们并不陌生，它在物理学中被称为矢量。向量有众多的特性，利用向量描述空间会对机器学习的很多基本算法有更深的认识。

2.2.1 向量及其运算

在1.3.1小节中就已经介绍过向量，向量空间中的元素就叫作向量。一般向量符号在印刷体中表示为黑体字母，手写体在字母的上方加一个向右的小箭头。下面介绍的向量的模、单位向量、空间的维度表示、向量的加法和数乘等都是最基础的知识，需要读者了解。

向量的大小也称为向量的模。单位向量即为一个非零向量除以它的模，$\boldsymbol{e}=\dfrac{\boldsymbol{a}}{|\boldsymbol{a}|}$。空间的维度是如何表示的呢？$n$维空间用$\mathbf{R}^n$表示，上标$n$表示空间的维度，如$\mathbf{R}^2$表示二维空间，$\mathbf{R}^3$表示三维空间。向量空间定义了加法和数乘，同维度的向量相加就是对应位置的数值相加。数乘可理解为向量在空间中的伸缩，如果乘正数，则方向与原向量相同；如果乘负数，则方向与原向量相反。同维度的向量的加法和数乘这两种运算同样也满足加法交换律、加法结合律、数乘结合律、数乘分配律等。向量不仅仅局限于直接描述空间中的点坐标和有向线段，它也可以作为描述事物属性的数据载体。

2.2.2 向量组的线性组合

了解了向量，那么向量组的特性有哪些呢？

首先，若干个同维度的列向量(或同维度的行向量)所组成的集合叫作向量组。向量组的线性组合的定义如下。

给定向量组$\boldsymbol{A}:\boldsymbol{a}_1,\boldsymbol{a}_2,\cdots,\boldsymbol{a}_m$和一组实数$\lambda_1,\lambda_2,\cdots,\lambda_m$，那么表达式$\lambda_1\boldsymbol{a}_1+\lambda_2\boldsymbol{a}_2+\cdots+\lambda_m\boldsymbol{a}_m$称为向量组$\boldsymbol{A}$的一个线性组合，$\lambda_1,\lambda_2,\cdots,\lambda_m$称为这个线性组合的系数。

给定向量组$\boldsymbol{A}:\boldsymbol{a}_1,\boldsymbol{a}_2,\cdots,\boldsymbol{a}_m$和向量$\boldsymbol{b}$，如果存在一组数$\lambda_1,\lambda_2,\cdots,\lambda_m$，使得$\boldsymbol{b}=\lambda_1\boldsymbol{a}_1+\lambda_2\boldsymbol{a}_2+\cdots+\lambda_m\boldsymbol{a}_m$，则向量$\boldsymbol{b}$是向量组$\boldsymbol{A}$的线性组合，这时称向量$\boldsymbol{b}$能由向量组$\boldsymbol{A}$线性表示。

向量$\boldsymbol{b}$能由向量组$\boldsymbol{A}$线性表示，也就是方程组$x_1\boldsymbol{a}_1+x_2\boldsymbol{a}_2+\cdots+x_m\boldsymbol{a}_m=\boldsymbol{b}$有解。

2.2.3 向量组的线性相关性

前面介绍的向量组的线性组合的定义是非常重要的知识点。向量组的线性相关性同样也非常重要。

向量组的线性相关性的定义　给定向量组$\boldsymbol{A}:\boldsymbol{a}_1,\boldsymbol{a}_2,\cdots,\boldsymbol{a}_m$，如果存在不全为零的数$\lambda_1,\lambda_2,\cdots,\lambda_m$，使得$\lambda_1\boldsymbol{a}_1+\lambda_2\boldsymbol{a}_2+\cdots+\lambda_m\boldsymbol{a}_m=0$，则称向量组$\boldsymbol{A}$是线性相关的，否则称它线性无关。

试想如果只存在两个向量，这两个向量不是线性相关的，那么无论如何取之前的系数都不可能相加为零。此外，关于线性组合和线性相关的定理也很重要。

定理 (1)向量组 $\boldsymbol{a}_1,\boldsymbol{a}_2,\cdots,\boldsymbol{a}_m$ 线性相关的充要条件是：向量组中至少有一个向量可以由其余 $m-1$ 个向量线性表示；

(2)若向量组 $\boldsymbol{a}_1,\boldsymbol{a}_2,\cdots,\boldsymbol{a}_m,\boldsymbol{b}$ 线性相关，且 $\boldsymbol{a}_1,\boldsymbol{a}_2,\cdots,\boldsymbol{a}_m$ 线性无关，则向量 $\boldsymbol{b}$ 可由 $\boldsymbol{a}_1,\boldsymbol{a}_2,\cdots,\boldsymbol{a}_m$ 线性表示，且表示式唯一。

2.3 内积、正交向量组和范数

本节将介绍内积、正交向量组和范数的相关知识。

2.3.1 内积

向量之间的乘法可分为内积和外积，机器学习中一般用内积比较多。内积的直接描述为某一向量在另一个向量方向上的投影长度。

内积的定义 设有 n 维向量 $\boldsymbol{x}=\begin{pmatrix}x_1\\x_2\\\vdots\\x_n\end{pmatrix},\boldsymbol{y}=\begin{pmatrix}y_1\\y_2\\\vdots\\y_n\end{pmatrix}$，令 $(\boldsymbol{x},\boldsymbol{y})=x_1y_1+x_2y_2+\cdots+x_ny_n$，$(\boldsymbol{x},\boldsymbol{y})$ 称为向量 $\boldsymbol{x}$ 与 $\boldsymbol{y}$ 的内积，$(\boldsymbol{x},\boldsymbol{y})$ 也可表示为 $\boldsymbol{x}\cdot\boldsymbol{y}$。

内积具有如下运算性质(其中，$\boldsymbol{a},\boldsymbol{b},\boldsymbol{c}$ 为 m 维向量，k 为实数)。

(1)$(\boldsymbol{a},\boldsymbol{b})=(\boldsymbol{b},\boldsymbol{a})$。

(2)$(\boldsymbol{a},\boldsymbol{b})=k(\boldsymbol{a},\boldsymbol{b})$。

(3)$(\boldsymbol{a}+\boldsymbol{b},\boldsymbol{c})=(\boldsymbol{a},\boldsymbol{c})+(\boldsymbol{b},\boldsymbol{c})$。

(4)$(\boldsymbol{a},\boldsymbol{a})\geqslant 0$，且当 $\boldsymbol{a}\neq 0$ 时有 $(\boldsymbol{a},\boldsymbol{a})>0$。

2.3.2 正交向量组和施密特正交化

2.3.1 小节介绍了内积的定义，那么两个向量的内积为零时，它们的关系是如何描述的呢？这就引出了正交向量、正交向量组和标准正交向量的定义。

1. 正交向量

正交向量的定义 如果向量 $\boldsymbol{a},\boldsymbol{b}$ 的内积为零,即 $(\boldsymbol{a},\boldsymbol{b})=0$,则称 $\boldsymbol{a}$ 与 $\boldsymbol{b}$ 正交。

2. 正交向量组

正交向量组的定义 如果向量组 $\boldsymbol{a}_1,\boldsymbol{a}_2,\cdots,\boldsymbol{a}_n$ 中任意两个向量都正交且不含零向量,则称 $\boldsymbol{a}_1,\boldsymbol{a}_2,\cdots,\boldsymbol{a}_n$ 为正交向量组,并且正交向量组是线性无关的。

3. 标准正交向量

标准正交向量的定义 令矩阵 $\boldsymbol{A}=(\boldsymbol{a}_1,\boldsymbol{a}_2,\cdots,\boldsymbol{a}_n)$,其中各个列向量 $\boldsymbol{a}_1,\boldsymbol{a}_2,\cdots,\boldsymbol{a}_n$ 彼此之间满足线性无关,因此就可以构成子空间的一组基。这一组列向量彼此之间的点积为0,向量与自身的点积为1,则称这一组向量为标准正交向量。

如何将 n 维子空间中的任意一组基向量变换成标准正交向量呢？施密特正交化方法就是来解决这个问题的。施密特正交化方法是将一组线性无关的向量 $\boldsymbol{a}_1,\boldsymbol{a}_2,\cdots,\boldsymbol{a}_n$ 作如下的线性变换,转化成一组与之等价的正交向量组 $\boldsymbol{b}_1,\boldsymbol{b}_2,\cdots,\boldsymbol{b}_n$ 的方法,即

$$\boldsymbol{b}_1=\boldsymbol{a}_1$$

$$\boldsymbol{b}_2=\boldsymbol{a}_2-\frac{(\boldsymbol{a}_2,\boldsymbol{b}_1)}{(\boldsymbol{b}_1,\boldsymbol{b}_1)}\boldsymbol{b}_1$$

$$\cdots$$

$$\boldsymbol{b}_n=\boldsymbol{a}_n-\frac{(\boldsymbol{a}_n,\boldsymbol{b}_1)}{(\boldsymbol{b}_1,\boldsymbol{b}_1)}\boldsymbol{b}_1-\frac{(\boldsymbol{a}_n,\boldsymbol{b}_2)}{(\boldsymbol{b}_2,\boldsymbol{b}_2)}\boldsymbol{b}_2-\cdots-\frac{(\boldsymbol{a}_n,\boldsymbol{b}_{n-1})}{(\boldsymbol{b}_{n-1},\boldsymbol{b}_{n-1})}\boldsymbol{b}_{n-1}$$

容易验证 $\boldsymbol{b}_1,\boldsymbol{b}_2,\cdots,\boldsymbol{b}_n$ 两两正交,且 $\boldsymbol{b}_1,\boldsymbol{b}_2,\cdots,\boldsymbol{b}_n$ 与 $\boldsymbol{a}_1,\boldsymbol{a}_2,\cdots,\boldsymbol{a}_n$ 等价。施密特正交化过程再加下列单位化过程,就是规范正交化过程。

单位化,即 $\boldsymbol{e}_1=\dfrac{\boldsymbol{b}_1}{\|\boldsymbol{b}_1\|},\boldsymbol{e}_2=\dfrac{\boldsymbol{b}_2}{\|\boldsymbol{b}_2\|},\cdots,\boldsymbol{e}_n=\dfrac{\boldsymbol{b}_n}{\|\boldsymbol{b}_n\|}$。

2.3.3 范数

向量之间能比较大小吗？范数的出现就提供了向量比较的可能,同时机器学习中也经常使用范数这一概念,所以范数的概念虽然简单,却非常实用。范数包括向量范数和矩阵范数。

向量范数的定义 如果向量 $\boldsymbol{a}\in\mathbf{R}^n$ 的某个实值函数 $f(\boldsymbol{a})=\|\boldsymbol{a}\|$ 满足:

(1)非负性:$\|\boldsymbol{a}\|\geqslant 0$,且 $\|\boldsymbol{a}\|=0$ 当且仅当 $\boldsymbol{a}=0$;

(2)齐次性:对于任意实数 λ,都有 $\|\lambda\boldsymbol{a}\|=|\lambda|\|\boldsymbol{a}\|$;

(3)三角不等式：对于任意$\boldsymbol{a},\boldsymbol{b} \in \mathbf{R}^n$，都有$\|\boldsymbol{a}+\boldsymbol{b}\| \leqslant \|\boldsymbol{a}\|+\|\boldsymbol{b}\|$，
则称$\|\boldsymbol{a}\|$为$\mathbf{R}^n$上的一个向量范数。

常用的向量范数有向量的1-范数、向量的2-范数和向量的∞-范数。

(1)向量的1-范数：也称为曼哈顿距离，即

$$\|\boldsymbol{a}\|_1 = \sum_i^n |a_i|$$

从上式中能够看出L1范数也就是$\boldsymbol{a}$中的元素的绝对值的和。

(2)向量的2-范数：也称为欧几里得范数，即

$$\|\boldsymbol{a}\|_2 = \sqrt{\sum_{i=1}^n a_i^2}$$

从上式中能够看出L2范数也就是$\boldsymbol{a}$中的元素的平方和再开方。

(3)向量的∞-范数：所有向量元素中的最大值，即

$$\|\boldsymbol{a}\|_\infty = \max_i |a_i|$$

了解了向量的范数，那么矩阵的范数又是如何表示的呢？假设矩阵$\boldsymbol{A}$的大小为$n \times n$，即n行n列。矩阵范数的定义如下。

矩阵范数的定义　如果矩阵$\boldsymbol{A} \in \mathbf{R}^{n \times n}$，若按某一确定的法则对应于一个非负实数$\|\boldsymbol{A}\|$满足：

(1)非负性：$\|\boldsymbol{A}\| \geqslant 0$，且$\|\boldsymbol{A}\| = 0$当且仅当$\boldsymbol{A} = 0$；

(2)齐次性：对于任意实数λ，都有$\|\lambda\boldsymbol{A}\| = |\lambda|\|\boldsymbol{A}\|$；

(3)三角不等式：对于任意$\boldsymbol{A},\boldsymbol{B} \in \mathbf{R}^{n \times n}$，都有$\|\boldsymbol{A}+\boldsymbol{B}\| \leqslant \|\boldsymbol{A}\|+\|\boldsymbol{B}\|$；

(4)相容性：对于任意$\boldsymbol{A},\boldsymbol{B} \in \mathbf{R}^{n \times n}$，都有$\|\boldsymbol{AB}\| \leqslant \|\boldsymbol{A}\|\|\boldsymbol{B}\|$，

则称$\|\boldsymbol{A}\|$为$\mathbf{R}^{n \times n}$上的一个矩阵范数。

常用的矩阵范数有矩阵的1-范数、矩阵的2-范数、矩阵的∞-范数和矩阵的F-范数。

(1)矩阵的1-范数：又称为列和范数。顾名思义，即矩阵列向量中绝对值之和的最大值。

$$\|\boldsymbol{A}\|_1 = \max_j \sum_i^m |a_{ij}|$$

(2)矩阵的2-范数：又称为谱范数，计算方法为$\boldsymbol{A}^{\mathrm{T}}\boldsymbol{A}$矩阵的最大特征值的开平方。

$$\|\boldsymbol{A}\|_2 = \sqrt{\lambda_1}$$

其中，λ_1为$\boldsymbol{A}^{\mathrm{T}}\boldsymbol{A}$的最大特征值。

(3)矩阵的∞-范数：又称为行和范数。顾名思义，即矩阵行向量中绝对值之和的最大值。

$$\|\boldsymbol{A}\|_\infty = \max_i \sum_j^n |a_{ij}|$$

(4)矩阵的F-范数：又称为Frobenius范数，计算方法为矩阵元素的绝对值的平方和再开方。

$$\|\boldsymbol{A}\|_{\mathrm{F}} = \sqrt{\sum_{i=1}^m \sum_{j=1}^n |a_{ij}|^2}$$

小试牛刀03:Python编程实现求范数

★案例说明★

Python的NumPy库中有很多和线性代数有关的模块,其中numpy.linalg模块包含向量及矩阵运算有关的函数,它拥有一个矩阵分解的标准函数集,以及其他常用函数,如求逆矩阵和求解行列式。使用这个模块,可以计算范数、求特征值、解线性方程组及求解行列式等。numpy.linalg模块中的norm函数可以计算范数。

★实现思路★

示范语句:np.linalg.norm(x, ord=None, axis=None, keepdims=False)。

参数说明如下。

x:表示矩阵(也可以是一维,表示向量)。

ord:范数类型。ord=1表示求列和的最大值,即1-范数;ord=2表示先求矩阵的特征值,然后求最大特征值的算术平方根,即2-范数;ord=np.inf表示求行和的最大值,即∞-范数;ord='fro'表示求解矩阵的F-范数。

axis:处理类型。axis=1表示按行向量处理,求多个行向量的范数;axis=0表示按列向量处理,求多个列向量的范数;axis=None表示矩阵范数。

keepdims:是否保持矩阵的二维特性。True表示保持矩阵的二维特性,False则相反。

实例01:当输入维度为一维及输入为向量$\boldsymbol{a}$时,有以下的实例,分别演示如何求向量的1-范数、2-范数和∞-范数。

实例02:当输入维度为3行4列的矩阵$\boldsymbol{A}$时,有以下的实例,分别演示如何求矩阵的1-范数、2-范数、∞-范数和F范数,以及矩阵的2-范数分别按行向量处理和列向量处理的结果。

★编程实现★

实例01的实现代码如下。

```
# -*- coding: utf-8 -*-
import numpy as np
a = np.array([2, 4, 5, 8, -3])
print('向量a:', a)
print('向量a的1-范数:')
print(np.linalg.norm(a, ord=1))
print('向量a的2-范数:')
print(np.linalg.norm(a, ord=2))
print('向量a的∞-范数:')
print(np.linalg.norm(a, ord=np.inf))
```

运行结果如图2-1所示。

```
向量a： [ 2  4  5  8 -3]
向量a的1-范数：
22.0
向量a的2-范数：
10.862780491200215
向量a的∞-范数：
8.0
```

图2-1　运行结果

实例02的实现代码如下。

```
# -*- coding: utf-8 -*-
import numpy as np
A = np.arange(3, 15).reshape(3, 4)
print('矩阵A:', A)
print('矩阵A的1-范数:')
print(np.linalg.norm(A, ord=1))
print('矩阵A的2-范数:')
print(np.linalg.norm(A, ord=2))
print('矩阵的∞-范数:')
print(np.linalg.norm(A, ord=np.inf))
print('矩阵A的F-范数:')
print(np.linalg.norm(A, ord='fro'))
print('矩阵A列向量的2-范数:')
print(np.linalg.norm(A, ord=2, axis=0))
print('矩阵A行向量的2-范数:')
print(np.linalg.norm(A, ord=2, axis=1))
```

运行结果如图2-2所示。

```
矩阵A： [[ 3  4  5  6]
 [ 7  8  9 10]
 [11 12 13 14]]
矩阵A的1-范数：
30.0
矩阵A的2-范数：
31.75051839553209
矩阵的∞-范数：
50.0
矩阵A的F-范数：
31.78049716414141
矩阵A列向量的2-范数：
[13.37908816 14.96662955 16.58312395 18.22086716]
矩阵A行向量的2-范数：
[ 9.2736185 17.1464282 25.0998008]
```

图2-2　运行结果

2.4 矩阵和线性变换

本节将介绍矩阵和线性变换的相关知识。

2.4.1 矩阵及其运算

1. 矩阵的定义

矩阵的定义 由$m \times n$个数$a_{ij}(i = 1,2,\cdots,m; j = 1,2,\cdots,n)$排成$m$行$n$列的数表

$$\begin{matrix} a_{11} & a_{12} & \cdots & a_{1n} \\ a_{21} & a_{22} & \cdots & a_{2n} \\ \vdots & \vdots & \ddots & \vdots \\ a_{m1} & a_{m2} & \cdots & a_{mn} \end{matrix}$$

称为m行n列矩阵,矩阵的表示方法是外加一个括号,等式左边再用大写黑体字母表示,记作

$$\boldsymbol{A} = \begin{pmatrix} a_{11} & a_{12} & \cdots & a_{1n} \\ a_{21} & a_{22} & \cdots & a_{2n} \\ \vdots & \vdots & \ddots & \vdots \\ a_{m1} & a_{m2} & \cdots & a_{mn} \end{pmatrix}$$

以上矩阵也简称$m \times n$矩阵,其中$m \times n$个数称为矩阵$\boldsymbol{A}$的元素,简称元,数a_{ij}位于矩阵$\boldsymbol{A}$的第i行第j列。

2. 特殊的矩阵

(1)行矩阵:只有一行的矩阵,即$1 \times n$矩阵,也称之为行向量。

(2)列矩阵:只有一列的矩阵,即$m \times 1$矩阵,也称之为列向量。

(3)方阵:行数和列数相等,即$n \times n$矩阵,也称之为n阶矩阵或n阶方阵,也可记作$\boldsymbol{A}_n$。

(4)三角矩阵:三角矩阵是方形矩阵的一种,因其非零系数的排列呈三角形状而得名。三角矩阵分上三角矩阵和下三角矩阵两种。上三角矩阵的对角线左下方的系数全部为零,下三角矩阵的对角线右上方的系数全部为零。

(5)单位矩阵:n阶方阵中主对角线上的元素均为1,其他元素均为0,那么此时的n阶方阵叫作n阶单位矩阵,单位矩阵常用$\boldsymbol{I}$或$\boldsymbol{E}$表示,一个矩阵与其对应的单位矩阵的乘积仍然是这个矩阵。

$$\boldsymbol{E} = \begin{pmatrix} 1 & 0 & \cdots & 0 \\ 0 & 1 & \cdots & 0 \\ \vdots & \vdots & \ddots & \vdots \\ 0 & 0 & \cdots & 1 \end{pmatrix}$$

(6)对称矩阵:如果一个矩阵转置以后等于原来的矩阵,那么这个矩阵就称为对称矩阵,即$\boldsymbol{A} = \boldsymbol{A}^{\mathrm{T}}$,$\boldsymbol{A}$为对称矩阵。

$$A=\begin{pmatrix} a_{11} & a_{12} & \cdots & a_{1n} \\ a_{21} & a_{22} & \cdots & a_{2n} \\ \vdots & \vdots & \ddots & \vdots \\ a_{m1} & a_{m2} & \cdots & a_{mn} \end{pmatrix}$$

如果上式中$\boldsymbol{A}$为对称矩阵,则它具有以下特性:对称矩阵中$a_{ij}=a_{ji}$,对称矩阵一定是方阵,并且对于任何的方阵$\boldsymbol{A}$,$\boldsymbol{A}+\boldsymbol{A}^{\mathrm{T}}$是对称矩阵。

(7)对角矩阵:除主对角线外,其他元素均为0的矩阵叫作对角矩阵。

(8)实对称矩阵:矩阵中的每个元素都是实数的对称矩阵叫作实对称矩阵。

(9)零矩阵:如果矩阵$\boldsymbol{B}$中的所有元素($m\times n$个)均为0,那么此时矩阵$\boldsymbol{B}$叫作零矩阵,可以记作$\boldsymbol{O}$。

$$B=\begin{pmatrix} 0 & 0 & \cdots & 0 \\ 0 & 0 & \cdots & 0 \\ \vdots & \vdots & \ddots & \vdots \\ 0 & 0 & \cdots & 0 \end{pmatrix}$$

(10)正交矩阵:如果n阶矩阵$\boldsymbol{C}$满足$\boldsymbol{C}\boldsymbol{C}^{\mathrm{T}}=\boldsymbol{C}^{\mathrm{T}}\boldsymbol{C}=\boldsymbol{E}$,那么称$\boldsymbol{C}$为正交矩阵。

若用向量表示,即

$$\begin{pmatrix} \boldsymbol{a}_1^{\mathrm{T}} \\ \boldsymbol{a}_2^{\mathrm{T}} \\ \vdots \\ \boldsymbol{a}_n^{\mathrm{T}} \end{pmatrix}(\boldsymbol{a}_1,\boldsymbol{a}_2,\cdots,\boldsymbol{a}_n)=\boldsymbol{E}$$

则$\boldsymbol{a}_i^{\mathrm{T}}\boldsymbol{a}_i=1$,$\boldsymbol{a}_i^{\mathrm{T}}\boldsymbol{a}_j=0(i\neq j;i,j=1,2,\cdots,n)$。这说明$n$阶矩阵$\boldsymbol{C}$为正交矩阵的充要条件是:$\boldsymbol{C}$的列向量都是单位向量,且两两正交。

正交矩阵必须为方阵且具有如下性质。

①$\boldsymbol{C}^{-1}=\boldsymbol{C}^{\mathrm{T}}$。

②$|\boldsymbol{C}|=\pm1$。

③正交矩阵的乘积也是正交矩阵。

④n阶矩阵$\boldsymbol{C}$为正交矩阵的充分条件是:$\boldsymbol{C}$的(行)列向量组是标准正交向量组。

3. 矩阵的运算

下面将介绍矩阵的基本运算,包括矩阵的加法、数与矩阵的乘法、矩阵与矩阵的乘法、矩阵的转置和方阵的行列式等。

(1)矩阵的加法。

矩阵的加法的定义 设有两个$m\times n$矩阵$\boldsymbol{A}=(a_{ij})$和$\boldsymbol{B}=(b_{ij})$,那么矩阵$\boldsymbol{A}$和$\boldsymbol{B}$的和记作$\boldsymbol{A}+\boldsymbol{B}$,规定为

$$A+B=\begin{pmatrix} a_{11}+b_{11} & a_{12}+b_{12} & \cdots & a_{1n}+b_{1n} \\ a_{21}+b_{21} & a_{22}+b_{22} & \cdots & a_{2n}+b_{2n} \\ \vdots & \vdots & \ddots & \vdots \\ a_{m1}+b_{m1} & a_{m2}+b_{m2} & \cdots & a_{mn}+b_{mn} \end{pmatrix}$$

矩阵的加法满足交换律和结合律。而且只有当两个矩阵为同型矩阵时,这两个矩阵才能进行加法运算。

(2)数与矩阵的乘法。

数与矩阵的乘法的定义 数k与矩阵$\boldsymbol{A}$的乘积记作$k\boldsymbol{A}$或$\boldsymbol{A}k$,规定为

$$k\boldsymbol{A} = \boldsymbol{A}k = \begin{pmatrix} ka_{11} & ka_{12} & \cdots & ka_{1n} \\ ka_{21} & ka_{22} & \cdots & ka_{2n} \\ \vdots & \vdots & \ddots & \vdots \\ ka_{m1} & ka_{m2} & \cdots & ka_{mn} \end{pmatrix}$$

数与矩阵的乘法满足下列运算规律(设$\boldsymbol{A}, \boldsymbol{B}$为$m \times n$矩阵,$k, h$为数)。

①$(kh)\boldsymbol{A} = k(h\boldsymbol{A})$。

②$(k + h)\boldsymbol{A} = k\boldsymbol{A} + h\boldsymbol{A}$。

③$k(\boldsymbol{A} + \boldsymbol{B}) = k\boldsymbol{A} + k\boldsymbol{B}$。

(3)矩阵与矩阵的乘法。

矩阵与矩阵的乘法的定义 设$\boldsymbol{A} = (a_{ij})$是一个$m \times p$矩阵,$\boldsymbol{B} = (b_{ij})$是一个$p \times n$矩阵,那么规定矩阵$\boldsymbol{A}$与矩阵$\boldsymbol{B}$的乘积是一个$m \times n$矩阵$\boldsymbol{C} = (c_{ij})$,其中$c_{ij} = a_{i1}b_{1j} + a_{i2}b_{2j} + \cdots + a_{ip}b_{pj} = \sum_{k=1}^{p} a_{ik}b_{kj}$ $(i = 1,2,\cdots,m; j = 1,2,\cdots,n)$,并把此乘积记作$\boldsymbol{C} = \boldsymbol{AB}$。

矩阵与矩阵的乘法不满足交换律,但仍满足结合律和分配律。

(4)矩阵的转置。

矩阵的转置的定义 把矩阵$\boldsymbol{A}$的行换成同序数的列得到一个新矩阵,叫作$\boldsymbol{A}$的转置矩阵,记作$\boldsymbol{A}^{\mathrm{T}}$。

矩阵的转置满足下列运算规律(假设运算都是可行的)。

①$(\boldsymbol{A}^{\mathrm{T}})^{\mathrm{T}} = \boldsymbol{A}$。

②$(\boldsymbol{A} + \boldsymbol{B})^{\mathrm{T}} = \boldsymbol{A}^{\mathrm{T}} + \boldsymbol{B}^{\mathrm{T}}$。

③$(k\boldsymbol{A})^{\mathrm{T}} = k\boldsymbol{A}^{\mathrm{T}}$。

④$(\boldsymbol{AB})^{\mathrm{T}} = \boldsymbol{B}^{\mathrm{T}}\boldsymbol{A}^{\mathrm{T}}$。

(5)方阵的行列式。

方阵的行列式的定义 由n阶方阵$\boldsymbol{A}$的元素构成的行列式(各元素的位置不变),称为方阵$\boldsymbol{A}$的行列式,记作$|\boldsymbol{A}|$或$\det(\boldsymbol{A})$。

由$\boldsymbol{A}$确定$|\boldsymbol{A}|$的这个运算满足下列运算规律(设$\boldsymbol{A},\boldsymbol{B}$为$n$阶方阵,$k$为数)。

①$|\boldsymbol{A}^{\mathrm{T}}| = |\boldsymbol{A}|$(行列式性质1)。

②$|k\boldsymbol{A}| = k^n|\boldsymbol{A}|$。

③$|\boldsymbol{AB}| = |\boldsymbol{A}||\boldsymbol{B}|$。

2.4.2 逆矩阵

逆矩阵的定义 对于n阶矩阵$\boldsymbol{A}$,如果有一个n阶矩阵$\boldsymbol{B}$,使得$\boldsymbol{AB} = \boldsymbol{BA} = \boldsymbol{E}$,则称矩阵$\boldsymbol{A}$是可逆的,并把矩阵$\boldsymbol{B}$称为$\boldsymbol{A}$的逆矩阵。如果矩阵$\boldsymbol{A}$是可逆的,那么$\boldsymbol{A}$的逆矩阵也是唯一的。$\boldsymbol{A}$的逆矩阵记作$\boldsymbol{A}^{-1}$。

逆矩阵有以下两个定理。

定理1 若矩阵$\boldsymbol{A}$可逆,则$|\boldsymbol{A}| \neq 0$。

定理2 若$|\boldsymbol{A}| \neq 0$,则矩阵$\boldsymbol{A}$可逆,且$\boldsymbol{A}^{-1} = \dfrac{1}{|\boldsymbol{A}|}\boldsymbol{A}^*$,其中$\boldsymbol{A}^*$为矩阵$\boldsymbol{A}$的伴随矩阵。

2.4.3 矩阵的初等变换

矩阵的初等行变换的定义 以下三种变换称为矩阵的初等行变换:

(1)对调两行(对调i,j两行,记作$r_i \leftrightarrow r_j$);

(2)以数$k \neq 0$乘某一行中的所有元素(第i行乘k,记作kr_i);

(3)把某一行所有元素的k倍加到另一行对应的元素上去(第j行的k倍加到第i行上,记作$r_i + kr_j$)。

上述定义中的"行"换成"列",矩阵的初等列变换的定义就得出来了。矩阵的初等行变换和初等列变换统称为初等变换。这三种初等变换也是可逆的。

2.4.4 标量对向量的导数、最小二乘法

1. 标量对向量的导数

首先需要了解什么是标量。一个标量就是一个单独的数,一般用小写的变量名称表示。

什么是向量呢? 向量就是一列数或一个一维数组,这些数是有序排列的。如$\boldsymbol{A}$为$n \times n$的矩阵,$\boldsymbol{x}$

为$n \times 1$的列向量，记$y = \boldsymbol{x}^{\mathrm{T}} \cdot \boldsymbol{A} \cdot \boldsymbol{x}$。同理可得$\frac{\partial y}{\partial \boldsymbol{x}} = \frac{\partial \left(\boldsymbol{x}^{\mathrm{T}} \cdot \boldsymbol{A} \cdot \boldsymbol{x}\right)}{\partial \boldsymbol{x}} = \left(\boldsymbol{A}^{\mathrm{T}} + \boldsymbol{A}\right) \cdot \boldsymbol{x}$。

若$\boldsymbol{A}$为对称矩阵，则有$\frac{\partial \left(\boldsymbol{x}^{\mathrm{T}} \cdot \boldsymbol{A} \cdot \boldsymbol{x}\right)}{\partial \boldsymbol{x}} = 2\boldsymbol{A} \cdot \boldsymbol{x}$。

$$\boldsymbol{A} = \begin{pmatrix} a_{11} & a_{12} & \cdots & a_{1n} \\ a_{21} & a_{22} & \cdots & a_{2n} \\ \vdots & \vdots & \ddots & \vdots \\ a_{m1} & a_{m2} & \cdots & a_{mn} \end{pmatrix}, \boldsymbol{x} = \begin{pmatrix} x_1 \\ x_2 \\ \vdots \\ x_n \end{pmatrix}$$

$$\boldsymbol{x}^{\mathrm{T}} \cdot \boldsymbol{A} \cdot \boldsymbol{x} = \left(x_1, x_2, \cdots, x_n\right)\left(\sum_{j=1}^{n} a_{1j} x_j, \sum_{j=1}^{n} a_{2j} x_j, \cdots, \sum_{j=1}^{n} a_{nj} x_j\right)^{\mathrm{T}} = \sum_{i=1}^{n} \sum_{j=1}^{n} a_{ij} x_i x_j$$

$$\frac{\partial \left(\boldsymbol{x}^{\mathrm{T}} \cdot \boldsymbol{A} \cdot \boldsymbol{x}\right)}{\partial \boldsymbol{x}} = \left(\sum_{j=1}^{n} a_{ij} x_j\right) + \left(\sum_{j=1}^{n} a_{ji} x_j\right) = \sum_{j=1}^{n} \left(a_{ij} + a_{ji}\right) x_j$$

$\boldsymbol{A}$为$n \times n$的矩阵，$|\boldsymbol{A}|$为$\boldsymbol{A}$的行列式，计算$\frac{\partial |\boldsymbol{A}|}{\partial \boldsymbol{A}}$。

$$\forall 1 \leqslant i \leqslant n, |\boldsymbol{A}| = \sum_{j=1}^{n} a_{ij} \cdot (-1)^{i+j} \boldsymbol{M}_{ij}$$

$$\frac{\partial |\boldsymbol{A}|}{\partial \boldsymbol{A}} = \frac{\partial \left(\sum_{j=1}^{n} a_{ij} \cdot (-1)^{i+j} \boldsymbol{M}_{ij}\right)}{\partial a_{ij}} = (-1)^{i+j} \boldsymbol{M}_{ij} = \boldsymbol{A}_{ij}$$

$$\frac{\partial |\boldsymbol{A}|}{\partial \boldsymbol{A}} = \left(\boldsymbol{A}^*\right)^{\mathrm{T}} = |\boldsymbol{A}| \left(\boldsymbol{A}^{-1}\right)^{\mathrm{T}}$$

2. 最小二乘法

实系数线性方程组为

$$\begin{cases} a_{11} x_1 + a_{12} x_2 + \cdots + a_{1n} x_n = b_1 \\ a_{21} x_1 + a_{22} x_2 + \cdots + a_{2n} x_n = b_2 \\ \cdots \\ a_{m1} x_1 + a_{m2} x_2 + \cdots + a_{mn} x_n = b_m \end{cases} \tag{2-2}$$

该方程组可能无解，即任何一组实数$x_1, x_2, \cdots, x_n$都可能使$\sum_{i=1}^{m} \left(a_{i1} x_1 + a_{i2} x_2 + \cdots + a_{in} x_n - b_i\right)^2 \neq 0$。

这里需要设法找到实数组$x_1, x_2, \cdots, x_n$使$\sum_{i=1}^{m} \left(a_{i1} x_1 + a_{i2} x_2 + \cdots + a_{in} x_n - b_i\right)^2$最小，这样的实数组$x_1, x_2, \cdots, x_n$称为最小二乘解，这种问题称为最小二乘法问题。

定理 $\boldsymbol{x} = \left(x_1, x_2, \cdots, x_n\right)^{\mathrm{T}}$是矛盾方程组(2-2)的最小二乘解的充要条件是：$\boldsymbol{x}$是方程组

$$\begin{cases}\left(\sum_{i=1}^{m}a_{i1}^2\right)x_1+\left(\sum_{i=1}^{m}a_{i1}a_{i2}\right)x_2+\cdots+\left(\sum_{i=1}^{m}a_{i1}a_{in}\right)x_n=\sum_{i=1}^{m}a_{i1}b_i\\ \left(\sum_{i=1}^{m}a_{i2}a_{i1}\right)x_1+\left(\sum_{i=1}^{m}a_{i2}^2\right)x_2+\cdots+\left(\sum_{i=1}^{m}a_{i2}a_{in}\right)x_n=\sum_{i=1}^{m}a_{i2}b_i\\ \cdots\\ \left(\sum_{i=1}^{m}a_{in}a_{i1}\right)x_1+\left(\sum_{i=1}^{m}a_{in}a_{i2}\right)x_2+\cdots+\left(\sum_{i=1}^{m}a_{in}^2\right)x_n=\sum_{i=1}^{m}a_{in}b_i\end{cases}$$

令

$$\boldsymbol{A}=\begin{pmatrix}a_{11}&a_{12}&\cdots&a_{1n}\\a_{21}&a_{22}&\cdots&a_{2n}\\\vdots&\vdots&\ddots&\vdots\\a_{m1}&a_{m2}&\cdots&a_{mn}\end{pmatrix},\boldsymbol{x}=\begin{pmatrix}x_1\\x_2\\\vdots\\x_n\end{pmatrix},\boldsymbol{b}=\begin{pmatrix}b_1\\b_2\\\vdots\\b_n\end{pmatrix},\boldsymbol{y}=\begin{pmatrix}\sum_{j=1}^{n}a_{1j}x_j\\\sum_{j=1}^{n}a_{2j}x_j\\\vdots\\\sum_{j=1}^{n}a_{nj}x_j\end{pmatrix}=\boldsymbol{Ax}$$

则$\sum_{i=1}^{m}\left(a_{i1}x_1+a_{i2}x_2+\cdots+a_{in}x_n-b_i\right)^2$用欧氏空间中向量的距离表示就是$\left|\boldsymbol{y}-\boldsymbol{b}\right|^2$。

最小二乘法就是找$x_1,x_2,\cdots,x_n$使$\boldsymbol{y}$与$\boldsymbol{b}$的距离最短。

$$\begin{aligned}\left|\boldsymbol{y}-\boldsymbol{b}\right|^2&=(\boldsymbol{Ax}-\boldsymbol{b},\boldsymbol{Ax}-\boldsymbol{b})\\&=(\boldsymbol{Ax}-\boldsymbol{b})^{\mathrm{T}}(\boldsymbol{Ax}-\boldsymbol{b})\\&=(\boldsymbol{x}^{\mathrm{T}}\boldsymbol{A}^{\mathrm{T}}-\boldsymbol{b}^{\mathrm{T}})(\boldsymbol{Ax}-\boldsymbol{b})\\&=\boldsymbol{x}^{\mathrm{T}}\boldsymbol{A}^{\mathrm{T}}\boldsymbol{Ax}-\boldsymbol{x}^{\mathrm{T}}\boldsymbol{A}^{\mathrm{T}}\boldsymbol{b}-\boldsymbol{b}^{\mathrm{T}}\boldsymbol{Ax}+\boldsymbol{b}^{\mathrm{T}}\boldsymbol{b}\end{aligned}$$

$$\begin{aligned}\frac{\partial\left(\left|\boldsymbol{y}-\boldsymbol{b}\right|^2\right)}{\partial\boldsymbol{x}}&=\frac{\partial}{\partial\boldsymbol{x}}\left(\boldsymbol{x}^{\mathrm{T}}\boldsymbol{A}^{\mathrm{T}}\boldsymbol{Ax}-\boldsymbol{x}^{\mathrm{T}}\boldsymbol{A}^{\mathrm{T}}\boldsymbol{b}-\boldsymbol{b}^{\mathrm{T}}\boldsymbol{Ax}+\boldsymbol{b}^{\mathrm{T}}\boldsymbol{b}\right)\\&=2\boldsymbol{A}^{\mathrm{T}}\boldsymbol{Ax}-\boldsymbol{A}^{\mathrm{T}}\boldsymbol{b}-\left(\boldsymbol{b}^{\mathrm{T}}\boldsymbol{A}\right)^{\mathrm{T}}\\&=2\boldsymbol{A}^{\mathrm{T}}\boldsymbol{Ax}-2\boldsymbol{A}^{\mathrm{T}}\boldsymbol{b}=0\end{aligned}$$

最小二乘解所满足的矩阵(代数)方程是$\boldsymbol{A}^{\mathrm{T}}(\boldsymbol{b}-\boldsymbol{Ax})=0$或$\boldsymbol{A}^{\mathrm{T}}\boldsymbol{Ax}=\boldsymbol{A}^{\mathrm{T}}\boldsymbol{b}$，这是一个线性方程组，系数矩阵是$\boldsymbol{A}^{\mathrm{T}}\boldsymbol{A}$，常数项是$\boldsymbol{A}^{\mathrm{T}}\boldsymbol{b}$。

2.4.5 线性变换

线性空间中的运动被称为线性变换。线性空间中的一个向量变成另一个向量可以通过线性变换来完成。空间中的线性变换相当于对空间这个平面进行拉扯。

线性变换的定义 设$\boldsymbol{V}$为一个线性空间，映射$f:\boldsymbol{V}\rightarrow\boldsymbol{V}$为$\boldsymbol{V}$的一个变换，若$f$保持$\boldsymbol{V}$的加法与数乘运算，即

(1)对于任意$\boldsymbol{\alpha},\boldsymbol{\beta}\in\boldsymbol{V}$，有$f(\boldsymbol{\alpha}+\boldsymbol{\beta})=f(\boldsymbol{\alpha})+f(\boldsymbol{\beta})$；

(2)对于任意数k及任意$\boldsymbol{\alpha} \in \boldsymbol{V}$，有$f(k\boldsymbol{\alpha}) = kf(\boldsymbol{\alpha})$，
则称$f: \boldsymbol{V} \rightarrow \boldsymbol{V}$为$\boldsymbol{V}$的一个线性变换。

线性变换具有如下性质。

性质1 设$\boldsymbol{V}$为一个线性空间，映射$f: \boldsymbol{V} \rightarrow \boldsymbol{V}$为$\boldsymbol{V}$的一个变换，则有

(1)$f(0) = 0$；

(2)对于任意$\boldsymbol{\alpha} \in \boldsymbol{V}$，有$f(-\boldsymbol{\alpha}) = -f(\boldsymbol{\alpha})$；

(3)对于任意数$k_1,\cdots,k_s$及任意$\boldsymbol{\alpha}_1,\cdots,\boldsymbol{\alpha}_s \in \boldsymbol{V}$，有$f\left(k_1\boldsymbol{\alpha}_1 + \cdots + k_s\boldsymbol{\alpha}_s\right) = k_1 f\left(\boldsymbol{\alpha}_1\right) + \cdots + k_s f\left(\boldsymbol{\alpha}_s\right)$；

(4)$\boldsymbol{\alpha}_1,\cdots,\boldsymbol{\alpha}_s$为$\boldsymbol{V}$的一组线性相关的元素，可得出$f\left(\boldsymbol{\alpha}_1\right),\cdots,f\left(\boldsymbol{\alpha}_s\right)$也线性相关(但反之未必成立)。

性质2 设$\boldsymbol{V}$为一个n维的线性空间，$\boldsymbol{\varepsilon}_1,\cdots,\boldsymbol{\varepsilon}_n$为$\boldsymbol{V}$的一组基，$f$为$\boldsymbol{V}$的线性变换，$f\left(\boldsymbol{\varepsilon}_1\right) = \boldsymbol{\alpha}_1$，$f\left(\boldsymbol{\varepsilon}_2\right) = \boldsymbol{\alpha}_2,\cdots,f\left(\boldsymbol{\varepsilon}_n\right) = \boldsymbol{\alpha}_n$，$\boldsymbol{\xi} = \boldsymbol{x}_1\boldsymbol{\varepsilon}_1 + \cdots + \boldsymbol{x}_n\boldsymbol{\varepsilon}_n$，则$f\left(\boldsymbol{\xi}\right) = \boldsymbol{x}_1\boldsymbol{\alpha}_1 + \cdots + \boldsymbol{x}_n\boldsymbol{\alpha}_n$。

定理 设$\boldsymbol{V}$为一个n维的线性空间，$\boldsymbol{\varepsilon}_1,\cdots,\boldsymbol{\varepsilon}_n$为$\boldsymbol{V}$的一组基，对于任意$\boldsymbol{\alpha}_1,\cdots,\boldsymbol{\alpha}_n \in \boldsymbol{V}$，存在唯一的线性变换$f: \boldsymbol{V} \rightarrow \boldsymbol{V}$使得$f\left(\boldsymbol{\varepsilon}_i\right) = \boldsymbol{\alpha}_i (i = 1,\cdots,n)$。

如果$\mathbf{R}^n$为全体n维实列向量关于向量的加法和数乘构成的线性空间，则有关系式$T(\boldsymbol{x}) = \boldsymbol{A}\boldsymbol{x}$，$\boldsymbol{x} \in \mathbf{R}^n$，简单明了表示出一个$f: \mathbf{R}^n \rightarrow \mathbf{R}^n$中的线性变换。

2.4.6 矩阵的秩

设有n个未知数、m个方程的线性方程组，可以写成以向量$\boldsymbol{x}$为未知元的向量方程$\boldsymbol{A}\boldsymbol{x} = \boldsymbol{b}$。其中，向量组$(A)$：$\boldsymbol{\alpha}_1,\boldsymbol{\alpha}_2,\cdots,\boldsymbol{\alpha}_m$的极大无关向量组所含向量的个数$r$称为该向量组的秩。

什么是极大无关向量组呢？向量组$\boldsymbol{\alpha}_1,\boldsymbol{\alpha}_2,\cdots,\boldsymbol{\alpha}_m$的一个部分组$\boldsymbol{\alpha}_{i1},\boldsymbol{\alpha}_{i2},\cdots,\boldsymbol{\alpha}_{ir}$满足两个条件：一是$\boldsymbol{\alpha}_{i1},\boldsymbol{\alpha}_{i2},\cdots,\boldsymbol{\alpha}_{ir}$线性无关；二是向量组$\boldsymbol{\alpha}_1,\boldsymbol{\alpha}_2,\cdots,\boldsymbol{\alpha}_m$的任意一个向量都可以表示为$\boldsymbol{\alpha}_{i1},\boldsymbol{\alpha}_{i2},\cdots,\boldsymbol{\alpha}_{ir}$的线性组合，即$\boldsymbol{\alpha}_{i1},\boldsymbol{\alpha}_{i2},\cdots,\boldsymbol{\alpha}_{ir}$为$\boldsymbol{\alpha}_1,\boldsymbol{\alpha}_2,\cdots,\boldsymbol{\alpha}_m$的极大无关向量组。

矩阵的秩的定义 矩阵$\boldsymbol{A}$的行向量组成的向量组的秩称为矩阵$\boldsymbol{A}$的行秩，矩阵$\boldsymbol{A}$的列向量组成的向量组的秩称为矩阵$\boldsymbol{A}$的列秩。

矩阵的秩的定理如下。

定理1 矩阵$\boldsymbol{A}$的秩等于其列秩，也等于其行秩。

定理2 设n元线性方程组$\boldsymbol{A}\boldsymbol{x} = \boldsymbol{b}$，$R(\boldsymbol{A})$表示系数矩阵$\boldsymbol{A}$的秩，$R(\boldsymbol{A},\boldsymbol{b})$表示增广矩阵$\boldsymbol{B} = (\boldsymbol{A},\boldsymbol{b})$的秩，则该线性方程组

(1)无解的充要条件是：$R(\boldsymbol{A}) < R(\boldsymbol{A},\boldsymbol{b})$；

(2)有唯一解的充要条件是：$R(\boldsymbol{A}) = R(\boldsymbol{A},\boldsymbol{b}) = n$；

(3)有无限多解的充要条件是：$R(\boldsymbol{A}) = R(\boldsymbol{A},\boldsymbol{b}) < n$。

2.4.7 线性方程组的解

对于线性方程组的解我们可以用向量组的秩来判定。

设有n个未知数、m个方程的线性方程组，可以写成以向量$\boldsymbol{x}$为未知元的向量方程$\boldsymbol{Ax} = \boldsymbol{b}$。其中，有如下定理。

若$R(\boldsymbol{A}) \neq R(\overline{\boldsymbol{A}})$，则方程组无解；若$R(\boldsymbol{A}) = R(\overline{\boldsymbol{A}}) = n$，则方程组有唯一解；若$R(\boldsymbol{A}) = R(\overline{\boldsymbol{A}}) = r < n$，则方程组有无穷多解。$\overline{\boldsymbol{A}}$为矩阵$\boldsymbol{A}$的共轭矩阵，共轭矩阵的含义将在2.6.2小节中进行介绍。

对于齐次线性方程组$\boldsymbol{Ax} = 0$，当$R(\boldsymbol{A}) = n$时，该方程组只有零解；当$R(\boldsymbol{A}) < n$时，该方程组有无穷多解。

2.4.8 方阵的特征值和特征向量

特征值和特征向量的定义 设$\boldsymbol{A}$是n阶矩阵，如果数λ和n维非零列向量$\boldsymbol{x}$使关系式$\boldsymbol{Ax} = \lambda\boldsymbol{x}$成立，那么这样的数$\lambda$称为矩阵$\boldsymbol{A}$的特征值，非零向量$\boldsymbol{x}$称为$\boldsymbol{A}$的对应于特征值$\lambda$的特征向量。

$\boldsymbol{Ax} = \lambda\boldsymbol{x}$也可写成$(\boldsymbol{A} - \lambda\boldsymbol{E})\boldsymbol{x} = 0$，这是$n$个未知数、$n$个方程的齐次线性方程组，它有非零解的充要条件是：系数行列式$|\boldsymbol{A} - \lambda\boldsymbol{E}| = 0$，即

$$\begin{vmatrix} a_{11} - \lambda & a_{12} & \cdots & a_{1n} \\ a_{21} & a_{22} - \lambda & \cdots & a_{2n} \\ \vdots & \vdots & \ddots & \vdots \\ a_{n1} & a_{n2} & \cdots & a_{nn} - \lambda \end{vmatrix} = 0$$

上式是以λ为未知数的一元n次方程，称为矩阵$\boldsymbol{A}$的特征方程，其左端$|\boldsymbol{A} - \lambda\boldsymbol{E}|$是$\lambda$的$n$次多项式，记作$f(\lambda)$，称为矩阵$\boldsymbol{A}$的特征多项式。

显然，$\boldsymbol{A}$的特征值就是特征方程的解。特征方程在复数范围内恒有解，其解的个数为方程的次数(重根按重数计算)。因此，n阶矩阵$\boldsymbol{A}$在复数范围内有n个特征值。

设n阶矩阵$\boldsymbol{A} = (a_{ij})$的特征值为$\lambda_1,\lambda_2,\cdots,\lambda_n$，不难证明：

(1)$\lambda_1 + \lambda_2 + \cdots + \lambda_n = a_{11} + a_{22} + \cdots + a_{nn}$；

(2)$\lambda_1\lambda_2\cdots\lambda_n = |\boldsymbol{A}|$。

设$\lambda = \lambda_i$为矩阵$\boldsymbol{A}$的一个特征值，则由方程$(\boldsymbol{A} - \lambda_i\boldsymbol{E})\boldsymbol{x} = 0$可求得非零解$\boldsymbol{x} = \boldsymbol{p}_i$，那么$\boldsymbol{p}_i$便是$\boldsymbol{A}$的对应于特征值$\lambda_i$的特征向量(若$\lambda_i$为实数，则$\boldsymbol{p}_i$可取实向量；若$\lambda_i$为复数，则$\boldsymbol{p}_i$可取复向量)。

小试牛刀04:Python编程实现求逆矩阵、行列式的值、秩

★案例说明★

本节学习了矩阵的很多运算和性质,其中求解矩阵的逆矩阵、行列式和秩是矩阵运算和线性变换的基础,本案例可以让我们熟悉矩阵的编程过程。小试牛刀03中用到的numpy.linalg模块也包含了线性代数的函数。使用这个模块,可以计算逆矩阵、求特征值、解线性方程组及求解行列式等。numpy.linalg模块中的det函数可以计算矩阵的行列式,inv函数可以计算逆矩阵,matrix_rank函数可以计算矩阵的秩。numpy.dot可以进行矩阵乘法运算,numpy.dot(a, b)与a.dot(b)效果相同。

★实现思路★

实现步骤如下。

步骤1:定义一个3 × 3的矩阵A = np.array([[1, 4, 9], [2, 5, 8], [3, 6, 9]])。

步骤2:调用np.linalg.inv()函数,求A矩阵的逆矩阵并输出结果。

步骤3:调用np.dot()函数,求A矩阵与其逆矩阵乘积并输出结果。

步骤4:调用np.linalg.det()函数,求A矩阵的行列式的值并输出结果。

步骤5:调用np.linalg.matrix_rank()函数,求A矩阵的秩并输出结果。

★编程实现★

实现代码如下。

```
import numpy as np
A = np.array([[1, 4, 9], [2, 5, 8], [3, 6, 9]])
print("A矩阵为:")
print(A)
print('*'*40)
F = np.linalg.inv(A)
print("A矩阵的逆矩阵为:")
print(F)
print('*'*40)
print("A矩阵与其逆矩阵乘积为:")
print(np.dot(A, np.linalg.inv(A)))
print(np.dot(A, np.linalg.inv(A)).astype(int))
print('*'*40)
print("A矩阵的行列式的值为:")
print(np.linalg.det(A))
print('*'*40)
print("A矩阵的秩为:")
print(np.linalg.matrix_rank(A))
```

运行结果如图2-3所示。

```
A矩阵为：
[[1 4 9]
 [2 5 8]
 [3 6 9]]
****************************************
A矩阵的逆矩阵为：
[[ 0.5        -3.          2.16666667]
 [-1.          3.         -1.66666667]
 [ 0.5        -1.          0.5       ]]
****************************************
A矩阵与其逆矩阵乘积为：
[[ 1.00000000e+00  2.22044605e-16  2.77555756e-16]
 [ 0.00000000e+00  1.00000000e+00  4.44089210e-16]
 [ 0.00000000e+00 -1.55431223e-15  1.00000000e+00]]
[[1 0 0]
 [0 1 0]
 [0 0 1]]
****************************************
A矩阵的行列式的值为：
-6.000000000000001
****************************************
A矩阵的秩为：
3
```

图 2-3　运行结果

2.5 二次型

二次型的理论和方法是矩阵理论的重要组成部分，其在经济管理、工程技术等领域都有极其广泛的应用，本节将介绍二次型的相关概念和方法。

2.5.1 二次型的定义

二次型的定义　含有 n 个变量 $x_1,x_2,\cdots,x_n$ 的二次齐次函数 $f\left(x_1,x_2,\cdots,x_n\right)=a_{11}x_1^2+a_{22}x_2^2+\cdots+a_{nn}x_n^2+2a_{12}x_1x_2+2a_{13}x_1x_3+\cdots+2a_{n-1,n}x_{n-1}x_n$ 称为二次型。

取 $a_{ji}=a_{ij}$，则 $2a_{ij}x_ix_j=a_{ij}x_ix_j+a_{ji}x_jx_i$，于是上式可写成

$$
\begin{aligned}
f\left(x_1,x_2,\cdots,x_n\right)=&\,a_{11}x_1^2+a_{12}x_1x_2+\cdots+a_{1n}x_1x_n\\
&+a_{21}x_2x_1+a_{22}x_2^2+\cdots+a_{2n}x_2x_n\\
&+\cdots+a_{n1}x_nx_1+a_{n2}x_nx_2+\cdots+a_{nn}x_n^2\\
=&\sum_{i=1}^{n}\sum_{j=1}^{n}a_{ij}x_ix_j
\end{aligned}
$$

二次型的标准型可理解为只含平方项的二次型，即$f = k_1x_1^2 + k_2x_2^2 + \cdots + k_nx_n^2$。如果标准型的系数只在1,-1,0三个数中取值，则也能写出二次型的规范型，即$f = x_1^2 + \cdots + x_m^2 - x_{m+1}^2 - \cdots - x_p^2$。

若$\boldsymbol{A}$为对称矩阵，$\boldsymbol{A} = \begin{pmatrix} a_{11} & a_{12} & \cdots & a_{1n} \\ a_{21} & a_{22} & \cdots & a_{2n} \\ \vdots & \vdots & \ddots & \vdots \\ a_{n1} & a_{n2} & \cdots & a_{nn} \end{pmatrix}$，$\boldsymbol{x} = \begin{pmatrix} x_1 \\ x_2 \\ \vdots \\ x_n \end{pmatrix}$，则$f = \boldsymbol{x}^{\mathrm{T}}\boldsymbol{A}\boldsymbol{x}$也是二次型的一种形式，对称矩阵$\boldsymbol{A}$叫作二次型$f$的矩阵，也把$f$叫作对称矩阵$\boldsymbol{A}$的二次型。对称矩阵$\boldsymbol{A}$的秩就叫作二次型$f$的秩。

这里还引申出一个定理。

定理　任意给定二次型$f\left(x_1,x_2,\cdots,x_n\right) = \sum_{i=1}^{n}\sum_{j=1}^{n} a_{ij}x_ix_j\left(a_{ij} = a_{ji}\right)$，总有正交变换$\boldsymbol{x} = \boldsymbol{P}\boldsymbol{y}$，使$f$化为标准型$f = \lambda_1y_1^2 + \lambda_2y_2^2 + \cdots + \lambda_ny_n^2$，其中$\lambda_1,\lambda_2,\cdots,\lambda_n$是矩阵$\boldsymbol{A} = \left(a_{ij}\right)$的特征值。

2.5.2　用正交变换化二次型为标准型

经过2.5.1小节的讨论，可以总结出用正交变换化二次型为标准型的一般步骤。

(1)将二次型$f = \sum_{i=1}^{n}\sum_{j=1}^{n} a_{ij}x_ix_j$，写成矩阵形式$f = \boldsymbol{x}^{\mathrm{T}}\boldsymbol{A}\boldsymbol{x}$。

(2)由$|\boldsymbol{A} - \lambda\boldsymbol{E}| = 0$，求出$\boldsymbol{A}$的全部特征值。

(3)由$(\boldsymbol{A} - \lambda\boldsymbol{E})\boldsymbol{x} = 0$，求出$\boldsymbol{A}$的特征向量。

对于求出的不同特征值所对应的特征向量已正交，只需单位化；对于k重特征值λ_k所对应的k个线性无关的特征向量，用施密特正交化方法把它们化成k个两两正交的单位向量。

(4)把求出的n个两两正交的单位向量拼成正交矩阵$\boldsymbol{P}$，作正交变换$\boldsymbol{x} = \boldsymbol{P}\boldsymbol{y}$。

(5)用$\boldsymbol{x} = \boldsymbol{P}\boldsymbol{y}$，把$f$化成标准型$f = \lambda_1y_1^2 + \lambda_2y_2^2 + \cdots + \lambda_ny_n^2$，其中$\lambda_1,\lambda_2,\cdots,\lambda_n$是矩阵$\boldsymbol{A} = \left(a_{ij}\right)$的特征值。

2.5.3　二次型的正定性

二次型的标准型不是唯一的。

在介绍二次型的正定性之前，先来了解一下惯性定理。

> **惯性定理**　设有二次型$f = \boldsymbol{x}^{\mathrm{T}}\boldsymbol{A}\boldsymbol{x}$，它的秩为$r$，有两个可逆变换$\boldsymbol{x} = \boldsymbol{C}\boldsymbol{y}$及$\boldsymbol{x} = \boldsymbol{P}\boldsymbol{z}$，使得$f = k_1y_1^2 + k_1y_2^2 + \cdots + k_ry_r^2\left(k_i \neq 0\right)$及$f = \lambda_1z_1^2 + \lambda_2z_2^2 + \cdots + \lambda_rz_r^2\left(\lambda_i \neq 0\right)$，则$k_1,\cdots,k_r$中正数的个数与$\lambda_1,\cdots,\lambda_r$中正数的个数相等。

二次型的标准型中正系数的个数称为二次型的正惯性指数，负系数的个数称为二次型的负惯性指数。若二次型f的正惯性指数为p，秩为r，则f的规范型可确定为$f = y_1^2 + \cdots + y_p^2 - y_{p+1}^2 - \cdots - y_r^2$。

正定二次型和负定二次型的定义 设有二次型$f(\boldsymbol{x})=\boldsymbol{x}^{\mathrm{T}}\boldsymbol{A}\boldsymbol{x}$,如果对任何$\boldsymbol{x}\neq 0$,都有$f(\boldsymbol{x})>0$(显然$f(0)=0$),则称$f$为正定二次型,并称对称矩阵$\boldsymbol{A}$是正定的;如果对任何$\boldsymbol{x}\neq 0$,都有$f(\boldsymbol{x})<0$,则称$f$为负定二次型,并称对称矩阵$\boldsymbol{A}$是负定的。

定理 n元二次型$f=\boldsymbol{x}^{\mathrm{T}}\boldsymbol{A}\boldsymbol{x}$为正定的充要条件是:它的标准型的$n$个系数全为正,即它的规范型的$n$个系数全为1,亦即它的正惯性指数等于$n$。

推论 对称矩阵$\boldsymbol{A}$为正定的充要条件是:$\boldsymbol{A}$的特征值全为正。

赫尔维茨定理 对称矩阵$\boldsymbol{A}$为正定的充要条件是:$\boldsymbol{A}$的各阶主子式都为正。对称矩阵$\boldsymbol{A}$为负定的必要条件是:奇数阶主子式为负,偶数阶主子式为正。

2.6 矩阵分解

矩阵分解有很多种,如LU分解、QR分解、特征值分解(EVD)和奇异值分解(SVD)。LU分解是将满秩矩阵分解为两个倒扣的三角形,即分解为下三角形矩阵和上三角形矩阵的乘积,它的意义在于求解大型方程组。QR分解经常用来解线性最小二乘法问题,它和机器学习的相关算法关系密切。特征值分解的方法也非常有效,但有一些局限性,即要求矩阵必须是方阵且能够被对角化。奇异值分解可以对任意形状的矩阵进行分解,实用性更广。本节将着重介绍QR分解和奇异值分解(SVD)的相关定义和方法。

2.6.1 QR分解

QR分解是目前求一般矩阵全部特征值的最有效并广泛应用的方法。QR分解又称为QR因式分解,与LU分解一样是利用矩阵求解线性方程组的方法。下面将详细介绍QR分解的定义和常用的求解方法。

1. QR分解的定义及基本概念

QR分解的定义 如果实(复)非奇异矩阵$\boldsymbol{A}$能够化成正交(酉)矩阵$\boldsymbol{Q}$与实(复)非奇异上三角矩阵$\boldsymbol{R}$的乘积,即$\boldsymbol{A}=\boldsymbol{Q}\boldsymbol{R}$,则称该式为$\boldsymbol{A}$的QR分解。

定理 设$\boldsymbol{A}$是$m\times n$实(复)矩阵,且$R(\boldsymbol{A})=n$,则$\boldsymbol{A}$可以分解为$\boldsymbol{A}=\boldsymbol{Q}\boldsymbol{R}$。其中,$\boldsymbol{Q}$是$m\times n$实(复)矩阵,且满足$\boldsymbol{Q}^{\mathrm{T}}\boldsymbol{Q}=\boldsymbol{E}$;$\boldsymbol{R}$是$n$阶实(复)非奇异上三角矩阵。该分解除相差一个对角元素的绝对值(模)全为1的对角矩阵因子外,分解式$\boldsymbol{A}=\boldsymbol{Q}\boldsymbol{R}$是唯一的。

QR分解的常用方法有4种。

方法1:利用Householder矩阵变换法。

方法2:利用Givens矩阵变换法。

方法3:利用施密特正交化方法。

方法4:利用初等列变换法。

方法3中的施密特正交化在2.3.2小节中有介绍,方法4中的初等列变换在2.4.3小节中有介绍,下面先介绍一下方法1中的Householder矩阵变换和方法2中的Givens矩阵变换及定义中酉空间和酉矩阵的一些概念,然后再介绍具体的分解方法。

概念1:Householder变换。

Householder变换又称为反射变换或镜像变换,它的定义如下:设$\boldsymbol{u} \in \mathbf{R}^n$是单位列向量,即$\boldsymbol{u}^{\mathrm{T}}\boldsymbol{u} = 1$,称矩阵$\boldsymbol{H} = \boldsymbol{E} - 2\boldsymbol{u}\boldsymbol{u}^{\mathrm{T}}$为Householder矩阵。由Householder矩阵确定的$\mathbf{R}^n$上的线性变换$\boldsymbol{y} = \boldsymbol{H}\boldsymbol{x}$称为Householder变换。若$\boldsymbol{u}$不是单位向量,则定义$\boldsymbol{H} = \boldsymbol{E} - \dfrac{2}{\|\boldsymbol{u}\|_2^2}\boldsymbol{u}\boldsymbol{u}^{\mathrm{T}}$为Householder矩阵,对应的变换称为Householder变换(初等反射变换)。

Householder矩阵具有如下性质。

(1)$\boldsymbol{H}^{\mathrm{T}} = \boldsymbol{H}$(对称矩阵)。

(2)$\boldsymbol{H}^{\mathrm{T}}\boldsymbol{H} = \boldsymbol{E}$(正交矩阵)。

(3)$\boldsymbol{H}^2 = \boldsymbol{E}$(对合矩阵)。

(4)$\boldsymbol{H}^{-1} = \boldsymbol{H}$(自逆矩阵)。

概念2:Givens变换。

Givens变换的定义 设实数c与s满足$c^2 + s^2 = 1$,则称

$$\boldsymbol{T}_{ij} = \begin{pmatrix} 1 & & & & & & & & \\ & \ddots & & & & & & & \\ & & 1 & & & & & & \\ & & & c & \cdots & s & & & \\ & & & & 1 & & & & \\ & & & \vdots & \ddots & \vdots & & & \\ & & & & & 1 & & & \\ & & & -s & \cdots & c & & & \\ & & & & & & 1 & & \\ & & & & & & & \ddots & \\ & & & & & & & & 1 \end{pmatrix} \begin{matrix} \\ \\ \\ (i) \\ \\ \\ \\ (j) \\ \\ \\ \\ \end{matrix}$$

$$\qquad\qquad\qquad (i) \qquad\qquad (j)$$

为Givens矩阵,其中$i < j$。由Givens矩阵所确定的线性变换称为Givens变换(初等旋转变换)。

对于Givens变换的理解,在平面坐标$\mathbf{R}^2$中向量的旋转变换关系可由旋转角θ表示。

存在引理1 设$\boldsymbol{x} = (\alpha_1,\alpha_2,\cdots,\alpha_n)^{\mathrm{T}} \neq 0$,则存在有限个Givens矩阵的乘积,记作$\boldsymbol{T}$,使得$\boldsymbol{T}\boldsymbol{x} = |\boldsymbol{x}|\boldsymbol{e}_1$。

概念3:酉空间和酉矩阵。

酉空间的定义 设$\boldsymbol{V}$是复数域上的线性空间，在$\boldsymbol{V}$上定义了一个二元复函数，称为内积，记作$(\boldsymbol{\alpha},\boldsymbol{\beta})$，它具有以下性质。

(1) $(\boldsymbol{\alpha},\boldsymbol{\beta})=\overline{(\boldsymbol{\beta},\boldsymbol{\alpha})}$，这里$\overline{(\boldsymbol{\beta},\boldsymbol{\alpha})}$是$(\boldsymbol{\beta},\boldsymbol{\alpha})$的共轭复数。

(2) $(k\boldsymbol{\alpha},\boldsymbol{\beta})=k(\boldsymbol{\alpha},\boldsymbol{\beta})$。

(3) $(\boldsymbol{\alpha}+\boldsymbol{\beta},\boldsymbol{\gamma})=(\boldsymbol{\alpha},\boldsymbol{\gamma})+(\boldsymbol{\beta},\boldsymbol{\gamma})$。

(4) $(\boldsymbol{\alpha},\boldsymbol{\alpha})$是非负实数，且$(\boldsymbol{\alpha},\boldsymbol{\alpha})=0$当且仅当$\boldsymbol{\alpha}=0$。

这里$\boldsymbol{\alpha},\boldsymbol{\beta},\boldsymbol{\gamma}$是$\boldsymbol{V}$中任意的向量，$k$为任意复数，这样的线性空间称为酉空间。

若一个$n\times n$的复矩阵$\boldsymbol{U}$满足：

$$\boldsymbol{U}^*\boldsymbol{U}=\boldsymbol{U}\boldsymbol{U}^*=\boldsymbol{E}_n$$

则称其为酉矩阵，其中$\boldsymbol{E}_n$为n阶单位矩阵，$\boldsymbol{U}^*$为$\boldsymbol{U}$的共轭转置矩阵。也就是说，矩阵$\boldsymbol{U}$为酉矩阵，当且仅当其共轭矩阵$\boldsymbol{U}^*$为其逆矩阵：

$$\boldsymbol{U}^{-1}=\boldsymbol{U}^*$$

共轭矩阵和共轭转置矩阵的定义将在2.6.2小节中进行介绍。

2. QR分解的常用方法

QR分解的常用方法有以下4种：利用Householder矩阵变换法、利用Givens矩阵变换法、利用施密特正交化方法、利用初等列变换法。

(1)利用Householder矩阵变换法。

将矩阵$\boldsymbol{A}$的列向量依次实施Householder变换，简记作$\boldsymbol{H}$，使之化为具有1个非零元，2个非零元，⋯，n个非零元作为列向量的上三角矩阵$\boldsymbol{R}$，$\boldsymbol{H}_i$为自逆矩阵，即若有$\boldsymbol{H}_{n-1}\cdots\boldsymbol{H}_2\boldsymbol{H}_1\boldsymbol{A}=\boldsymbol{R}$，则$\boldsymbol{Q}=\boldsymbol{H}_1\boldsymbol{H}_2\cdots\boldsymbol{H}_{n-1}$。

设$\boldsymbol{A}=(\boldsymbol{x}_1,\boldsymbol{x}_2,\cdots,\boldsymbol{x}_n)$为$n$阶矩阵，步骤如下。

①首先将矩阵$\boldsymbol{A}$按列分块$(\boldsymbol{a}_1,\boldsymbol{a}_2,\cdots,\boldsymbol{a}_n)$，取

$$\boldsymbol{u}_1=\frac{\boldsymbol{a}_1-\alpha_1\boldsymbol{e}_1}{\left\|\boldsymbol{a}_1-\alpha_1\boldsymbol{e}_1\right\|},\alpha_1=\left\|\boldsymbol{a}_1\right\|_2$$

则

$$\boldsymbol{H}_1=\boldsymbol{E}-2\boldsymbol{u}_1\boldsymbol{u}_1^{\mathrm{H}}$$

$$\boldsymbol{H}_1\boldsymbol{A}=(\boldsymbol{H}_1\boldsymbol{a}_1,\boldsymbol{H}_1\boldsymbol{a}_2,\cdots,\boldsymbol{H}_1\boldsymbol{a}_n)=\begin{pmatrix}\alpha_1 & * & \cdots & * \\ 0 & & & \\ \vdots & & \boldsymbol{B}_1 & \\ 0 & & & \end{pmatrix}$$

②将矩阵$\boldsymbol{B}_1\in\mathbf{C}^{(n-1)\times(n-1)}$按列分块$(\boldsymbol{b}_1,\boldsymbol{b}_2,\cdots,\boldsymbol{b}_n)$，取

$$\boldsymbol{u}_2=\frac{\boldsymbol{b}_2-\beta_2\boldsymbol{e}_1}{\left\|\boldsymbol{b}_2-\beta_2\boldsymbol{e}_1\right\|},\beta_2=\left\|\boldsymbol{b}_2\right\|_2$$

$$\tilde{\boldsymbol{H}}_2=\boldsymbol{E}-2\boldsymbol{u}_2\boldsymbol{u}_2^{\mathrm{H}},\ \boldsymbol{H}_2=\begin{pmatrix}1 & \boldsymbol{O}^{\mathrm{T}} \\ 0 & \tilde{\boldsymbol{H}}_2\end{pmatrix}$$

则

$$H_2(H_1A)=\begin{pmatrix}\alpha_1 & * & * & \cdots & * \\ 0 & \alpha_1 & * & \cdots & * \\ \vdots & & C_1 & & \\ 0 & & & & \end{pmatrix}$$

其中，$C_1 \in \mathbf{C}^{(n-1)\times(n-1)}$。

依次进行下去，得到第 $n-1$ 个 n 阶的Household矩阵 H_{n-1}，使得

$$H_{n-1}\cdots H_2H_1A=\begin{pmatrix}\alpha_1 & * & \cdots & * \\ & \alpha_2 & \cdots & \vdots \\ & & \ddots & * \\ & & & \alpha_n\end{pmatrix}=R$$

③因为 H_i 为自逆矩阵，所以令 $Q=H_1H_2\cdots H_{n-1}$。

分解结束，最后验证 $A=QR$。

(2)利用Givens矩阵变换法。

设 $A=(X_1,X_2,\cdots,X_n)$ 为 n 阶矩阵，步骤如下。

①对 A 的第一列 $b^{(1)}=(a_{11},a_{21},\cdots,a_{n1})^{\mathrm{T}}$ 构造 T_1 使 $T_1b^{(1)}=|b^{(1)}|e_1(e_1\in\mathbf{R}^n)$。

令 $a_{11}^{(1)}=|b^{(1)}|$，则有

$$T_1A=\begin{pmatrix}a_{11}^{(1)} & a_{21}^{(1)} & \cdots & a_{n1}^{(1)} \\ 0 & & & \\ \vdots & & A^{(1)} & \\ 0 & & & \end{pmatrix}$$

②对 $A^{(1)}$ 的第一列 $b^{(2)}=(a_{12}^{(1)},a_{22}^{(1)},\cdots,a_{n2}^{(1)})^{\mathrm{T}}$ 构造 T_2 使 $T_2b^{(2)}=|b^{(2)}|e_1(e_1\in\mathbf{R}^{n-1})$。

令 $a_{22}^{(2)}=|b^{(2)}|$，则有

$$T_2A=\begin{pmatrix}a_{12}^{(2)} & a_{22}^{(2)} & \cdots & a_{n2}^{(2)} \\ 0 & & & \\ \vdots & & A^{(2)} & \\ 0 & & & \end{pmatrix}$$

……

对 $A^{(n-2)}$ 的第一列 $b^{(n-1)}=(a_{n-1,n-1}^{(n-2)},a_{n,n-1}^{(n-2)})^{\mathrm{T}}$ 构造 T_{n-1} 使 $T_{n-1}b^{(n-1)}=|b^{(n-1)}|e_1(e_1\in\mathbf{R}^2)$。

令 $a_{n-1,n-1}^{(n-1)}=|b^{(n-1)}|$，则有

$$T_{n-1}A^{(n-2)}=\begin{pmatrix}a_{n-1,n-1}^{(n-1)} & a_{n-1,n}^{(n-1)} \\ 0 & a_{n,n}^{(n-1)}\end{pmatrix}$$

最后，令

$$T=\begin{pmatrix}E_{n-2} & O \\ O & E_{n-2}\end{pmatrix}\cdots\begin{pmatrix}E_2 & O \\ O & E_3\end{pmatrix}\begin{pmatrix}E_1 & O \\ O & E_2\end{pmatrix}T_1$$

则 $Q=T^{\mathrm{T}}, R=Q^{\mathrm{T}}A=TA$。

注意：使用Givens变换法求n阶矩阵$\boldsymbol{A}$的QR分解时，上三角矩阵$\boldsymbol{R}$的第1行元素与$\boldsymbol{T}_1\boldsymbol{A}$的第1行元素相同；$\boldsymbol{R}$的第2行后$n-1$个元素与$\boldsymbol{T}_2\boldsymbol{A}^{(1)}$的第1行元素相同；…；$\boldsymbol{R}$的第$n-1$行后两个元素与$\boldsymbol{T}_{n-1}\boldsymbol{A}^{(n-2)}$的第1行元素相同；$\boldsymbol{R}$的第$n$行后一个元素与$\boldsymbol{T}_{n-1}\boldsymbol{A}^{(n-2)}$的第1行元素相同。

(3)利用施密特正交化方法。

2.3.2小节介绍了施密特正交化方法，我们可以利用施密特正交化方法求上三角矩阵$\boldsymbol{R}$。施密特正交化方法也是矩阵的QR分解最常用的方法，其主要依据下面的两个结论。

①设$\boldsymbol{A}$是n阶实非奇异矩阵，则存在正交矩阵$\boldsymbol{Q}$和实非奇异上三角矩阵$\boldsymbol{R}$使$\boldsymbol{A}$有QR分解；且除相差一个对角元素的绝对值(模)全为1的对角矩阵因子外，分解是唯一的。

②设$\boldsymbol{A}$是$m\times n$实矩阵，且其n个列线性无关，则$\boldsymbol{A}$有分解$\boldsymbol{A}=\boldsymbol{QR}$，其中$\boldsymbol{Q}$是$m\times n$实矩阵，且满足$\boldsymbol{Q}^{\mathrm{T}}\boldsymbol{Q}=\boldsymbol{E}$，$\boldsymbol{R}$是实非奇异上三角矩阵。该分解除相差一个对角元素的绝对值(模)全为1的对角矩阵因子外是唯一的。

第1步需要写出矩阵的列向量，第2步把列向量按照施密特正交化方法进行正交，第3步得出矩阵的QR分解。

(4)利用初等列变换法。

步骤如下。

①构造矩阵$\boldsymbol{P}=\begin{pmatrix}\boldsymbol{A}^{\mathrm{T}}\boldsymbol{A}\\ \boldsymbol{A}\end{pmatrix}$。

②对$\boldsymbol{P}$作初等列变换将$\boldsymbol{A}^{\mathrm{T}}\boldsymbol{A}$化为下三角矩阵$\boldsymbol{R}_1$，同时$\boldsymbol{A}$化为矩阵$\boldsymbol{Q}_1$。

③对上述得到的矩阵$\begin{pmatrix}\boldsymbol{R}_1\\ \boldsymbol{Q}_1\end{pmatrix}$，再利用初等列变换将$\boldsymbol{Q}_1$的各列向量化为单位向量得到$\boldsymbol{Q}$，则$\boldsymbol{Q}$为正交矩阵，同时$\boldsymbol{R}_1=\boldsymbol{R}^{\mathrm{T}}$，即$\boldsymbol{R}=\boldsymbol{R}_1^{\mathrm{T}}$。

2.6.2 奇异值分解

奇异值分解应用广泛，但是求解并不简单。下面先介绍一下共轭矩阵、共轭转置矩阵、奇异值、酉等价标准型等基本概念，然后再介绍具体的求解方法。

1. 共轭矩阵和共轭转置矩阵

共轭矩阵的定义 当$\boldsymbol{A}=\left(a_{ij}\right)$为复矩阵时，用$\overline{a_{ij}}$表示$a_{ij}$的共轭复数，记$\overline{\boldsymbol{A}}=\left(\overline{a_{ij}}\right)$，$\overline{\boldsymbol{A}}$称为$\boldsymbol{A}$的共轭矩阵。

共轭矩阵满足下列运算规律(设$\boldsymbol{A}$,$\boldsymbol{B}$为复矩阵，k为复数，且运算都是可行的)。

(1)$\overline{k\boldsymbol{A}}=\bar{k}\,\overline{\boldsymbol{A}}$。

(2)$\overline{\boldsymbol{A}+\boldsymbol{B}}=\overline{\boldsymbol{A}}+\overline{\boldsymbol{B}}$。

(3)$\overline{\boldsymbol{AB}}=\overline{\boldsymbol{A}}\,\overline{\boldsymbol{B}}$。

共轭转置矩阵的定义 矩阵$\boldsymbol{A}$的共轭转置$\boldsymbol{A}^{\mathrm{H}}$定义为$\left(\boldsymbol{A}^{\mathrm{H}}\right)_{i,j}=\overline{\boldsymbol{A}_{j,i}}$，其中$(\cdot)_{i,j}$表示矩阵$i$行$j$列

上的元素，$\overline{(\cdot)}$表示标量的复共轭。

这一定义也可以写作$A^{H}=(\overline{A})^{T}=\overline{A^{T}}$，其中$A^{T}$是矩阵$A$的转置，$\overline{A}$表示对矩阵$A$中的元素取复共轭。

在线性代数中，矩阵A的共轭转置矩阵往往用A^{H}或A^{*}表示。

2. 奇异值分解定理

奇异值的定义　设$A\in C_{r}^{m\times n}$，且$A^{H}A$的特征值为$k_1\geqslant k_2\geqslant\cdots\geqslant k_r>k_{r+1}=\cdots=k_m=0$，称$\sigma_i=\sqrt{k_i}(i=1,2,\cdots,r)$为矩阵$A$的正奇异值，简称奇异值。

说明：A的正奇异值个数恰好等于A的秩，并且A与A^{H}有相同的奇异值。

奇异值分解定理　设$A\in C_{r}^{m\times n}$，$\sigma_1,\sigma_2,\cdots,\sigma_r$是$A$的正奇异值，则存在$m$阶酉矩阵$U$及$n$阶酉矩阵$V$，使得$U^{H}AV=\begin{pmatrix}\Delta & O\\ O & O\end{pmatrix}$或$A=U\begin{pmatrix}\Delta & O\\ O & O\end{pmatrix}V^{H}$，其中$\Delta=\mathrm{diag}(\sigma_1,\sigma_2,\cdots,\sigma_r)$，则该式称为矩阵$A$的奇异值分解。$\begin{pmatrix}\Delta & O\\ O & O\end{pmatrix}$称为矩阵$A$的酉等价标准型。

推论　在矩阵A的奇异值分解$A=UDV^{H}$中，U的列向量为AA^{H}的特征向量，V的列向量为$A^{H}A$的特征向量。

3. 奇异值分解方法

方法1：利用矩阵$A^{H}A$求解。

(1)求矩阵$A^{H}A$的酉相似对角矩阵及酉相似矩阵V，$V^{H}(A^{H}A)V=\begin{pmatrix}\Delta^2 & O\\ O & O\end{pmatrix}$。

(2)记$V=(V_1,V_2)$，$V_1\in C^{n\times r}$，$V_2\in C^{n\times(n-r)}$。

(3)令$U_1=AV_1\Delta^{-1}\in C^{m\times r}$。

(4)扩充U_1为酉矩阵$U=(U_1,U_2)$。

(5)构造奇异值分解$A=U\begin{pmatrix}\Delta & O\\ O & O\end{pmatrix}V^{H}$。

方法2：利用矩阵AA^{H}求解。

(1)先求矩阵AA^{H}的酉相似对角矩阵及酉相似矩阵U，$U^{H}(A^{H}A)U=\begin{pmatrix}\Delta^2 & O\\ O & O\end{pmatrix}$。

(2)记$U=(U_1,U_2)$，$U_1\in C^{m\times r}$，$U_2\in C^{m\times(m-r)}$。

(3)令$V_1=A^{H}U_1\Delta^{-1}\in C^{n\times r}$。

(4)扩充V_1为酉矩阵$V=(V_1,V_2)$。

(5)构造奇异值分解$A=U\begin{pmatrix}\Delta & O\\ O & O\end{pmatrix}V^{H}$。

小试牛刀05:Python编程实现矩阵的QR分解

★案例说明★

矩阵的QR分解作用很广泛,在不同的领域发挥着其独特的作用,本案例将用Python编程实现简单的QR分解。

★实现思路★

QR分解可以用scipy.linalg的qr函数计算Q和R的值,形如Q, R = scipy.linalg.qr(A)。本案例不会使用这种标准库函数来实现,而是利用QR分解方法中的施密特正交化方法和Householder矩阵变换法来实现。

施密特正交化方法中用到了np.linalg的norm函数及NumPy中的set_printoptions、identity、zeros_like和outer函数。其中,np.linalg.norm()求范数,小试牛刀03中已经介绍过。下面我们介绍另外4个函数。

(1)示例代码:set_printoptions(precision=None, threshold=None, edgeitems=None, linewidth=None, suppress=None, nanstr=None, infstr=None)。

主要参数说明如下。

precision:int,optional,float,输出的精度,即小数点后维数,默认为8。

suppress:bool,optional,是否压缩由科学计数法表示的浮点数。

Householder矩阵变换法中用到了np.linalg的norm函数及NumPy中的set_printoptions函数。

(2)示例代码:np.identity(n, dtype=None)。

参数说明如下。

n:int型,表示输出的矩阵的行数和列数都是n。

dtype:表示输出的类型,默认为float。

返回值:$n \times n$的主对角线为1,其余都为0的数组。

(3)示例代码:W_update = np.zeros_like(W)。函数主要是想实现构造一个矩阵W_update,其维度与矩阵W一致,并为其初始化为全0;这个函数方便地构造了新矩阵,无须参数指定shape大小。

(4)示例代码:outer = np.outer(x1, x2)。

参数说明如下。

对于多维向量,全部展开变为一维向量;第1个参数表示倍数,使得第2个向量每次变为几倍;第1个参数确定结果的行,第2个参数确定结果的列。

实例01:利用施密特正交化方法求解QR矩阵。步骤如下。

(1)已知$\boldsymbol{M}$矩阵。

(2)先求$\boldsymbol{Q}$矩阵,$\boldsymbol{Q}$矩阵的列向量按照施密特正交化方法进行正交,即减去待求向量在已求向量上的投影,然后归一化。

(3)用$\boldsymbol{Q}$矩阵和$\boldsymbol{M}$矩阵,求$\boldsymbol{R}$矩阵。

实例02:利用Householder矩阵变换法求解QR矩阵。步骤如下。

(1)已知$\boldsymbol{M}$矩阵。

(2)先求$\boldsymbol{H}$矩阵,$\boldsymbol{H}$矩阵本例中为Q_j。

(3)再根据$\boldsymbol{R}=\boldsymbol{H}_{n-1}\cdots\boldsymbol{H}_2\boldsymbol{H}_1\boldsymbol{A}$,$\boldsymbol{Q}=\boldsymbol{H}_1^{-1}\boldsymbol{H}_2^{-1}\cdots\boldsymbol{H}_{n-1}^{-1}$,求$\boldsymbol{Q}$矩阵和$\boldsymbol{R}$矩阵。

★编程实现★

实例01的实现代码如下。

```
import numpy as np
M = np.array([[12, 9, -45], [7, 4, 15], [6, -3, 21], [6, 18, 5]], dtype=float)
Q = np.zeros((4, 3))
j = 0
for a in M.T:
    b = np.copy(a)
    for i in range(0, j):
        b = b - np.dot(np.dot(Q[:, i].T, a), Q[:, i])
    e = b / np.linalg.norm(b)
    Q[:, j] = e
    j += 1
R = np.dot(Q.T, M)
np.set_printoptions(precision=3, suppress=True)
print('Gram-schmidt正交化变换结果')
print('Q矩阵:')
print(Q)
print('R矩阵:')
print(R)
print('矩阵的乘积:')
print(np.dot(Q, R))
```

运行结果如图2-4所示。

```
Gram-schmidt正交化变换结果
Q矩阵：
[[ 0.737 -0.08  -0.67 ]
 [ 0.43  -0.128  0.443]
 [ 0.369 -0.527  0.502]
 [ 0.369  0.836  0.32 ]]
R矩阵：
[[ 16.279  13.883 -17.139]
 [  0.     15.403  -5.198]
 [ -0.     -0.     48.941]]
矩阵的乘积：
[[ 12.   9. -45.]
 [  7.   4.  15.]
 [  6.  -3.  21.]
 [  6.  18.   5.]]
```

图2-4　运行结果

实例02的实现代码如下。

```
import numpy as np
np.set_printoptions(precision=4, suppress=True)
M = np.array([[12, 9, -45], [7, 4, 15], [6, -3, 21], [6, 18, 5]], dtype=float)
s = 4
t = 3
Q = np.identity(s)
R = np.copy(M)
for j in range(s-1):
    x = R[j:, j]
    E = np.zeros_like(x)
    b = x - E
    d = b / np.linalg.norm(b)
    Q_j = np.identity(s)
    Q_j[j:, j:] -= 2.0 * np.outer(d, d)
    R = np.dot(Q_j, R)
    Q = np.dot(Q, Q_j)
np.set_printoptions(precision=3, suppress=True)
print('Householder变换结果')
print('Q矩阵:')
print(Q)
print('R矩阵:')
print(R)
print('矩阵的乘积:')
print(np.dot(Q, R))
```

运行结果如图2-5所示。

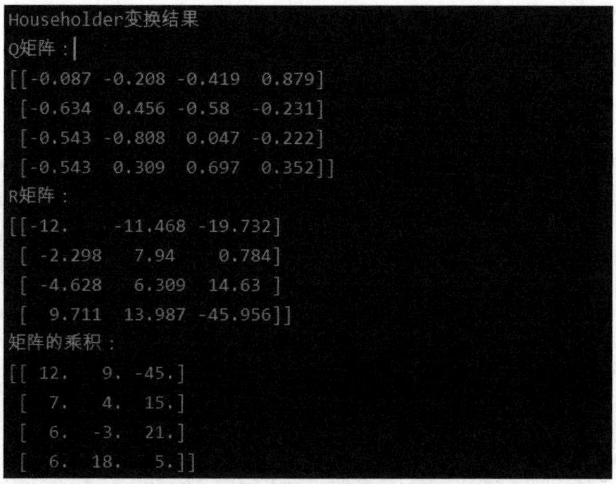

图2-5　运行结果

专家点拨

NO1. 线性代数有多重要?

为什么线性代数被如此广泛的使用,或者说为什么线性方程在实际科学研究中如此广泛,而非线性方程却没有? 首先,为了研究变量之间的关系,许多自然现象都是线性发展的。例如,电运动的基本方程是麦克斯韦方程,它表示电场强度和磁场变化率之间存在正相关关系。因此,它是一个线性方程。最重要的基本机械运动方程是牛顿第二定律,根据牛顿第二定律,物体的加速度与它所受的力成正比,这与基本的线性微分方程是完全相容的。随着科学的发展,我们不仅需要考虑各种变量之间的关系,还要进一步探索多种变量之间的关系,因为在大多数情况下,实际问题是可以线性化的。由于问题的线性和可计算性,因此线性算法是解决问题的有力工具,随着计算机的发展而得到了广泛的应用。

NO2. 向量内积的几何解释是什么?

内积(点乘)的几何意义如下:可以用来表征或计算两个向量之间的夹角,以及$\boldsymbol{b}$向量在$\boldsymbol{a}$向量方向上的投影,公式为$\boldsymbol{a}\cdot\boldsymbol{b}=|\boldsymbol{a}||\boldsymbol{b}|\cos\theta$。

推导过程如下,首先看一下向量组成(图2-6)。

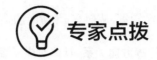

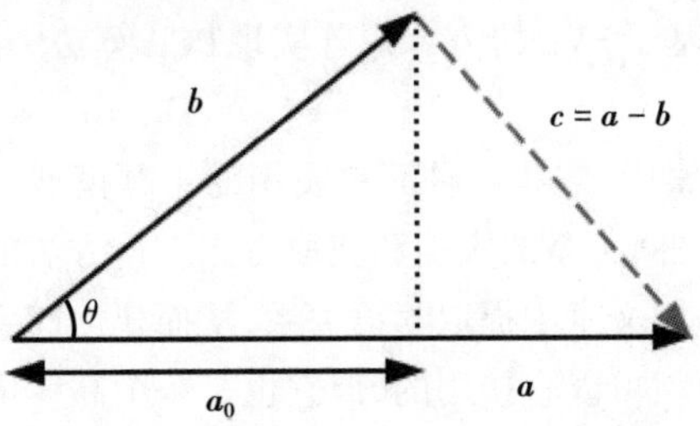

图2-6 向量组成

定义向量$\boldsymbol{c}$:$\boldsymbol{c}=\boldsymbol{a}-\boldsymbol{b}$。

根据三角形余弦定理(这里$\boldsymbol{a},\boldsymbol{b},\boldsymbol{c}$均为向量,下同),有$\boldsymbol{c}^2=\boldsymbol{a}^2+\boldsymbol{b}^2-2|\boldsymbol{a}||\boldsymbol{b}|\cos\theta$。

根据关系$\boldsymbol{c}=\boldsymbol{a}-\boldsymbol{b}$,有

$$(\boldsymbol{a}-\boldsymbol{b})\cdot(\boldsymbol{a}-\boldsymbol{b})=\boldsymbol{a}^2+\boldsymbol{b}^2-2\boldsymbol{a}\cdot\boldsymbol{b}=\boldsymbol{a}^2+\boldsymbol{b}^2-2|\boldsymbol{a}||\boldsymbol{b}|\cos\theta$$

即$\boldsymbol{a}\cdot\boldsymbol{b}=|\boldsymbol{a}||\boldsymbol{b}|\cos\theta$。

向量$\boldsymbol{a}$,$\boldsymbol{b}$的长度都是可以计算的已知量,从而有$\boldsymbol{a}$和$\boldsymbol{b}$间的夹角θ:$\theta = \arccos\left(\frac{\boldsymbol{a} \cdot \boldsymbol{b}}{|\boldsymbol{a}||\boldsymbol{b}|}\right)$,进而可以判断两个向量是否同一方向或正交(垂直)等方向关系,具体对应关系如下。

(1)$\boldsymbol{a} \cdot \boldsymbol{b} > 0$,则向量$\boldsymbol{a}$,$\boldsymbol{b}$方向基本相同,夹角在$0° \sim 90°$之间。

(2)$\boldsymbol{a} \cdot \boldsymbol{b} = 0$,则向量$\boldsymbol{a}$,$\boldsymbol{b}$正交,相互垂直。

(3)$\boldsymbol{a} \cdot \boldsymbol{b} < 0$,则向量$\boldsymbol{a}$,$\boldsymbol{b}$方向基本相反,夹角在$90° \sim 180°$之间。

NO3. 奇异值分解的应用场景有哪些?

SVD的应用有很多,可以说,SVD是矩阵分解、降维、压缩、特征学习的一个基础工具,所以SVD在机器学习领域相当的重要。

SVD在降维中作用如何呢?通过SVD的公式可以看出,原来矩阵$\boldsymbol{A}$的特征有n维,经过SVD后,可以用前r个非零奇异值对应的奇异向量表示矩阵$\boldsymbol{A}$的主要特征,这样就把矩阵$\boldsymbol{A}$进行了降维。

SVD在压缩中作用如何呢?机器学习最基本和最有趣的特征之一是数据压缩概念的相关性。如果我们能提取有用的数据,我们就能用更少的比特位来表达数据。从信息论的观点来看,数据之间存在相关性,则有可压缩性。通过SVD的公式可以看出,矩阵$\boldsymbol{A}$经过SVD后,要表示原来的大矩阵$\boldsymbol{A}$,我们只需要存储$\boldsymbol{U}$,$\boldsymbol{\Delta}$,$\boldsymbol{V}$三个较小的矩阵即可。而这3个较小规模的矩阵占用内存上也是远远小于原有矩阵$\boldsymbol{A}$的,这样SVD就起到了压缩的作用。

SVD和主成分分析有什么关系呢?PCA即主成分分析方法,是一种使用最广泛的数据降维算法。PCA的主要思想是将n维特征映射到m维上,这m维是全新的正交特征,也被称为主成分,是在原有n维特征的基础上重新构造出来的m维特征。PCA的工作就是从原始的空间中顺序地找一组相互正交的坐标轴,新的坐标轴的选择与数据本身是密切相关的。PCA算法有两种实现方法,即基于特征值分解协方差矩阵实现PCA算法和基于SVD协方差矩阵实现PCA算法。所以,SVD是PCA算法的一种实现方法。

我们再来看一下潜在语义索引,它是一种简单实用的主题模型。潜在语义索引是一种利用SVD方法获得在文本中术语和概念之间关系的索引和获取方法。该方法的主要依据是在相同文章中的词语一般有类似的含义,可以从一篇文章中提取术语关系,从而建立起主要概念内容。潜在语义索引不同于PCA,至少不是实现了SVD就可以直接用的,但它也是一个高度依赖SVD的算法。

本章小结

本章主要介绍了线性代数中向量、内积、范数、矩阵、线性变换、二次型、矩阵分解等基本知识,并结合Python编程实现了几个小的案例,虽然是非常基础的内容,但相关知识点在实际应用中有非常大的作用。

第 3 章

概率统计

★本章导读★

本章将介绍概率统计的基础知识，包括随机事件和概率、随机变量及其分布、数字特征及随机变量间的关系等。此外，还将介绍概率统计的应用，包括大数定律及中心极限定理、参数估计和假设检验。

★学习目标★

- 掌握随机事件的定义、全概率、贝叶斯公式。
- 掌握常见的分布原理，以及数字特征(数学期望、方差)。
- 掌握常用的参数估计方法原理。
- 了解大数定律的基础作用。

★知识要点★

- 联合概率、条件概率、全概率公式。
- 贝叶斯公式。
- 离散变量分布(伯努利分布、二项分布、泊松分布)。
- 连续变量分布(均匀分布、指数分布、正态分布)。
- 数学期望、方差、协方差、Pearson 相关系数。
- 大数定律及中心极限定理、参数估计。

3.1 随机事件和概率

概率论和数理统计是研究随机现象和统计规律的数学学科。这些随机现象的结果是无法预测的，但当试验和观测在同一条件下大量重复时，就会出现一些规律性，这些规律性被称为随机现象的统计规律性。

3.1.1 基础概念

随机事件和概率的基础概念包括排列数和组合数、随机试验和随机事件、样本空间、随机事件间的关系与运算，下面将一一进行介绍。

1. 排列数和组合数

(1)排列数：从 m 个不同元素中取出 $n(n \leqslant m)$ 个元素(被取出的元素各不相同)，并按照一定的顺序排成一列(一般顺序是抽取出来的顺序)，叫作从 m 个不同元素中取出 n 个元素的排列数，记作 $A(m,n)$。

$$A(m,n) = \mathrm{A}_m^n = \frac{m!}{(m-n)!}$$

(2)组合数：从 m 个不同元素中取出 $n(n \leqslant m)$ 个元素的所有组合的个数，叫作从 m 个不同元素中取出 n 个元素的组合数，记作 $C(m,n)$。

$$C(m,n) = \mathrm{C}_m^n = \frac{m!}{(m-n)! \cdot n!}$$

2. 随机试验和随机事件

如果一个试验在相同条件下可以重复进行，而每次试验的可能结果不止一个，但在进行一次试验之前却不能断言它出现哪个结果，则称这种试验为随机试验。

随机试验中，每一个可能的结果，在试验中发生与否，都带有随机性，所以称为随机事件或简称事件。试验的可能结果都是随机事件。

3. 样本空间

样本空间是随机试验所有可能结果的集合，随机试验中的每个可能结果称为样本点。在一个试验下，不管事件有多少个，总可以从其中找出这样一组事件，它具有如下性质。

(1)每进行一次试验，必须发生且只能发生这一组中的一个事件。

(2)任何事件，都是由这一组中的部分事件组成的。

这样一组事件中的每一个事件称为基本事件，用 ω 来表示。基本事件的全体，称为试验的样本空间，用 Ω 表示。一个事件就是由 Ω 中的部分点(基本事件 ω)组成的集合。通常用大写字母 $A,B,C,\cdots$ 表示事件，它们是 Ω 的子集。Ω 为必然事件，$\varnothing$ 为不可能事件。不可能事件($\varnothing$)的概率为零，而概率为零的事件不一定是不可能事件；同理，必然事件(Ω)的概率为 1，而概率为 1 的事件也不一定是必然事件。

4. 随机事件间的关系与运算

设试验E的样本空间为Ω，而$A, B, A_k(k = 1,2,\cdots)$是$\Omega$的子集，$\varnothing$表示空集，随机事件的关系和运算有以下几种类型。

(1)包含(关系)：若事件A出现，必然导致事件B出现，则称事件B包含事件A，记作$A \subset B$或$B \supset A$。

(2)事件的互不相容或互斥(关系)：若事件A,B满足$A \cap B = AB = \varnothing$，则称事件$A$与事件$B$为互不相容或互斥事件。

(3)事件的互逆或对立(关系)：若事件A,B满足$A \cup B = \Omega$且$AB = \varnothing$，则称事件A与事件B为互逆或对立事件，A的逆事件记作$\overline{A}$。

(4)事件的和或并(运算)："两个事件A,B至少有一个发生"也是一个事件，称为事件A与事件B的和或并事件，记作$A \cup B$。

(5)事件的差(运算)："事件A发生而事件B不发生"也是一个事件，称为事件A与事件B的差事件，记作$A - B$。

(6)事件的交或积(运算)："两个事件A,B同时发生"也是一个事件，称为事件A与事件B的交或积事件，记作$A \cap B$。

和事件与积事件的运算性质如下。

$$A \cup A = A, A \cup \Omega = \Omega, A \cup \varnothing = A, A \cap A = A, A \cap \Omega = A, A \cap \varnothing = \varnothing$$

事件的运算满足下列运算规律(设A,B,C为事件)。

(1)交换律：$A \cup B = B \cup A$。

(2)结合律：$(A \cup B) \cup C = A \cup (B \cup C), (A \cap B) \cap C = A \cap (B \cap C)$。

(3)分配律：$(A \cup B) \cap C = (A \cap C) \cup (B \cap C), (A \cap B) \cup C = (A \cup C) \cap (B \cup C)$。

(4)对偶律：$\overline{A \cup B} = \overline{A} \cap \overline{B}, \overline{A \cap B} = \overline{A} \cup \overline{B}$。

(5)吸收律：若$A \subset B$，则$A \cup B = B, A \cap B = A$。

3.1.2 随机事件的概率和事件的独立性

概率是以假设为基础的，即假定随机现象所发生的事件是有限的、互不相容的，而且每个基本事件发生的可能性相等。一般来说，如果在全部可能出现的基本事件范围内构成事件A的基本事件有a个，不构成事件A的事件有b个，那么事件A出现的概率为$P(A) = \dfrac{a}{a + b}$。概率体现的是随机事件A发生的可能性大小的度量(数值)。

概率的公理化定义 设Ω为样本空间，A为事件，对每一个事件A都有一个实数$P(A)$，若满足下列3个条件：

(1)$0 \leqslant P(A) \leqslant 1$；

(2)$P(\Omega) = 1$；

(3)对于两两互不相容的事件$A_1,A_2,\cdots$有$P\left(\bigcup_{i=1}^{\infty}A_i\right)=\sum_{i=1}^{\infty}P\left(A_i\right)$,常称为可列(完全)可加性,

则称$P(A)$为事件A的概率。

事件的独立性的定义 给定A,B两个事件,如果概率存在$P(A,B)=P(A)P(B)$(A,B事件的联合分布概率等于事件各自分布概率的积),则事件A和B相互独立。

如果事件A,B相互独立,互不影响,那么存在$P\left(A|B\right)=P(A),P\left(B|A\right)=P(B)$。

(1)两个事件的独立性。

设事件A,B满足$P(AB)=P(A)P(B)$,则称事件A,B是相互独立的。

若事件A,B相互独立,且$P(A)>0$,则有$P(B|A)=\dfrac{P(AB)}{P(A)}=\dfrac{P(A)P(B)}{P(A)}=P(B)$。

若事件A,B相互独立,则可得到$\overline{A}$与B、A与$\overline{B}$、$\overline{A}$与$\overline{B}$也相互独立。

必然事件Ω和不可能事件$\varnothing$与任何事件都相互独立。不可能事件$\varnothing$与任何事件都互斥。

(2)多个事件的独立性。

设A,B,C是3个事件,如果满足两两独立的条件,即$P(AB)=P(A)P(B),P(BC)=P(B)P(C),P(CA)=P(C)P(A)$并且同时满足$P(ABC)=P(A)P(B)P(C)$,那么$A,B,C$相互独立。类似地,可推广到$n$个事件的独立性。

3.1.3 古典概型、几何概型、联合概率、条件概率

本小节将介绍几个非常基础也非常简单的概念。古典概型是最简单,而且最早被人们所认识的一种概率模型。几何概型是古典概型的推广。联合概率和条件概率在机器学习有关概率计算的算法中都是最基础且最重要的概念。

1. 古典概型

如果一个随机试验E具有以下特征:

(1)试验的样本空间中仅含有有限个样本点;

(2)每个样本点出现的可能性相同,

则称该随机试验为古典概型。

表达式为(1)$\Omega=\left\{\omega_1,\omega_2,\cdots,\omega_n\right\}$,(2)$P(\omega_1)=P(\omega_2)=\cdots=P(\omega_n)=\dfrac{1}{n}$。

设任一事件A,它是由$\omega_1,\omega_2,\cdots,\omega_m$组成的,则有

$$P(A)=\left\{\left(\omega_1\right)\cup\left(\omega_2\right)\cup\cdots\cup\left(\omega_m\right)\right\}=P\left(\omega_1\right)+P\left(\omega_2\right)+\cdots+P\left(\omega_m\right)=\frac{m}{n}=\frac{A\text{所包含的基本事件数}}{\text{基本事件总数}}$$

一次试验连同其中可能出现的每一个结果称为一个基本事件,通常此试验中的某一事件A由几个基本事件组成。如果一次试验中可能出现的结果有n个,即此试验由n个基本事件组成,且所有结

果出现的可能性都相等，那么每一个基本事件的概率都是$\frac{1}{n}$。如果某个事件A包含的结果有m个，那么事件A的概率$P(A)=\frac{m}{n}$。古典概型的用处在于，如果能够把该事件判断为古典概型，则可直接由古典概型的公式计算出事件的概率。

2. 几何概型

我们引入几何概型，目的是把古典概型推广到无限个样本点又具有“等可能”的场合。由此形成了确定概率的另一种方法——几何方法。如果一个试验具有以下两个特点：

(1)样本空间Ω是一个大小可以计量的几何区域(如线段、平面、立体)；

(2)向区域内任意投一点，落在区域内任意点处都是“等可能的”，

那么事件A的概率由下式计算：

$$P(A)=\frac{A\text{的测度}}{\Omega\text{的测度}}$$

也可以表述为：如果随机试验的结果是无限的并且每个结果出现的可能性比较均匀，同时样本空间中的每一个基本事件都可以使用一个有界区域来描述，则称此随机试验为几何概型。对任一事件A，$P(A)=\frac{L(A)}{L(\Omega)}$，其中$L$为几何度量(长度、面积、体积)。研究相应的概率问题称为几何概型问题。

3. 联合概率

包含多个条件且所有条件同时成立的概率叫作联合概率。如表示两个事件共同发生的概率，事件A和事件B的联合概率记作$P(AB)$，$P(A,B)$或$P(A\cap B)$。

4. 条件概率

事件A在另一个事件B已经发生的条件下的发生概率叫作条件概率，记作$P(A|B)$，读作“在B条件下A发生的概率”，公式为

$$P(A|B)=\frac{P(AB)}{P(B)}$$

一般情况下$P(A|B)\neq P(A)$，而且条件概率具有3个特性：非负性、可列性和可加性

将条件概率公式变形，可得到条件概率的乘法法则：$P(AB)=P(B)\cdot P(A|B)$。

将条件概率公式由两个事件推广到任意有穷多个事件时，可以得到如下公式，假设$A_1,A_2,\cdots,A_n$为n个任意事件($n\geqslant 2$)，而且$P(A_1A_2\cdots A_n)>0$，则有

$$P(A_1A_2\cdots A_n)=P(A_1)P(A_2|A_1)\cdots P(A_n|A_1A_2\cdots A_{n-1})$$

3.1.4 全概率公式和贝叶斯公式

先举个例子，小明从家坐公交车到学校总共有3条路可以直达(图3-1)，但是每条路每天拥堵的可能性不太一样，由于路的远近不同，选择每条路的概率分别为

$$P(H_1)=0.4, P(H_2)=0.1, P(H_3)=0.5$$

每天上述3条路不拥堵的概率分别为$P(C_1)=0.3, P(C_2)=0.4, P(C_3)=0.6$,假设遇到拥堵会迟到,那么小明从家到学校不迟到的概率是多少?

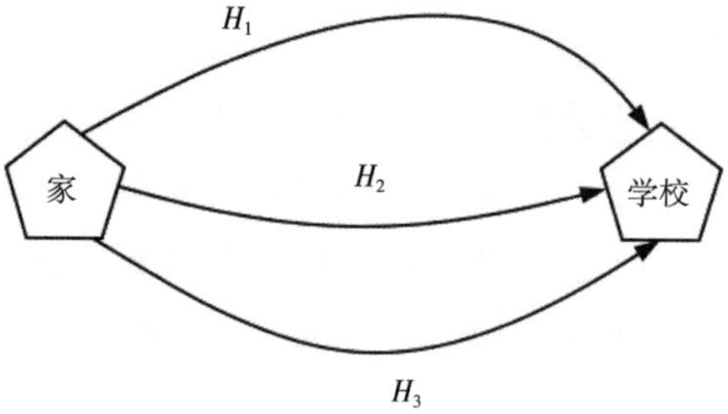

图3-1　小明的上学路线

其实不迟到就是对应着不拥堵,设事件C为到学校不迟到,事件H_i为选择第i条路,则

$$P(C)=P(H_1)P(C|H_1)+P(H_2)P(C|H_2)+P(H_3)P(C|H_3)$$

$$P(C)=P(H_1)P(C_1)+P(H_2)P(C_2)+P(H_3)P(C_3)$$

$$P(C)=0.4\times0.3+0.1\times0.4+0.5\times0.6=0.46$$

所以,不迟到的概率为0.46。

全概率就是表示达到某个目的,有多种方式(或造成某种结果,有多种原因),问达到目的的概率是多少(造成这种结果的概率是多少)?

设事件$H_1,H_2,\cdots$是一个完备事件组,对于任意一个事件C,若有如下公式成立:

$$P(C)=P(H_1)P(C|H_1)\cdots P(H_n)P(C|H_n)=\sum_{i=1}^{n}P(H_i)P(C|H_i)$$

那么就称这个公式为全概率公式。

仍借用上述的例子,但是问题发生了改变,问题修改如下:到达学校未迟到选择第一条路的概率是多少?

可不是$P(H_1)=0.4$,因为0.4这个概率表示的是,选择第一条路时并没有考虑是不是迟到,只是因为距离学校近才知道选择它的概率。而现在我们是知道未迟到这个结果,是在这个基础上问选择第一条路的概率,所以并不是直接就可以得出的。

故有

$$P(H_1|C)=\frac{P(C|H_1)P(H_1)}{P(C)}$$

$$P(H_1|C)=\frac{P(C|H_1)P(H_1)}{P(H_1)P(C|H_1)+P(H_2)P(C|H_2)+P(H_3)P(C|H_3)}$$

$$P\left(H_1|C\right)=\frac{0.4\times0.3}{0.4\times0.3+0.1\times0.4+0.5\times0.6}\approx0.26$$

所以,选择第一条路的概率为0.26。

所以,贝叶斯公式就是当已知结果,问导致这个结果的第i个原因的可能性是多少。

在已知条件概率和全概率的基础上,贝叶斯公式是很容易计算的:

$$P\left(H_k|C\right)=\frac{P\left(C\middle|H_k\right)P\left(H_k\right)}{P(C)}\Rightarrow P\left(H_k|C\right)=\frac{P\left(C\middle|H_k\right)P\left(H_k\right)}{\sum_{i=1}^{n}P\left(H_i\right)P\left(C\middle|H_i\right)}$$

小试牛刀06:Python编程实现贝叶斯公式

★案例说明★

本案例是用Python编程简单地实现贝叶斯公式的计算。假设有两个教室各有100个学生,A教室中有60个男生,40个女生,B教室中有30个男生,70个女生。假设随机选择其中一个教室,从里面叫出一个人记下性别再回到原来的教室,那么被选择的教室是A教室的概率有多大?

★实现思路★

刚开始选择A,B两个教室的先验概率都是50%,因为是随机二选一,所以有$P(A)=0.5$,$P(B)=1-P(A)$。按贝叶斯公式的函数计算出结果。

实现步骤如下。

步骤1:定义贝叶斯公式的函数。

步骤2:定义先验概率计算的函数。

步骤3:调用先验概率计算函数,并输出结果。

★编程实现★

实现代码如下。

```
# coding:utf-8
def bayes(pIsRoom1, pRoom1, pRoom2):
    return (pIsRoom1*pRoom1) / ((pIsRoom1*pRoom1) + (1-pIsRoom1)*pRoom2)
def sexProblem():
    pIsRoom1 = 0.5
    for i in range(1, 7):
        pIsRoom1 = bayes(pIsRoom1, 0.6, 0.3)
        print("走出 %d 个男生,该房间为A教室的先验概率: %f"%(i, pIsRoom1))
    for i in range(1, 6):
        pIsRoom1 = bayes(pIsRoom1, 0.4, 0.7)
        print("先走出6个男生,再走出 %d 个女生,此为A教室的先验概率: %f"%(i,
            pIsRoom1))
```

```
sexProblem()
```

运行结果如图3-2所示。

```
只走出 1 个男生，该房间为A教室的先验概率: 0.666667
只走出 2 个男生，该房间为A教室的先验概率: 0.800000
只走出 3 个男生，该房间为A教室的先验概率: 0.888889
只走出 4 个男生，该房间为A教室的先验概率: 0.941176
只走出 5 个男生，该房间为A教室的先验概率: 0.969697
只走出 6 个男生，该房间为A教室的先验概率: 0.984615
先走出6个男生，再走出 1 个女生，此为A教室的先验概率: 0.973384
先走出6个男生，再走出 2 个女生，此为A教室的先验概率: 0.954334
先走出6个男生，再走出 3 个女生，此为A教室的先验概率: 0.922730
先走出6个男生，再走出 4 个女生，此为A教室的先验概率: 0.872185
先走出6个男生，再走出 5 个女生，此为A教室的先验概率: 0.795890
```

图3-2 运行结果

3.2 随机变量及其分布

如果样本空间S不是数字，则很难描述和研究S。本节将会讨论如何引入一个将每个随机测试结果，即将S的每个元素e和实数x相匹配的法则，这就引入了随机变量的概念。本节还将介绍一些常见的概率分布，概率分布用来描述随机变量在每一个可能状态的可能性大小。

3.2.1 随机变量

随机变量是一项随机试验，其结果在试验结束前无法确定。最常见的例子是将一枚硬币投掷3次，观察出现正面或反面的情况，可知掷到某一面的情况会发生0次、1次、2次和3次。

此时，以X记投掷3次的试验中得到正面的总数。设正面为Z，反面为F。那么，样本空间$S = \{e\}$中每一个样本点e，X都有一个数与之对应。X是定义在样本空间S上的一个实值单值函数。它的定义域为样本空间S，值域为实数集合$\{0,1,2,3\}$。使用函数记号可将X写成

$$X = X(e) = \begin{cases} 0, e = FFF \\ 1, e = ZFF,ZFZ,FFZ \\ 2, e = ZZF,ZFZ,FZZ \\ 3, e = ZZZ \end{cases}$$

设随机试验的样本空间为$S = \{e\}$。$X = X(e)$是定义在样本空间S上的实值单值函数，称$X = X(e)$为随机变量。

随机变量的引入，使我们能够用随机变量来描述各种随机现象，并利用数学分析的方法对随机试验的结果进行深入而广泛的研究和讨论。

3.2.2 离散型随机变量

随机变量分为离散型随机变量和连续型随机变量两类，下面先来了解一下离散型随机变量的定义和分布律。

离散型随机变量的定义 如果随机变量 X 的取值是有限个或可列无穷个，则称 X 为离散型随机变量。

设离散型随机变量X的所有可能取值为$x_1,x_2,\cdots,x_n,\cdots$，取值为$x_n$的概率为

$$P\left\{X = x_n\right\} = p_n(n = 1,2,\cdots) \tag{3.1}$$

式(3.1)称为离散型随机变量X的概率分布或分布律，也称为概率函数。

分布律具有以下性质。

(1)$p_n \geqslant 0(n = 1,2,\cdots)$。

(2)$\sum_{n=1}^{\infty} p_n = 1$。

分布律还可以用表格的形式表示为

X	x_1	x_2	$\cdots$	x_m	$\cdots$
p_n	p_1	p_2	$\cdots$	p_m	$\cdots$

表格直观地表示了随机变量X取各个值的规律。X取各个值的概率合起来为1。

3.2.3 离散变量分布：伯努利分布、二项分布、泊松分布

本小节将介绍几种比较重要的离散型随机变量，以及这几类离散型随机变量的分布律。

1. 伯努利分布

伯努利分布的定义 如果随机变量 X 的分布律为 $P\{X = k\} = p^k(1 - p)^{1-k}(k = 0,1)$，或者用表格的形式表示为

X	0	1
p	$1-p$	p

则称随机变量X服从参数为p的伯努利分布(Bernoulli 分布)，记作$X \sim B(1,p)$，其中$0 \leqslant p \leqslant 1$为参数。伯努利分布也称为0-1分布或二点分布。

伯努利分布的概率背景：进行一次伯努利试验，A是随机事件。假设$P(A) = p$，$P(\overline{A}) = 1 - p = q$，设$X$表示这次伯努利试验中事件$A$发生的次数，或者设$X = \begin{cases} 1,\text{若事件}A\text{发生} \\ 0,\text{若事件}A\text{不发生} \end{cases}$，则$X \sim B(1,p)$。

2. 二项分布

二项分布是重要的离散型概率分布之一。一般用二项分布来计算概率的前提是，每次抽出样品后再放回去，并且只能有两种试验结果。

二项分布的定义 如果随机变量X的分布律为$P\{X=k\}=C_n^k p^k(1-p)^{n-k}(k=0,1,\cdots,n)$，则称随机变量$X$服从参数为$(n,p)$的二项分布，记作$X\sim B(n,p)$，其中$n$为自然数，$0\leqslant p\leqslant 1$为参数。

当$n=1$时，$X\sim B(1,p)$，此时X服从伯努利分布，伯努利分布是二项分布的一个特例。

二项分布的概率背景：进行n重伯努利试验，A是随机事件。假设$P(A)=p$，$P(\overline{A})=1-p=q$，设X表示这n次伯努利试验中事件A发生的次数，则$X\sim B(n,p)$。

二项分布的分布形态：若$X\sim B(n,p)$，则$\dfrac{P\{X=k\}}{P\{X=k-1\}}=1+\dfrac{(n+1)p-k}{kq}(q=1-p)$。由此可知，二项分布的分布律$P\{X=k\}$先是随着$k$的增大而增大，达到其最大值后再随着$k$的增大而减小。这个使得$P\{X=k\}$达到其最大值的$k_0$称为该二项分布的最可能次数。如果$(n+1)p$不是整数，则$k_0=(n+1)p$；如果$(n+1)p$是整数，则$k_0=(n+1)p$或$(n+1)p-1$。

3. 泊松分布

泊松分布是概率论中重要的分布之一。自然界及工程技术中的许多随机指标都服从泊松分布。

泊松分布的定义 如果随机变量X的分布律为$P\{X=k\}=\dfrac{\lambda^k}{k!}e^{-\lambda}(k=0,1,2,\cdots)$，其中$\lambda>0$为常数，则称随机变量$X$服从参数为$\lambda$的泊松分布(Poisson分布)。

泊松定理 若随机变量$X\sim B(n,p)$，则当n比较大，p比较小时，令$\lambda=np$，则有

$$P\{X=k\}=C_n^k p^k(1-p)^{n-k}\approx\frac{\lambda^k}{k!}e^{-\lambda}$$

3.2.4 连续型随机变量

连续型随机变量的定义 如果对于随机变量X的分布函数$F(x)$，存在非负函数$f(x)$，使得对于任意实数x，有$F(x)=\int_{-\infty}^{x}f(t)\mathrm{d}t$，则称$X$为连续型随机变量，其中函数$f(x)$称为$X$的概率密度函数，简称概率密度。

由上述定义可知，概率密度函数$f(x)$具有以下性质。

(1)$f(x)\geqslant 0$。

(2)$\int_{-\infty}^{\infty} f(x)\mathrm{d}x = 1$。

(3)$P\left\{x_1 < X \leqslant x_2\right\} = F\left(x_2\right) - F\left(x_1\right) = \int_{x_1}^{x_2} f(x)\mathrm{d}x$，其中$x_1 \leqslant x_2$。

(4)若$f(x)$在点x处连续，则有$F'(x) = f(x)$。

其中，连续型随机变量密度函数的性质与离散型随机变量分布律的性质非常相似，但是密度函数不是概率，所以不能认为$P\{X = a\} = f(a)$。

连续型随机变量的一个重要特点：设X为连续型随机变量，则对于任意实数a，有$P\{X = a\} = 0$。

从上面的性质可以看出，对于连续型随机变量，人们对它在某一点的取值不是很感兴趣，真正关心的是它在某一区间上取值的概率。如果已知连续型随机变量X的密度函数为$f(x)$，那么X在任何区间G(G可以是开区间，也可以是闭区间，还可以是半开半闭区间；可以是有限区间，也可以是无穷区间)上取值的概率为$P\{X \in G\} = \int_G f(x)\mathrm{d}x$。

3.2.5 连续变量分布：均匀分布、指数分布、正态分布

连续型随机变量与离散型随机变量不同，连续型随机变量采用概率密度函数来描述变量的概率分布。如果一个函数$f(x)$是密度函数，并满足以下3个性质，就可以称它为概率密度函数。

(1)$f(x) \geqslant 0$，但不要求$f(x) \leqslant 1$。

(2)$\int_{-\infty}^{\infty} f(x)\mathrm{d}x = 1$。

(3)对于任意实数x_1和x_2，且$x_1 \leqslant x_2$，有$P\left(x_1 < X \leqslant x_2\right) = \int_{x_1}^{x_2} f(x)\mathrm{d}x$。

本小节将介绍几种比较重要的连续型随机变量，以及它们的概率密度函数和分布函数。

1. 均匀分布

均匀分布的定义　如果随机变量X的密度函数为$f(x) = \begin{cases} \dfrac{1}{b-a}, a \leqslant x \leqslant b \\ 0,其他 \end{cases}$，则称随机变量$X$服从区间上$[a,b]$的均匀分布，记作$X \sim U(a,b)$。

均匀分布的概率背景：如果随机变量X服从区间$[a,b]$上的均匀分布，则随机变量X在区间$[a,b]$上的任意一个子区间上取值的概率与该子区间的长度成正比，而与该子区间的位置无关。这时，可以认为随机变量X在区间$[a,b]$上的取值是等可能的，即$P\{c < X \leqslant c + l\} = \int_c^{c+l} f(x)\mathrm{d}x = \int_c^{c+l} \frac{1}{b-a}\mathrm{d}x = \frac{l}{b-a}$。

如果随机变量 X 服从区间 $[a,b]$ 上的均匀分布，则 X 的分布函数为 $F(x)=\begin{cases}1, b<x\\ \dfrac{x-a}{b-a}, a\leqslant x\leqslant b\\ 0, x<a\end{cases}$。

2. 指数分布

指数分布的定义　如果随机变量 X 的密度函数为 $f(x)=\begin{cases}\lambda e^{-\lambda x}, x>0\\ 0, x\leqslant 0\end{cases}$，其中 $\lambda>0$ 为常数，则称随机变量 X 服从参数为 λ 的指数分布，记作 $X \sim E(\lambda)$。

如果随机变量 X 服从参数为 λ 的指数分布，则 X 的分布函数为 $F(x)=\begin{cases}1-e^{-\lambda x}, x>0\\ 0, x\leqslant 0\end{cases}$。

3. 正态分布

正态分布的定义　如果连续型随机变量 X 的密度函数为 $f(x)=\dfrac{1}{\sqrt{2\pi}\,\sigma}e^{-\frac{(x-\mu)^2}{2\sigma^2}}(-\infty<x<+\infty)$，其中 $\mu,\sigma>0$ 为常数，则称随机变量 X 服从参数为 (μ,σ^2) 的正态分布或高斯(Gauss)分布，记作 $X \sim N(\mu,\sigma^2)$。

$f(x)$ 具有如下性质。

(1) $f(x)$ 的图形是关于 $x=\mu$ 对称的。

(2) 当 $x=\mu$ 时，$f(\mu)=\dfrac{1}{\sqrt{2\pi}\,\sigma}$ 为最大值。

如果随机变量 X 服从参数为 (μ,σ^2) 的正态分布，则 X 的分布函数为 $F(x)=\dfrac{1}{\sqrt{2\pi}}\displaystyle\int_{-\infty}^{x}e^{-\frac{(t-\mu)^2}{2\sigma^2}}dt$。

参数 $\mu=0,\sigma=1$ 时的正态分布称为标准正态分布，记作 $X \sim N(0,1)$，其密度函数为 $\varphi(x)=\dfrac{1}{\sqrt{2\pi}}e^{-\frac{x^2}{2}}(-\infty<x<+\infty)$，分布函数为 $\Phi(x)=\dfrac{1}{\sqrt{2\pi}}\displaystyle\int_{-\infty}^{x}e^{-\frac{t^2}{2}}dt$。

$\Phi(x)$ 是不可求积函数，其函数值已编制成表可供查用，$\Phi(-x)=1-\Phi(x)$ 且 $\Phi(0)=\dfrac{1}{2}$。

如果 $X \sim N(\mu,\sigma^2)$，则 $\dfrac{X-\mu}{\sigma} \sim N(0,1)$，$P(x_1<X\leqslant x_2)=\Phi\left(\dfrac{x_2-\mu}{\sigma}\right)-\Phi\left(\dfrac{x_1-\mu}{\sigma}\right)$。

正态分布的重要性主要体现在以下几个方面。

(1) 正态分布是自然界和工程技术中最常见的分布之一，大量的随机现象都是服从或近似服从正态分布的。可以证明，如果一个随机指标受许多因素的影响，但其中任何一个因素都不起决定性作用，则该随机指标一定服从或近似服从正态分布。

(2) 正态分布具有许多其他分布所没有的优良特性。

(3)正态分布可以作为许多分布的近似分布。

这3种情况充分说明了正态分布是概率论中最重要的分布。

小试牛刀07:Python编程实现正态分布

★案例说明★

本案例用Python编程简单地实现如何获得两组模拟的正态分布的数据并输出结果。本案例正态分布模拟的标准差为$\delta = 0.15$和$\delta = 0.3$的两组数据,共40个点,通过matplotlib.pyplot模块绘制出曲线图。

★实现思路★

实现步骤如下。

步骤1:给y_sig赋值模拟的标准差为$\delta = 0.15$的一组正态分布数据。

步骤2:给y_sig1赋值模拟的标准差为$\delta = 0.3$的一组正态分布数据。

步骤3:调用matplotlib.pyplot模块绘制出两组数据的曲线图。

★编程实现★

实现代码如下。

```
# -*- coding:utf-8 -*-
import numpy as np
import math
import matplotlib.pyplot as plt
u = 0  # 均值μ
sig = math.sqrt(0.15)  # 标准差δ
sig1 = math.sqrt(0.3)  # 标准差δ
x = np.linspace(u-3*sig, u+3*sig, 40)
x_1 = np.linspace(u-6*sig, u+6*sig, 40)
y_sig = np.exp(-(x-u)**2/(2*sig**2)) / (math.sqrt(2*math.pi)*sig)
y_sig1 = np.exp(-(x_1-u)**2/(2*sig1**2)) / (math.sqrt(2*math.pi)*sig1)
plt.plot(x, y_sig, "b-", linewidth=3)
plt.plot(x_1, y_sig1, "r-", linewidth=3)
plt.grid(True)
plt.show()
```

运行结果如图3-3所示。

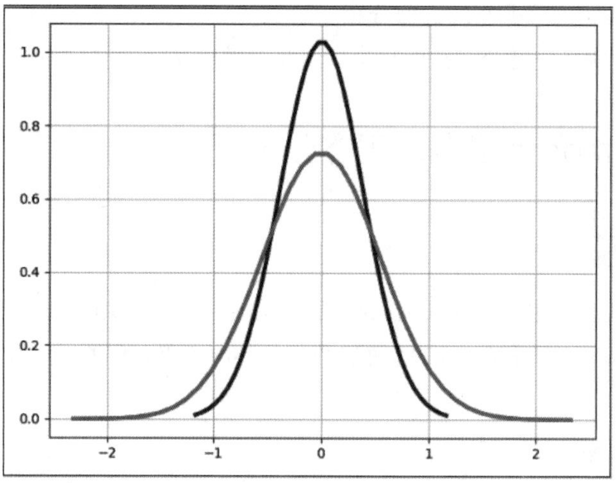

图 3-3　运行结果

3.3 数字特征及随机变量间的关系

由 3.2 节可知，随机变量可以通过分布函数、概率密度函数和分布律来描述。用来刻画随机变量某一方面特征的常数称为数字特征。在机器学习、深度学习中经常需要分析随机变量间的关系，本节将介绍几个重要的数字特征及随机变量间的关系，包括数学期望、方差、标准差、协方差、Pearson 相关系数、中心距、原点矩、峰度和偏度。

3.3.1 数学期望

数学期望也就是均值，是概率加权下的"平均值"，是每次可能结果的概率乘其结果的总和，反映的是随机变量平均取值的大小，常用符号μ表示。这个平均值是指以概率为权值的加权平均值。

连续型函数的数学期望公式：$E(X)=\int_{-\infty}^{\infty}xf(x)\mathrm{d}x$。

离散型函数的数学期望公式：$E(X)=\sum_{i}x_i p_i$。

假设 C 为一个常数，X 和 Y 是两个随机变量，那么数学期望有以下性质。

(1)$E(C)=C$。

(2)$E(CX)=CE(X)$。

(3)$E(X+Y)=E(X)+E(Y)$。

(4)如果X与Y相互独立，则$E(XY)=E(X)E(Y)$。

(5)如果$E(XY)=E(X)E(Y)$，则X和Y不相关。

3.3.2 方差和标准差

期望值可大致描述数据的大小，但无法描述数据的离散程度。方差是衡量随机变量或一组数据时离散程度的度量，可以用来度量随机变量和其数学期望之间的偏离程度，即方差是衡量源数据和期望值相差的度量值。

在一组数据$X_1,X_2,\cdots,X_n$中，各个数据与它们的平均数的差的平方的平均数叫作这组数据的方差。对于随机变量来说，方差又是如何定义的呢？

方差的定义 设随机变量X的数学期望$E(X)$存在，若$E\left[\left(X-E(X)\right)^2\right]$存在，则称$E\left[\left(X-E(X)\right)^2\right]$为随机变量$X$的方差，记作$D(X)$，即$D(X)=E\left[\left(X-E(X)\right)^2\right]$。

由方差的定义可知，方差是随机变量X的函数$g(X)=\left(X-E(X)\right)^2$的数学期望，故

$$D(X)=\begin{cases}\sum_{k=1}^{\infty}\left[x_k-E(X)\right]^2p_k,\text{当}X\text{离散时}\\ \int_{-\infty}^{\infty}\left[x_k-E(X)\right]^2f(x)\mathrm{d}x,\text{当}X\text{连续时}\end{cases}$$

方差刻画了随机变量的取值对于其数学期望的离散程度，若X的取值相对于其数学期望比较集中，则其方差较小；若X的取值相对于其数学期望比较分散，则其方差较大。

$D(X)=E\left[\left(X-E(X)\right)^2\right]$还可以写成另一个公式$D(X)=E\left(X^2\right)-\left(E(X)\right)^2$。

假设C为一个常数，X和Y是两个随机变量，那么方差有以下性质。

(1)$D(C)=0$。

(2)$D(CX)=C^2D(X)$。

(3)$D(C+X)=D(X)$。

(4)如果X与Y相互独立，则$D(X+Y)=D(X)+D(Y)$。

标准差是离均差平方的算术平均数的平方根，用符号σ表示，其实标准差就是方差的算术平方根。标准差和方差都是测量离散趋势的最重要、最常见的指标。标准差和方差的不同点在于，标准差和变量的计算单位是相同的，比方差清楚，因此很多时候我们在分析时更多地使用标准差，其公式为

$$\sigma=\sqrt{D(X)}$$

常见分布的数学期望和方差如表3-1所示。

表3-1　常见分布的数学期望和方差

分布类型	数学期望	方差
0-1分布$B(1,p)$	p	$p(1-p)$
二项分布$B(n,p)$	np	$np(1-p)$
泊松分布$P(\lambda)$	λ	λ
几何分布$G(p)$	$\frac{1}{p}$	$\frac{1-p}{p^2}$
超几何分布$H(n,M,N)$	$\frac{nM}{N}$	$\frac{nM}{N}\left(1-\frac{M}{N}\right)\left(\frac{N-n}{N-1}\right)$
均匀分布$U(a,b)$	$\frac{a+b}{2}$	$\frac{(b-a)^2}{12}$
指数分布$E(\lambda)$	$\frac{1}{\lambda}$	$\frac{1}{\lambda^2}$
正态分布$N(\mu,\sigma^2)$	μ	σ^2
χ^2分布$\chi^2(n)$	n	$2n$
t分布$t(n)$	0	$\frac{n}{n-2}(n>2)$

3.3.3　协方差

协方差常用于衡量两个变量的总体误差。在两个变量相同的情况下，协方差其实就是方差。如果X和Y是统计独立的，那么二者之间的协方差为零。但是，如果协方差为零，那么X和Y是不相关的。X和Y的协方差公式如下。

$$\begin{aligned}\text{Cov}(X,Y) &= E\left[\left(X-E(X)\right)\left(Y-E(Y)\right)\right]\\ &= E\left[XY-XE(Y)-YE(X)+E(X)E(Y)\right]\\ &= E(XY)-E(X)E(Y)\end{aligned}$$

对于随机变量X与Y，称它们的二阶混合中心矩μ_{11}为X与Y的协方差或相关矩，记作σ_{XY}或$\text{Cov}(X,Y)$，即$\sigma_{XY}=\mu_{11}=E[(X-E(X))(Y-E(Y))]$。

与记号σ_{XY}相对应，X与Y的方差$D(X)$与$D(Y)$也可分别记作σ_{XX}与σ_{YY}。

假设C为一个常数，X和Y是两个随机变量，那么协方差有以下性质。

(1)$\text{Cov}(X,Y)=\text{Cov}(Y,X)$。

(2)$\text{Cov}(aX,bY)=ab\text{Cov}(X,Y)$。

(3)$\text{Cov}(X_1+X_2,Y)=\text{Cov}(X_1,Y)+\text{Cov}(X_2,Y)$。

(4)方差和协方差的关系是$D(X\pm Y)=D(X)+D(Y)\pm 2\text{Cov}(X,Y)$。

(5)如果X和Y不相关，则$\text{Cov}(X,Y)=0$，$D(X\pm Y)=D(X)+D(Y)$。

协方差是两个随机变量具有相同方向变化趋势的度量：

(1)若 $\mathrm{Cov}(X,Y) > 0$,则 X 和 Y 的变化趋势相同;

(2)若 $\mathrm{Cov}(X,Y) < 0$,则 X 和 Y 的变化趋势相反;

(3)若 $\mathrm{Cov}(X,Y) = 0$,则 X 和 Y 不相关,也就是变化没有什么相关性。

对于 n 个随机向量 $(X_1,X_2,\cdots,X_n)$,任意两个元素 X_i 和 X_j 都可以得到一个协方差,从而形成一个 $n \times n$ 的矩阵,该矩阵就叫作协方差矩阵,协方差矩阵为对称矩阵,记作

$$\begin{pmatrix} \sigma_{X_iX_i} & \sigma_{X_iX_j} \\ \sigma_{X_jX_i} & \sigma_{X_jX_j} \end{pmatrix}$$

3.3.4 Pearson相关系数

协方差可以描述 X 和 Y 的相关程度,但是协方差的值和 X,Y 的值采用的是不同的量纲,导致协方差在数值上表现出比较大的差异。因此,可以引入相关系数来表示 X 和 Y 的相关性。

首先我们来看 X 与 Y 相关系数的定义。

Pearson 相关系数的定义 对于随机变量 X 与 Y,如果 $D(X) > 0$, $D(Y) > 0$,则称 $\dfrac{\sigma_{XY}}{\sqrt{D(X)}\sqrt{D(Y)}}$ 为 X 与 Y 的 Pearson 相关系数,记作 ρ_{XY}(有时可简作为 ρ)。ρ_{XY} 的取值范围是 $|\rho_{XY}| \leqslant 1$。

强相关定理 特殊地,当 $|\rho_{XY}| = 1$ 时,称 X 与 Y 完全相关,即 $X = aY + b$ 等价于 $P(X) = 1$,并有

$$\begin{cases} \text{正相关,当 } \rho_{XY} = 1 \text{ 时 } (a > 0) \\ \text{负相关,当 } \rho_{XY} = -1 \text{ 时 } (a < 0) \end{cases}$$

而当 $\rho_{XY} = 0$ 时,称 X 与 Y 不相关。

不相关与随机变量相互独立的关系是,若随机变量 X 与 Y 相互独立,则它们不相关。

此外,$\rho_{XY} = 0$ 与以下4个命题是等价的。

(1)$\mathrm{Cov}(X,Y) = 0$。

(2)$E(XY) = E(X)E(Y)$。

(3)$D(X + Y) = D(X) + D(Y)$。

(4)$D(X - Y) = D(X) + D(Y)$。

3.3.5 中心距、原点矩

假设 X 和 Y 是随机变量,若 $E(X^k)$ $(k = 1,2,\cdots)$ 存在,则称它为 X 的 k 阶原点矩,简称 k 阶矩;若 $E\left[(X - E(X))^k\right]$ $(k = 1,2,\cdots)$ 存在,则称它为 X 的 k 阶中心矩;若 $E\left[(X - c)^k\right]$ $(k = 1,2,\cdots)$ 存在,则称它

为 X 关于点 c 的 k 阶矩；若 $E(X^kY^p)$ $(k,p = 1,2,\cdots)$ 存在，则称它为 X 和 Y 的 $k+p$ 阶混合原点矩；若 $E\left[\left(X - E(X)\right)^k\left(Y - E(Y)\right)^p\right]$ $(k,p = 1,2,\cdots)$ 存在，则称它为 X 和 Y 的 $k+p$ 阶混合中心矩。X 的数学期望 $E(X)$ 是 X 的一阶原点矩。X 的方差 $D(X)$ 是 X 的二阶中心矩。X 和 Y 的协方差 $\mathrm{Cov}(X,Y)$ 是 X 和 Y 的二阶混合中心矩。

3.3.6 峰度

峰度也称为峰态系数，它表示概率密度分布曲线在平均值处峰值高低的特征数，峰度直观地反映了峰部的尖度。样本的峰度是描述随机变量所有值分布形状陡峭程度的一种统计数据，并与正态分布进行比较。正态分布的峰度值为3。如果峰度值大于3，峰度的形状会比正常的形状更尖锐和陡峭，比正态分布要陡峭，反之亦然。峰度越大，中心点在图像中越尖锐。在方差相同的情况下，中间大部分值的方差很小。为了达到与正态分布方差相同的目的，有些值必须离中心点较远。

峰度一般表示为随机变量的四阶中心矩与方差平方之比。

3.3.7 偏度

偏度是描述随机变量取值分布对称性的统计量。当分布左右对称时，偏度系数为0；当偏度系数大于0时，即当重尾在右边时，该分布为右偏，在图像上表现为数据右边拖了一个长长的尾巴，这时大多数值分布在左侧，有一小部分值分布在右侧；当偏度系数小于0时，即当重尾在左边时，该分布为左偏。

一般将偏度定义为三阶中心矩与标准差的三次幂之比。

小试牛刀08：Python编程实现Pearson相关系数

★案例说明★

本案例是通过Python编程实现Pearson相关系数的求解，实现的过程非常清晰。已知对于 X 和 Y 这两组值，Pearson相关系数的公式为 $\dfrac{\sigma_{XY}}{\sqrt{D(X)}\sqrt{D(Y)}}$。本案例中选取的参数 X,Y 的方差均不为零。

★实现思路★

此处用两种方法实现。

第1种方法：用scipy.stats中的pearsonr函数计算两个参数之间的相关系数。

示例代码：pccs = scipy.stats.pearsonr(x, y)，计算特征与目标变量之间的相关度。

输入如下。

x：特征。

y：目标变量。

输出如下。

r：相关系数 [-1,1]之间。

p-value：p值。p值越小，表示相关系数越显著，一般p值在500个样本以上时有较高的可靠性。

第二种方法：通过Pearson相关系数的公式直接求解。

★编程实现★

方法1：给x，y赋值为一维数组，并调用scipy.stats中的pearsonr函数进行计算，输出结果。

实现代码如下。

```
import scipy
from scipy.stats import pearsonr
x = scipy.array([3, 6, 8, 9, 12])
y = scipy.array([4, 7, 6, 11, 15])
r_row, p_value = pearsonr(x, y)
print(r_row)
print(p_value)
```

运行结果如图3-4所示。

```
0.9175324209532815
0.028074512796038807
```

图3-4　运行结果

方法2：实现步骤如下。

步骤1：给x，y赋值为一维数组，在函数中先实现a，b的标准差和方差的求解。

步骤2：分别求x与y的和、x与y的平方和、x与y的乘积和。

步骤3：上述求出的结果代入Pearson相关系数的公式求解，输出结果。

实现代码如下。

```
import numpy as np
x = scipy.array([3, 6, 8, 9, 12])
y = scipy.array([4, 7, 6, 11, 15])
n = len(x)
s_xy = np.sum(np.sum(x*y))
s_x = np.sum(np.sum(x))
s_y = np.sum(np.sum(y))
s_x1 = np.sum(np.sum(x*x))
s_y1 = np.sum(np.sum(y*y))
pe = (n*s_xy-s_x*s_y) / np.sqrt((n*s_x1-s_x*s_x)*(n*s_y1-s_y*s_y))
print(pe)
```

运行结果如图3-5所示。

```
0.9175324209532815
```

图3-5　运行结果

3.4 概率统计的其他方面

概率统计除以上三节中的基础知识外,还有其他理论,它们在实际应用和理论研究中都起到很大的作用,本节将介绍以下这几个方面,包括大数定律及中心极限定理、参数估计和假设检验。

3.4.1 大数定律及中心极限定理

大数定律是检验随机现象的一种统计规律性的理论。当我们大量重复某一相同的实验时,最后的实验结果可能会稳定在某一数值附近。这一问题,实际上就是大数定律要研究的问题。事实上,这一规则性现象被发现很长一段时间了,许多数学家都在研究它,包括伯努利。当大量重复某一实验时,最后实验的频率无限接近实验的概率。伯努利成功地用数学语言表达了现实生活中的这一现象,并赋予其精确的数学含义。他让人们对于这一类问题有了新的认识,有了更深刻的理解,为后来人们研究大数定律问题指明了方向,并为大数定律的发展奠定了基础。当然,还有许多数学家为大数定律的发展做出了重要贡献,这些人在大数定律乃至概率论的发展中都发挥了不可估量的作用。经过几百年的发展,大数定律体系已经非常完善,出现了不断扩大的大数定律,如切比雪夫大数定律、辛钦大数定律、泊松大数定律、马尔可夫大数定律等。

1. 常见的大数定律

大数定律形式有很多种,这里仅介绍几种最常用的大数定律。

伯努利大数定律 在n重伯努利试验中,假设某一事件总共出现的次数为μ_n,并且每次试验中该事件发生的概率是p,其中$0 < p < 1$,那么对于$\forall \varepsilon > 0$,都有

$$\lim_{n \to \infty} P\left(\left|\frac{\mu_n}{n} - p\right| < \varepsilon\right) = 1$$

这个定理以严谨的数学公式说明了我们刚才谈到的现实中经常出现的现象,即当大量重复某一实验时,最后实验的频率无限接近实验的概率。所以,在现实生活和工作中,当试验次数相当大时,就可以灵活地运用这个定理。

切比雪夫大数定律 假设$\xi_1,\xi_2,\cdots,\xi_n$是一列随机变量,并且两两互不相关,它们的方差有界,即存在常数$C > 0$,使得$D\xi_i \leqslant C(i = 1,2,3,\cdots)$,那么对于$\forall \varepsilon > 0$,都有

$$\lim_{n \to \infty} P\left(\left|\frac{1}{n}\sum_{i=1}^{n}\xi_i - \frac{1}{n}\sum_{i=1}^{n}E\xi_i\right| < \varepsilon\right) = 1$$

在上述的定理中,因为用到切比雪夫不等式,而切比雪夫不等式对方差有这方面要求,其实方差这个条件并不是必要的。例如,独立同分布时的辛钦大数定律。

辛钦大数定律 假设$\xi_1,\xi_2,\cdots,\xi_n$是独立同分布的随机变量序列，并且数学期望$E\xi_i = a(i = 1,2,3,\cdots)$，且$a$是有限的，那么对于$\forall\varepsilon > 0$，都有

$$\lim_{n\to\infty} P\left(\left|\frac{1}{n}\sum_{i=1}^{n}\xi_i - a\right| < \varepsilon\right) = 1$$

上式也可表示为$\lim\limits_{n\to\infty}\frac{1}{n}\sum\limits_{i=1}^{n}\xi_i \overset{P}{=} a$或$\frac{1}{n}\sum\limits_{i=1}^{n}\xi_i \xrightarrow{P} a\,(n\to\infty)$，并且称$\frac{1}{n}\sum\limits_{i=1}^{n}\xi_i$依概率收敛于$a$。

泊松大数定律 假设$\xi_1,\xi_2,\cdots,\xi_n$是一组随机变量序列，且两两相互独立，并且有$P\left(\xi_n = 1\right) = p^n$，$P\left(\xi_n = 0\right) = q^n$，其中$p,q$满足条件：$p^n + q^n = 1$，那么就称$\xi_1,\xi_2,\cdots,\xi_n$服从泊松大数定律。

其实从某种程度上来讲，泊松大数定律可以认为是伯努利大数定律的延伸与普及。伯努利大数定律以严谨的数学公式说明了现实中经常出现的现象，即当大量重复某一实验时，最后实验的频率无限接近实验的概率。但泊松大数定律说明的是，独立进行的随机试验的频率依旧具有其平稳性，即使实验条件发生变化。这就是泊松大数定律比伯努利大数定律更为宽泛的地方。

马尔可夫大数定律 对于随机变量序列$\xi_1,\xi_2,\cdots,\xi_n$，若有$\frac{1}{n^2}D\left(\sum\limits_{i=1}^{n}\xi_i\right) \to 0(n\to\infty)$，则有

$$\lim_{n\to\infty} P\left(\left|\frac{1}{n}\sum_{i=1}^{n}\xi_i - \frac{1}{n}\sum_{i=1}^{n}E\xi_i\right| < \varepsilon\right) = 1$$

2.常见的中心极限定理

列维-林德伯格中心极限定理 假设随机变量$\xi_1,\xi_2,\cdots,\xi_n$是一系列独立同分布的随机变量，其数学期望$E\xi_k = a$和方差$D\xi_k = \sigma^2\left(\sigma^2 > 0;\ k = 1,2,\cdots\right)$，则对于任意实数$x$，都有

$$\lim_{n\to\infty} P\left(\frac{\sum\limits_{k=1}^{n}\xi_k - na}{\sigma\sqrt{n}} < x\right) = \frac{1}{\sqrt{2\pi}}\int_{-\infty}^{x} \mathrm{e}^{-\frac{t^2}{2}}\,\mathrm{d}t = \Phi(x)$$

列维-林德伯格中心极限定理又称为独立同分布的中心极限定理，从这个定理可以看出正态分布在概率论中的特殊地位，不管ξ_k呈何种分布，只要$n\to\infty$，就有随机变量$\frac{\sum\limits_{k=1}^{n}\xi_k - na}{\sigma\sqrt{n}} \sim N(0,1)$。

或者可以说，当$n\to\infty$时，对于一系列随机变量ξ_k，只要满足独立同分布，$\sum\limits_{k=1}^{n}\xi_k$就近似地服从正态分布$N\left(n\mu, n\sigma^2\right)$。

拉普拉斯中心极限定理 假设随机变量X_n服从二项分布$B\left(n,p\right)$，那么对于任意有界区间

$[a,b]$，恒有表达式 $\lim_{n\to\infty} P\left(a \leqslant \frac{X_n - np}{\sqrt{np(1-p)}} < b\right) \approx b\int_a^b \frac{1}{\sqrt{2\pi}} e^{-\frac{t^2}{2}} dt = \Phi(b) - \Phi(a)$ 成立，这就说明正态分布是二项分布的极限分布。

一般地，如果 $X\sim B(n,p)$，则

$$P(a \leqslant X \leqslant b) = P\left(\frac{a - np}{\sqrt{np(1-p)}} \leqslant \frac{X - np}{\sqrt{np(1-p)}} < \frac{b - np}{\sqrt{np(1-p)}}\right)$$

$$\approx \Phi\left(\frac{b - np}{\sqrt{np(1-p)}}\right) - \Phi\left(\frac{a - np}{\sqrt{np(1-p)}}\right)$$

这个公式给出了当 n 较大时，关于二项分布的概率计算方法。

林德伯格定理 假设 $\{X_n\}$ 是一系列随机变量序列且相互独立，而且还符合林德伯格条件：

$$\forall \tau > 0, \lim_{n\to+\infty} \frac{1}{\tau^2 B_n^2} \sum_{i=1}^n \int_{|x-a_i|>\tau B_n} (x - a_i)^2 p_i(x)\,dx = 0$$

记 $B_n = \sqrt{\mathrm{var}\left(\sum_{i=1}^n X_i\right)}$，则对任何存在的 x，都有

$$\lim_{n\to+\infty} P\left(\frac{1}{B_n}\sum_{i=1}^n (X_i - a_i) \leqslant x\right) = \Phi(x) = \frac{1}{\sqrt{2\pi}}\int_{-\infty}^x e^{-\frac{t^2}{2}} dt$$

这个定理证明了以下结论：大量微小且独立的随机因素引起并累积成的变量，将是一个正态随机变量。从林德伯格条件可以看出，定理并不要求所有的加项都是“同分布”，因此它比列维-林德伯格中心极限定理更全面。事实上，列维-林德伯格中心极限定理可以由该定理推导出来。

中心极限定理讨论的问题是独立随机变量和分布的极限问题。一般来说，在一定条件下，这些分布弱收敛于退化分布，我们称之为大数定律。中心极限定理是证明随机变量和的分布与正态分布之间的关系，并在此基础上讨论需要满足的条件。中心极限定理使我们对正态分布的来源有了基本的了解。因此，它可以作为正态分布解决各种实际问题的理论基础。

3.4.2 参数估计

之前学过随机变量的分布中，在给定总体分布的情况下，估计这些分布中的未知参数，一般是利用样本所得到的信息来估计这些参数。本小节将介绍点估计、矩估计、极大似然估计和参数的区间估计。

1. 点估计

设总体 X 的分布函数 $F(x;\theta)$ 的形式为已知，θ 是待估参数。$X_1,\cdots,X_n$ 是 X 的一个样本，$x_1,\cdots,x_n$ 是相

应的样本值。构造一个适当的统计量$\hat{\theta}\left(X_1,\cdots,X_n\right)$,用它的观察值$\hat{\theta}\left(x_1,\cdots,x_n\right)$来估计未知参数。称$\hat{\theta}\left(X_1,\cdots,X_n\right)$为$\theta$的估计量,$\hat{\theta}\left(x_1,\cdots,x_n\right)$为$\theta$的估计值。这种对未知参数进行定值估计的问题就是点估计问题。

点估计有以下两种情况需要注意。

(1)估计量与估计值有本质的不同:估计量是统计数据量,因此它是随机变量(一个或多个维度);而估计值是一个或多个维度的数组。

(2)在没有混淆的情况下,我们统称估计量与估计值为未知参数的估计。

点估计的优良性有以下4个评价标准。

(1)无偏性。估计量$\hat{\theta}$的数学期望等于总体参数,即$E\hat{\theta} = \theta$,该估计量称为无偏估计。

(2)有效性。当$\hat{\theta}$为θ的无偏估计时,$\hat{\theta}$方差$E\left(\hat{\theta} - \theta\right)$越小,无偏估计越有效。

(3)一致性。对于无限总体,如果对于任意$\varepsilon > 0$,有$\lim\limits_{n \to \infty} P\left(\left|\hat{\theta}_n - \theta\right| \geqslant \varepsilon\right) = 0$,则称$\hat{\theta}_n$是$\theta$的一致估计。

(4)充分性。一个估计量如能完全地包含未知参数信息,即为充分估计量。

点估计的两种构造估计量的方法为矩估计法和极大似然估计法。

2. 矩估计

矩估计法的理论基础是大数定理,即样本矩依概率收敛于其对应的总体矩。因此,根据样本观测值,可以计算其样本矩,并将样本矩作为相应的总体矩估计值,用矩估计法得到的估计量称为矩。

设X为连续型随机变量,其概率密度函数为$f\left(x;\theta_1,\cdots,\theta_k\right)$,或者$X$为离散型随机变量,其分布律为$P\{X = x\} = p\left(x;\theta_1,\cdots,\theta_k\right)$,其中$\theta_1,\cdots,\theta_k$为待估参数,$X_1,\cdots,X_n$为来自$X$的样本。

设$EX^l = \mu_l (l = 1,2,\cdots,k)$存在,$\mu_l$为总体$l$阶矩,则$\mu_l = \mu_l\left(\theta_1,\cdots,\theta_k\right)(l = 1,2,\cdots,k)$。令$A_l = \mu_l (l = 1,2,\cdots,k)$,其中$A_l = \dfrac{1}{n}\sum\limits_{i=1}^{n} X_i^l$,$A_l$为样本$l$阶矩。设

$$\begin{cases} \mu_1 = \mu_1\left(\theta_1,\cdots,\theta_k\right) \\ \mu_2 = \mu_2\left(\theta_1,\cdots,\theta_k\right) \\ \cdots \\ \mu_k = \mu_k\left(\theta_1,\cdots,\theta_k\right) \end{cases}$$

上式是包含k个未知参数$\theta_1,\cdots,\theta_k$的联立方程组,从中解出方程组的解记作$\theta_1,\cdots,\theta_k$,即

$$\begin{cases} \theta_1 = \theta_1\left(\mu_1,\cdots,\mu_k\right) \\ \theta_2 = \theta_2\left(\mu_1,\cdots,\mu_k\right) \\ \cdots \\ \theta_k = \theta_k\left(\mu_1,\cdots,\mu_k\right) \end{cases}$$

以A_l分别代替上式中的$\mu_l (l = 1,2,\cdots,k)$,以$\hat{\theta}_l = \theta_l\left(A_1,\cdots,A_k\right)(l = 1,2,\cdots,k)$分别作为$\theta_1,\cdots,\theta_k$的估计量,这种求估计量的方法称为矩估计法,这种估计量称为矩估计量;矩估计量的观察值称为矩估计值。

矩估计法原理：由辛钦大数定律可知，$A_l = \frac{1}{n}\sum_{i=1}^{n} X_i^l \xrightarrow{P} \mu_l (l = 1,2,\cdots,k)$。所以，令 $A_l = \mu_l (l = 1,2,\cdots,k)$，用 A_l 估计 μ_l。

3. 极大似然估计

极大似然估计是一种已知总体的分布类型时使用的参数估计方法，它是由德国数学家高斯(Gauss)于1821年首次提出的，但是英国统计学家费希尔(Fisher)在1922年重新发现了这种方法，并首先研究了它的一些特性。

极大似然原理：一个随机试验有若干个可能结果 $A,B,C,\cdots$。若在一次试验中，结果 A 发生，则一般认为试验条件对 A 最有利，即 A 发生的概率 $P(A|\theta)$ 最大。

极大似然估计法如下。

(1) X 为离散型，已知 X 的分布 $P(X = x) = p(x;\theta)$，其中 θ 未知。对于一个事件 A，样本 $(X_1,X_2,\cdots,X_n)$ 取到观察值 $(x_1,x_2,\cdots,x_n)$，则

$$\begin{aligned} P(A) &= P(X_1 = x_1, X_2 = x_2, \cdots, X_n = x_n) \\ &\overset{\text{独立}}{=\!=} P(X_1 = x_1)P(X_1 = x_1)\cdots P(X_n = x_n) \\ &\overset{X_i\text{与}X\text{同分布}}{=\!=\!=} P(X = x_1)P(X = x_1)\cdots P(X = x_n) \\ &= p(x_1;\theta)p(x_2;\theta)\cdots p(x_n;\theta) \\ &= \prod_{i=1}^{n} p(x_i;\theta) \end{aligned}$$

对给定的样本值 $(x_1,x_2,\cdots,x_n)$，$\prod_{i=1}^{n} p(x_i;\theta)$ 是参数 θ 的函数，称为似然函数，记作 $L(\theta)$。即 $L(\theta) = \prod_{i=1}^{n} p(x_i;\theta)$，$n$ 项连乘，总体分布 $p(x;\theta)$ 改为 $p(x_i;\theta)$，其中 $i = 1,2,\cdots,n$。

$P(A) = L(\theta)$，随着 θ 改变而改变，A 事件已经发生，由极大似然原理，$L(\theta)$ 达到最大，所以 θ 的最合理估计值 $\hat{\theta}(x_1,x_2,\cdots,x_n)$ 满足 $L(\hat{\theta}) = \max_{\theta} L(\theta)$。称 $\hat{\theta}(x_1,x_2,\cdots,x_n)$ 为 θ 的极大似然估计值，$\hat{\theta}(X_1,X_2,\cdots,X_n)$ 为 θ 的极大似然估计量。

求解 $\hat{\theta}$，即求 $L(\theta)$ 的最大值点问题，有以下两种方法。

方法1：若 $L(\theta)$ 为可导函数，解方程 $\frac{\mathrm{d}L(\theta)}{\mathrm{d}\theta} = 0$，得到 $\hat{\theta} = \hat{\theta}(X_1,X_2,\cdots,X_n)$。

再来看两点说明：① $f(x) > 0$，$\ln[f(x)]$ 单调性相同，从而最大值点相同；② $L(\theta) = \prod_{i=1}^{n} p(x_i;\theta)$，$n$ 项连乘，求导麻烦，而 $\ln[L(\theta)]$ 为 n 项相加，求导简单。因此，求 $L(\theta)$ 的最大值点转为求 $\ln[L(\theta)]$ 的最大值点。

方法2：求解方程 $\frac{\mathrm{d}\ln[L(\theta)]}{\mathrm{d}\theta} = 0$，得到 $\hat{\theta}$。

(2)连续型总体似然函数的求法。设X为连续型总体,其概率密度函数为$f(x;\theta)$,其中θ未知。对来自总体的样本$(X_1,X_2,\cdots,X_n)$,其观测值为$(x_1,x_2,\cdots,x_n)$,作为与总体X同分布且相互独立的n维随机变量,样本的联合概率密度函数为

$$\begin{aligned} f(x_1,x_2,\cdots,x_n) &= f_{X_1}(x_1)f_{X_2}(x_2)\cdots f_{X_n}(x_n) \\ &= f(x_1;\theta)f(x_2;\theta)\cdots f(x_n;\theta) \\ &= \prod_{i=1}^{n} f(x_i;\theta) \end{aligned}$$

于是,样本$(X_1,X_2,\cdots,X_n)$落入点$(x_1,x_2,\cdots,x_n)$邻域内的概率近似为$\prod_{i=1}^{n} f(x_i;\theta)\Delta x_i$,由极大似然原理,$\theta$的最合理估计值$\hat{\theta}$应该是使$\prod_{i=1}^{n} f(x_i;\theta)\Delta x_i$达到最大。由于$\Delta x_i$是不依赖于$\theta$的增量,所以只需求使似然函数$L(\theta)=\prod_{i=1}^{n} f(x_i;\theta)$达到最大。

求$\hat{\theta}$的步骤如下。

①写出$L(\theta)$。

②取对数$\ln[L(\theta)]$。

③求解方程$\frac{\mathrm{d}\ln[L(\theta)]}{\mathrm{d}\theta}=0$,得到$\hat{\theta}$。

4. 参数的区间估计

设总体$X\sim N(\mu,\sigma^2)$,$x_1,x_2,\cdots,x_n$为其样本,则μ的置信度$1-\alpha$的区间估计为

(1)σ^2已知时,$\left[\bar{x}-\frac{\sigma}{\sqrt{n}}u_{\alpha/2},\ \bar{x}+\frac{\sigma}{\sqrt{n}}u_{\alpha/2}\right]$;

(2)σ^2未知时,$\left[\bar{x}-\frac{s}{\sqrt{n}}t_{\alpha/2}(n-1),\ \bar{x}+\frac{s}{\sqrt{n}}t_{\alpha/2}(n-1)\right]$。

3.4.3 假设检验

为了引入假设检验的概念,以工业应用为例,使用一台数控机床进行螺栓加工。每个螺栓的尺寸符合正态分布$X\sim N(\mu,\sigma^2)$,μ,σ均已知。在一段时间内生产的N个螺栓的实际尺寸可以通过随机抽样进行测试。测试结果能判断数控机床是否工作正常吗?这种实际尺寸与标准尺寸μ不一致的现象经常发生,造成这种差异的原因有两个:偶然因素的影响(因偶然因素而产生的差异称为随机误差)和条件因素的影响(因条件因素而产生的差异称为条件误差)。如果只有随机误差,那么我们没有理由怀疑标准尺寸不是μ;如果我们有充分的理由断定标准尺寸不再是μ,那么造成这种现象的主要原因是条件误差,即数控机床工作不正常,那么如何判断数控机床是否工作正常呢?通过对这一案例的理解,我们可以找出解决假设检验问题的理论方法。

可将假设检验的基本步骤概括如下。

(1)根据实际问题提出原假设H_0及备择假设H_1。这里要求H_0与H_1有且仅有一个为真。

(2)选取合适的统计量u。

(3)规定临界概率α的大小,也叫作显著性水平,通常可取$\alpha = 0.01$,$\alpha = 0.05$或$\alpha = 0.1$。

(4)在显著性水平α下,根据检验统计量的分布确定拒绝域(拒绝H_0),记作W。

(5)根据样本观察值计算统计量的大小。

(6)判断该值:若统计量的观测值落在拒绝域W内,则认为小概率事件发生了,拒绝H_0,接受H_1;若统计量的观测值落在接受域内,则认为小概率事件没有发生,接受H_0,拒绝H_1。

下面我们来看一看总体均值的假设检验、正态总体方差的假设检验、单边检验和两类错误。

1. 总体均值的假设检验

有关平均值参数的假设检验,根据方差是否已知,分为两类检验:u检验和t检验。如果方差已知,则使用u检验;如果方差未知,则使用t检验。

1)u检验

u检验考虑单个正态总体和两个正态总体的情况如下。

(1)方差已知时,单个正态总体均值检验。

设$x_1,\cdots,x_n$是从正态总体$N\left(\mu,\sigma_0^2\right)$中抽取的一个样本,$\sigma_0^2$是已知常数,欲检验假设$H_0:\mu = \mu_0$,$H_1:\mu \neq \mu_0$,其中$\mu_0$为已知数,它的流程如下。

①提出假设$H_0:\mu = \mu_0$,$H_1:\mu \neq \mu_0$。

②引入统计量$u = \dfrac{\left(\bar{x} - \mu_0\right)\sqrt{n}}{\sigma} \sim N\left(0,1\right)$。

③对给定的显著性水平α,查标准正态分布表(本书未附查询表)求$\alpha/2$的上侧分位数$u_{\alpha/2}$(临界值),从而得拒绝域$W:\left(-\infty, -u_{\alpha/2}\right),\left(u_{\alpha/2}, +\infty\right)$,其中,常用的有$\alpha = 0.1$时,$u_{\alpha/2} = u_{0.05} = 1.65$;$\alpha = 0.05$时,$u_{\alpha/2} = u_{0.025} = 1.96$;$\alpha = 0.01$时,$u_{\alpha/2} = u_{0.005} = 2.58$。

④根据样本值$x_1,\cdots,x_n$计算统计量u。

$$\bar{x} = \frac{1}{n}\left(x_1 + x_2 + \cdots + x_n\right)$$

$$u = \frac{\left(\bar{x} - \mu_0\right)\sqrt{n}}{\sigma}$$

⑤判断:若u落在拒绝域W内,则拒绝H_0,接受H_1;若u落在接受域内,则接受H_0,拒绝H_1。

(2)方差已知时,两个正态总体均值检验。

设$X \sim N\left(\mu_1,\sigma_1^2\right)$,$Y \sim N\left(\mu_2,\sigma_2^2\right)$,其中$\sigma_1^2$,$\sigma_2^2$为已知常数,$x_1,\cdots,x_m$和$y_1,\cdots,y_n$分别是取自$X$和$Y$的样本且相互独立,欲检验假设$H_0:\mu_1 = \mu_2$,$H_1:\mu_1 \neq \mu_2$。

检验假设$\mu_1 = \mu_2$,等价于检验假设$\mu_1 - \mu_2 = 0$。当H_0成立时,有$u = \dfrac{\bar{x} - \bar{y}}{\sqrt{\dfrac{\sigma_1^2}{m} + \dfrac{\sigma_2^2}{n}}} \sim N\left(0,1\right)$。

于是对给定的显著性水平α,查标准正态分布表(本书未附查询表)可得临界值$u_{\alpha/2}$,使$P\left\{|u|>u_{\alpha/2}\right\}=\alpha$,从而得拒绝域$W=\left(-\infty,-u_{\alpha/2}\right)\cup\left(u_{\alpha/2},+\infty\right)$。

$$u=\frac{\bar{x}-\bar{y}}{\sqrt{\frac{\sigma_1^2}{m}+\frac{\sigma_2^2}{n}}}$$

若$u\in W$,则拒绝H_0;否则接受H_0。

由上述讨论可知,由服从标准正态分布的检验统计量作检验的方法称为u检验法。

2)t检验

t检验考虑单个正态总体和两个正态总体的情况如下。

(1)方差未知时,单个正态总体均值检验。

设$x_1,\cdots,x_m$是从正态总体$N\left(\mu,\sigma^2\right)$中抽取的一个样本,其中$\sigma^2$未知,欲检验假设$H_0:\mu=\mu_0$,$H_1:\mu\neq\mu_0$,其中$\mu_0$为已知数,它的流程如下。

①提出假设$H_0:\mu=\mu_0$,$H_1:\mu\neq\mu_0$。

②构造统计量$t=\dfrac{\bar{x}-\mu_0}{s/\sqrt{n}}\sim t(n-1)$。

③对给定的显著性水平α,查t分布表(本书未附查询表)求分位数$t_{\alpha/2}(n-1)$,从而得拒绝域$W:\left(-\infty,-t_{\alpha/2}(n-1)\right),\left(t_{\alpha/2}(n-1),+\infty\right)$。

④根据样本$x_1,\cdots,x_n$计算:

$$s^2=\frac{1}{n-1}\sum\left(x_i-\bar{x}\right)^2$$

$$\bar{x}=\frac{1}{n}\sum x_i$$

$$t=\frac{\left(\bar{x}-\mu_0\right)\sqrt{n}}{s}$$

⑤若t落在拒绝域W内,则拒绝H_0,接受H_1;若t落在接受域内,则接受H_0,拒绝H_1。

(2)方差未知时,两个正态总体均值检验。

设$X\sim N\left(\mu_1,\sigma_1^2\right)$,$Y\sim N\left(\mu_2,\sigma_2^2\right)$,$\sigma_1^2=\sigma_2^2=\sigma^2$($\sigma^2$未知),$x_1,\cdots,x_m$和$y_1,\cdots,y_n$分别是取自$X$和$Y$的样本且相互独立,欲检验假设$H_0:\mu_1=\mu_2$,$H_1:\mu_1\neq\mu_2$。

构造统计量

$$t=\frac{\bar{x}-\bar{y}}{sw\sqrt{\frac{1}{m}+\frac{1}{n}}}=\frac{\bar{x}-\bar{y}}{\sqrt{(m-1)s_1^2+(n-1)s_2^2}}\cdot\sqrt{\frac{mn(m+n-2)}{m+n}}\sim t(m+n-2)$$

其中,t为我们构造的检验统计量。这时,对给定的显著性水平α,查t分布表(本书未附查询表)可得临界值$t_{\alpha/2}(m+n-2)$,使$P\left\{|t|>t_{\alpha/2}(m+n-2)\right\}=\alpha$,从而得拒绝域

$$W:\left(-\infty,-t_{\alpha/2}(m+n-2)\right),\left(t_{\alpha/2}(m+n-2),+\infty\right)$$

2. 正态总体方差的假设检验

在实际问题中，有关方差的检验问题也是常遇到的，如前文介绍的u检验和t检验均与方差有密切的联系。因此，讨论方差的检验问题尤为重要。下面我们将分别介绍χ^2检验和F检验。

(1)χ^2检验。

设总体$X \sim N(\mu,\sigma^2)$，σ^2未知，$x_1,\cdots,x_n$是取自X的样本，欲检验假设$H_0{:}\sigma^2=\sigma_0^2$，$H_1{:}\sigma^2 \neq \sigma_0^2$，其中$\sigma_0^2$为已知数。

自然想到，看σ^2的无偏估计s^2有多大，当H_0成立时，s^2应在σ_0^2周围波动，如果$\dfrac{s^2}{\sigma_0^2}$很大或很小，则应否定H_0。因此，构造检验统计量$\chi^2=\dfrac{(n-1)s^2}{\delta^2} \sim \chi^2(n-1)$。对于给定的显著性水平$\alpha$，查自由度为$n-1$的$\chi^2$分布表(本书未附查询表)可得分位数$\chi^2_{\alpha/2}(n-1)$和$\chi^2_{1-\alpha/2}(n-1)$，从而得拒绝域$W$为$\left(0,\chi^2_{1-\alpha/2}(n-1)\right) \cup \left(\chi^2_{\alpha/2}(n-1),+\infty\right)$。若统计量$\chi^2$落在拒绝域$W$内，则拒绝$H_0$，接受$H_1$；若统计量$\chi^2$落在接受域内，则接受$H_0$，拒绝$H_1$。

(2)F检验。

前文介绍的用t检验法检验两个独立正态总体的均值是否相等时，曾假定它们的方差是相等的。一般来说，两个正态总体方差是未知的，那么如何来检验两个独立正态总体方差是否相等呢？这里就要用到F检验法。

设有两个正态总体$X \sim N(\mu_1,\sigma_1^2)$，$Y \sim N(\mu_2,\sigma_2^2)$，$x_1,\cdots,x_m$和$y_1,\cdots,y_n$分别是取自$X$和$Y$的样本且相互独立，欲检验假设$H_0{:}\sigma_1^2=\sigma_2^2$，$H_1{:}\sigma_1^2 \neq \sigma_2^2$。

由于s_1^2是σ_1^2的无偏估计，s_2^2是σ_2^2的无偏估计，当H_0成立时，自然想到s_1^2和σ_1^2应该差不多，其比值$\dfrac{s_1^2}{s_2^2}$不会太大或太小，现在关键在于统计量$F=\dfrac{s_1^2}{s_2^2}$服从什么分布。当H_0成立时，取F为检验统计量，对给定的显著性水平α，查F分布表(本书未附查询表)可得临界值$F_{\alpha/2}$和$F_{1-\alpha/2}$，使$P\left\{F>F_{\alpha/2}\right\}=P\left\{F \leqslant F_{1-\alpha/2}\right\}=\alpha/2$，从而得拒绝域$W=\left(0,F_{1-\alpha/2}\right) \cup \left(F_{\alpha/2},+\infty\right)=\alpha/2$。

若由样本观测值算得F值，当$F \in W$时，拒绝H_0，即认为两个总体方差有显著差异。否则，认为与H_0相容，即两个总体方差无显著差异。

3. 单边检验

实际问题中，有时我们只关心总体的均值是否会增大，当然总体的均值越大越好，此时需要检验假设$H_0{:}\mu \leqslant \mu_0$，$H_1{:}\mu>\mu_0$，其中$\mu_0$是已知常数。类似地，如果我们只关心总体的均值是否会减小，就需要检验假设$H_0{:}\mu \leqslant \mu_0$，$H_1{:}\mu>\mu_0$。下面以单个正态总体方差已知情况为例，来讨论均值$\mu$的单边检验的拒绝域。

设总体$X \sim N(\mu,\sigma_0^2)$，σ_0^2为已知，$x_1,\cdots,x_n$是取自X的样本，给定显著性水平α，考虑单边假设问题$H_0{:}\mu \leqslant \mu_0$，$H_1{:}\mu>\mu_0$。

由于$\bar{x}$是μ的无偏估计，故当H_0成立时，$u=\dfrac{\bar{x}-\mu_0}{\sigma_0/\sqrt{n}}$不应太大，而当$u$偏大时应拒绝$H_0$，故拒绝域的形式为$\dfrac{\bar{x}-\mu_0}{\sigma_0/\sqrt{n}}>c$，$c$待定。

由于$\dfrac{\bar{x}-\mu_0}{\sigma_0/\sqrt{n}}\sim N(0,1)$，故可找临界值$\alpha$，使$P\left\{\dfrac{\bar{x}-\mu}{\sigma_0/\sqrt{n}}>u_\alpha\right\}=\alpha$。当$H_0$成立时，$\dfrac{\bar{x}-\mu_0}{\sigma_0/\sqrt{n}}\leqslant\dfrac{\bar{x}-\mu}{\sigma_0/\sqrt{n}}$。因此，$P\left\{\dfrac{\bar{x}-\mu_0}{\sigma_0/\sqrt{n}}>u_\alpha\right\}\leqslant P\left\{\dfrac{\bar{x}-\mu}{\sigma_0/\sqrt{n}}>u_\alpha\right\}=\alpha$。由事件$\left\{\dfrac{\bar{x}-\mu}{\sigma_0/\sqrt{n}}>u_\alpha\right\}$是一个小概率事件可知，事件$\left\{\dfrac{\bar{x}-\mu_0}{\sigma_0/\sqrt{n}}>u_\alpha\right\}$更是一个小概率事件。如果根据所给的样本观测值$x_1,\cdots,x_n$计算出$\dfrac{\bar{x}-\mu_0}{\sigma_0/\sqrt{n}}>u_\alpha$，则应该否定原假设$H_0$，即拒绝域为$W=(u_\alpha,+\infty)$。

当$\dfrac{\bar{x}-\mu_0}{\sigma_0/\sqrt{n}}\leqslant u_\alpha$时，我们不否认原假设$H_0:\mu\leqslant\mu_0$。类似地，对于单边假设检验问题$H_0:\mu\leqslant\mu_0$，$H_1:\mu>\mu_0$，仍取$u=\dfrac{\bar{x}-\mu_0}{\sigma_0/\sqrt{n}}$为检验统计量，但拒绝域为$W=(-\infty,-u_\alpha)$，即当由样本观测值计算出$\dfrac{\bar{x}-\mu_0}{\sigma_0/\sqrt{n}}<-u_\alpha$时，应拒绝原假设$H_0$。

这里可以发现上面的单边检验问题，与单个正态总体方差、均值的双边检验问题相似，除拒绝域外，使用了完全相同的检验统计量和检验步骤。需要指出的是，单边检验问题的拒绝域与备择假设具有相同的不等式取向。这种独特的性质使我们不需要为了单边检验专门对拒绝域进行记忆。

例如，设总体$X\sim N(\mu,\sigma^2)$，欲检验假设$H_0:\sigma^2\leqslant\sigma_0^2$，$H_1:\sigma^2>\sigma_0^2$，其中$\sigma_0^2$为已知数。这时，由双边检验问题中的$\chi^2$检验可知，检验统计量取$\chi^2=\dfrac{(n-1)s^2}{\delta_0^2}$。若由样本观测值计算出$\chi^2=\dfrac{(n-1)s^2}{\delta_0^2}$，则当$\chi^2>\chi_\alpha^2(n-1)$时拒绝$H_0$，即拒绝域为$\chi^2>\chi_\alpha^2(n-1)$，此不等式取向与备择假设取向一致。

若欲检验假设$H_0:\mu\geqslant\mu_0$，$H_1:\mu<\mu_0$，则检验统计量仍取$\chi^2=\dfrac{(n-1)s^2}{\delta_0^2}$，拒绝域为$\chi^2>\chi_{1-\alpha}^2(n-1)$，即$W=(0,\chi_{1-\alpha}^2(n-1))$。

类似地，两个总体$X\sim N(\mu_1,\sigma_1^2)$，$Y\sim N(\mu_2,\sigma_2^2)$，$x_1,\cdots,x_m$和$y_1,\cdots,y_n$分别是取自$X$和$Y$的样本且相互独立，欲检验假设$H_0:\sigma_1^2\geqslant\sigma_2^2$，$H_1:\sigma_1^2<\sigma_2^2$。这时，类似于双边检验问题，检验统计量可取$F=\dfrac{s_1^2}{s_2^2}$，拒绝域为$F<F_{1-\alpha}$，即$W=(0,F_{1-\alpha})$。

4. 两类错误

通过上面分析可知，一个假设检验问题，是要先给定一个原假设H_0与备择假设H_1，选出一个合适的检验统计量T，由此给出拒绝域W。再根据在总体抽样得到的样本值$(x_1,\cdots,x_n)$，看它是否落在由检验统计量T定出的拒绝域W内。当$(x_1,\cdots,x_n)\in W$时，拒绝H_0(接受H_1)；而当$(x_1,\cdots,x_n)\notin W$时，接受H_0。这样的假设检验有可能犯错误。数理统计的任务本来是用样本去推断总体，即从局部去推断整体，当然有可能犯错误。下面我们来分析会犯什么类型的错误。

一类错误是：在H_0成立的情况下，样本值落在拒绝域W内，因而H_0被拒绝，称这种错误为第一类错误，也称为“弃真”的错误，一般记犯第一类错误的概率为α。

另一类错误是：在H_0不成立的情况下，样本值未落在拒绝域W内，因而H_0被接受，称这种错误为第二类错误，也称为“取伪”的错误，并记犯第二类错误的概率为β。

第一类错误因为$P\left\{|u| > u_{\alpha/2}\middle|H_0\text{成立}\right\} = \alpha$，在$H_0$成立条件下，根据样本值计算出的$u$满足$|u| > u_{\alpha/2}$，即样本值落在拒绝域$W$内，从而拒绝了$H_0$。由此可见，犯第一类错误的概率即为$\alpha$，而$\alpha$即为显著性水平。一般地，有$P\left\{(x_1,x_2,\cdots,x_n) \in W\middle|H_0\text{成立}\right\} \leqslant \alpha$，要寻找合适的检验统计量$T$，使得由它定出的拒绝域$W$满足犯第一类错误的概率不超过$\alpha$，犯第二类错误的概率为$P\left\{(x_1,x_2,\cdots,x_n) \notin W\middle|H_1\text{成立}\right\} = \beta$。现列表说明两类错误，如表3-2所示。

表3-2　两类错误判别表

判断	真实情况	
	接收$H_0((x_1,x_2,\cdots,x_n)\notin W)$	拒绝$H_0((x_1,x_2,\cdots,x_n)\in W)$
H_0成立	正确	第一类错误
H_1成立	第二类错误	正确

当然，在确定检验法则时，我们希望在假设检验中犯两类错误的概率尽可能小，但是在样本量固定的情况下无法做到这一点，我们发现：(1)两类错误的概率是相互关联的，当样本量n固定时，一类错误的概率减小将导致另一类错误的概率增大；(2)为了同时降低两类错误的概率，需要增加样本量n。

小试牛刀09：Python编程实现参数估计

★案例说明★

本案例是用Python编程实现正态分布的均值估计。本代码用于模拟$k = 2$个正态分布的均值估计。其中，ini_data(Sigma, Mu1, Mu2, k, N)函数用于生成训练样本，此训练样本是从两个正态分布中随机生成的，其中正态分布1的均值Mu1 = 55、均方差Sigma = 5，正态分布2的均值Mu2 = 22、均方差Sigma = 5。由于本问题的实现无法直接从样本数据中获知两个正态分布参数，因此需要使用EM算法估算出具体Mu1、Mu2的取值。

★实现思路★

实现步骤如下。

步骤1：定义my_e(Sigma, k, N, P, Mu, X)函数，计算E[zij]。

步骤2：定义 my_m(k, N, P, X)函数，求最大化E[zij]的参数Mu。

步骤3：调用以上两个函数，算法迭代iter_num次，或者达到精度Epsilon停止迭代，求Mu。

步骤4：输出结果。

★编程实现★

实现代码如下。

```
# coding:gbk
from numpy import *
import numpy as np
import copy
# EM算法:步骤1
def my_e(Sigma, k, N, P, Mu, X):
    for i in range(0, N):
        Denom = 0
        for j in range(0, k):
            Denom += np.exp(-1.0/(2.0*Sigma**2)*(X[i]-Mu[j])**2)
            # Denom += math.exp((-1/(2*(float(Sigma**2))))*(float(X[0, i]-
                                Mu[j]))**2)
        for j in range(0, k):
            Numer = np.exp(-1.0/(2.0*Sigma**2)*(X[i]-Mu[j])**2)
            # Numer = math.exp((-1/(2*(float(Sigma**2))))*(float(X[0, i]-
                               Mu[j]))**2)
            P[i, j] = Numer / Denom
# EM算法:步骤2
def my_m(k, N, P, X):
    for j in range(0, k):
        Numer = 0
        Denom = 0
        for i in range(0, N):
            Numer += P[i, j] * X[i]
            Denom += P[i, j]
            # Numer += P[i, j] * X[0, i]
            # Denom += P[i, j]
        Mu[j] = Numer / Denom
Sigma = 5
Mu1 = 55
Mu2 = 22
k = 2
N = 1200
iter_num = 500
Epsilon = 0.0001
# X = np.zeros((1, N))
X = mat(zeros((N, 1)))
Mu = np.random.random(2)
```

```
P = np.zeros((N, k))
for i in range(0, N):
    if np.random.random(1) > 0.5:
        X[i] = np.random.normal() * Sigma + Mu1
    else:
        X[i] = np.random.normal() * Sigma + Mu2
print(u"初始<u1,u2>:", Mu)
for i in range(iter_num):
    Old_Mu = copy.deepcopy(Mu)
    my_e(Sigma, k, N, P, Mu, X)
    my_m(k, N, P, X)
    print(i, Mu)
    if sum(abs(Mu-Old_Mu)) < Epsilon:
        break
```

运行结果如图3-6所示。

```
初始<u1,u2>: [0.06572369 0.71136288]
0 [32.93325361 40.63151927]
1 [21.8022957  54.53915519]
2 [21.71367797 55.18175651]
3 [21.71993439 55.18826709]
4 [21.72008498 55.18841518]
5 [21.7200885  55.18841864]
```

图3-6　运行结果

小试牛刀10:Python编程实现假设检验

★案例说明★

本案例是用Python编程实现假设检验，主要用到Python的scipy模块中的两个函数。

chi2_contingency:计算χ^2及其P值。

chi2.isf(1-alpha, n):分位数，返回值s满足chi2.cdf(s, n) = alpha，s就是alpha分位数。chi2.cdf是什么函数呢？chi2.cdf(x, n)返回分布函数的值。

本案例的实现原理也是假设检验的基础知识，即H_0:A与B相互独立，H_1:A与B不相互独立。若χ^2值大于临界值，拒绝原假设，表示A与B不相互独立，A与B相关。

输入如下。

alpha:置信度，用来确定临界值。

data:数据，请使用numpy.array数组。

输出如下。

g:χ^2值，也就是统计量。

p:P值(统计学名词)，与置信度对比，也可进行假设检验，P值小于置信度，即可拒绝原假设。

dof：自由度。

out：返回为1表示拒绝原假设，返回为0表示接受原假设。

expctd：原数据数组同维度的对应理论值。

★实现思路★

实现步骤如下。

步骤1：定义jiashe(h, data)函数，计算g, p, dof, out, expctd的值。

第1个值为χ^2值。

第2个值为P值。

第3个值为自由度。

第4个值为假设检验的结果，out = 1表示拒绝原假设，out = 0表示接受原假设。

第5个值为与原数据数组同维度的对应理论值。

步骤2：设置alpha1 = 0.01，调用函数并输出结果。

★编程实现★

实现代码如下。

```
# -*- coding:utf-8 -*-
import numpy as np
from scipy.stats import chi2_contingency
from scipy.stats import chi2
def jiashe(h, data):
    g, p, dof, expctd = chi2_contingency(data, True)
    if dof == 1:
        b = chi2.isf(h*0.5, dof)
    elif dof == 0:
        print('自由度应该大于等于1')
    else:
        b = chi2.isf(h*0.5, dof-1)
    if g > b:
        out = 1
    else:
        out = 0
    return g, p, dof, out, expctd

h1 = 0.05
data1 = np.array([[1265, 952], [380, 200]])
g, p, dof, out, expctd = jiashe(h1, data1)
print(g, p, dof, out)
print(expctd)
data2 = np.array([[1265, 952], [38, 20]])
g, p, dof, out, expctd = jiashe(h1, data2)
```

```
print(g, p, dof, out)
print(expctd)
```

运行结果如图3-7所示。

```
13.23053906795297 0.0002754245881743017 1 1
[[1303.88451913  913.11548087]
 [ 341.11548087  238.88451913]]
1.3248331023010005 0.2497264985010189 1 0
[[1269.78065934  947.21934066]
 [  33.21934066   24.78065934]]
```

图3-7　运行结果

专家点拨

NO1.“互斥事件”和“对立事件”的关系如何?

我们先来看两者的定义。互斥事件的定义:不能同时发生的两个事件叫作互斥事件。对立事件的定义:其中必有一个发生的两个互斥事件叫作对立事件。它们之间的关系是,对立事件是互斥事件,是互斥事件中的特例,但互斥事件不一定是对立事件。两者之间的区别在于,互斥事件可以是两个或多个事件之间的关系相关,而对立事件仅适用于两个事件。互斥事件是不能同时发生的事件,对立事件除要求两个事件在不同的时间发生外,还要求其中一个事件必须发生。从集合的角度看,几个事件是互斥的,这意味着这些事件中包含的结果集合的交集是空的;而事件A的对立事件是整个集合中A的补集。

NO2.大数定律有什么用?

大数定律起着非常重要的作用,因为中心极限定理是在大数定律的基础上发展起来的一个定理。没有大数定律作为基础,就没有中心极限定理。大数定律和中心极限定理是概率论中的两类具有标志性意义的定理,它们是联系概率论和数理统计的纽带。大数定律阐明了大量随机现象的平均结果的稳定性,即当样本量较大时,样本的平均值可以近似地看作总体平均值。在现实生活中,当我们要检验某个变量时,整体的数据统计往往太困难甚至不可能,这时我们就需要运用大数定律。首先统计总体的样本量,样本量应该足够大;然后检查样本数据的特征;最后样本数据的结果可以近似地看作总体的结果。这一思想是概率论中最重要的思想,在数学领域中也占有重要的地位。

本章小结

本章主要介绍了随机事件和概率、随机变量及其分布、数字特征及随机变量间的关系等，通过Python编程实现了几个小的案例并展示了实现代码，给出了概率统计常见问题的解答。

本章的难点是如何理解贝叶斯公式、相关系数、大数定律和极大似然估计，这几部分知识点与机器学习和深度学习息息相关，其他基础部分需重点掌握离散型随机变量和连续型随机变量的各类分布。

第4章

信息论

★本章导读★

信息论是一门应用非常广泛的理论，随着科学技术的发展，信息论的研究范围远远超出了通信及类似的学科，已延伸到语言学、生理学、人类学、物理学、化学、电子学等学科。信息论中的数学知识非常丰富，本章将介绍与机器学习和深度学习相关的数学知识，如信息熵、互信息、困惑度、信道噪声模型等。

★学习目标★

- 理解信息熵、条件熵、交叉熵。

★知识要点★

- 信息熵、联合熵和条件熵。
- 交叉熵和KL散度。
- 困惑度。
- 信道噪声模型。

4.1 信息熵

信息是什么？信息泛指人类社会传播的一切内容。美国数学家、信息论的创始人克劳德·香农(Claude Shannon)在题为《通信的数学理论》的论文中指出："信息是用来消除随机不确定性的东西"，并提出了"信息熵"的概念(借用了热力学中熵的概念)，来解决信息的度量问题。

4.1.1 基本概念

信息量是一种信息数量化度量的规则，曾有学者对信息定量化进行设想，将消息数的对数定义为信息量。事件出现的概率越小，信息量越大，信息量的多少与事件发生的概率大小是相反的，其在数学上表示为$I(X)=-\log P(X)$。

信息熵则被定义为对平均不确定性的度量，是信息杂乱程度的量化描述。

> **信息熵的定义**　一个离散型随机变量X的信息熵$H(X)$定义为$H(X)=\sum_X P(X)\log\frac{1}{P(X)}=-\sum_X P(X)\log P(X)$。其中，$X$可以看作一个向量，就是若干个$X_i$产生的概率乘该可能性的信息量，然后各项做加和。这里约定$0\log(1/0)=0$，对数若以2为底，则熵的单位是比特；对数若以e为底，则熵的单位是奈特。若无特殊说明，本书以后章节均采用比特为单位。

信息熵的本质是对信息量的数学期望。信息熵是对随机变量不确定性的度量。随机变量X的熵越大，不确定性就越大。如果随机变量退化为固定值，则熵为零。平均分布是"最不确定"分布。可以理解为，如果N是确定的，则信息熵最大时所有情况的概率相等，并且如果一种情况的概率比其他情况大得多，则信息熵将较小。

熵有如下两个基本性质。

(1)$H(X)\geqslant 0$。

(2)$H(x)\leqslant\log|X|$，等号成立的条件，当且仅当X的所有值x有$P(X=x)=\frac{1}{|X|}$。

总之，信息熵用来度量信息的混乱程度。下面我们将介绍两个随机变量系统中与熵相关的概念——联合熵和条件熵，以及两个分布系统中与熵相关的概念——交叉熵和KL散度。

4.1.2 联合熵

> **联合熵的定义**　联合熵是借助联合概率分布对熵的自然推广，两个离散型随机变量X和Y的联合熵定义为$H(X,Y)=\sum_X\sum_Y P(X,Y)\log\frac{1}{P(X,Y)}=-\sum_X\sum_Y P(X,Y)\log P(X,Y)$。

4.1.3 条件熵

条件熵是利用条件概率分布对熵的一个延伸。随机变量X的熵是用它的概率分布$P(X)$来定义的。如果知道另一个随机变量Y的取值为y,那么X的后验分布即为$P\left(X \mid Y=y\right)$。

条件熵的定义 利用条件分布可以定义条件熵,表示在已知随机变量Y的条件下,随机变量X的不确定性。给定$Y=y$时X的条件熵为$H\left(X \mid Y=y\right)=-\sum_{X} P\left(X \mid Y=y\right) \log P\left(X \mid Y=y\right)$。

定理 对二维随机变量(X,Y),条件熵$H\left(X \mid Y\right)$和信息熵$H(X)$满足$H\left(X \mid Y\right) \leqslant H(X)$。

此外,熵的链式规则为

$$H(X,Y)=H(X)+H\left(Y \mid X\right)=H(Y)+H\left(X \mid Y\right)$$

$$I(X ; Y)+H(X,Y)=H(X)+H(Y)$$

4.1.4 交叉熵与KL散度

在神经网络和逻辑回归中,最常用的代价函数是交叉熵。交叉熵作为代价函数的最大好处在于,使用Sigmoid函数在梯度下降时能避免均方误差代价函数学习速率降低的问题,因为学习速率可以被输出的误差控制。

交叉熵的定义 交叉熵定义为$H(P ; Q)=-\sum P_p(Z) \log P_q(Z)$。

$P(X)$表示X的真实分布,$Q(X)$表示X的训练分布或预测分布,交叉熵常用来衡量$P(X)$和$Q(X)$的相似性。

KL散度的定义 KL散度(Kullback-Leibler Divergence,KLD)又称为相对熵,其定义为对定义于随机变量X状态空间Ω_x上的两个概率分布$P(X)$和$Q(X)$,如$P(X)$表示X的真实分布,$Q(X)$表示X的训练分布或预测分布,可以用KL散度来度量$P(X)$和$Q(X)$之间的差异,即$KL(P,Q)=\sum_{X} P(X) \log \frac{P(X)}{Q(X)}$。

其中,约定$0 \log \frac{0}{q}=0 ; p \log \frac{p}{0}=\infty, \forall p>0$。$KL(P,Q)$又称为$P(X)$和$Q(X)$的KL散度。但严格来说它不是一个真正意义上的距离,它没有对称性,即$KL(P,Q) \neq KL(Q,P)$。当$P(X)$和$Q(X)$之间,即真实分布和预测分布之间无差异时,KL散度为0。它们之间的差异越大,KL散度也越大;它们之间的差异越小,KL散度也越小。

定理 设$P(X)$和$Q(X)$为定义在某个变量X的状态空间Ω_x上的两个概率分布,则有

$KL(P,Q) \geqslant 0$。其中，当且仅当P与Q相同，即$P(X=x)=Q(X=x), \forall x \in \Omega_x$时等号成立。

小试牛刀11：Python编程实现交叉熵和KL散度

★案例说明★

本案例是用Python编程实现交叉熵和KL散度。Python有一个很好的统计推断包stats。Scipy的stats模块包含了多种概率分布的随机变量，随机变量分为连续的和离散的两种。概率分布的熵和KL散度的计算使用的就是scipy.stats.entropy。

★实现思路★

实例01：求解数列的交叉熵，直接用公式计算数列M1和N1的交叉熵。

实例02：调用scipy.stats.entropy()函数求解两个数列的KL散度。

示例代码：scipy.stats.entropy(pk, qk=None, base=None)，计算给定概率值下分布的熵。

如果只给出概率pk，则计算熵S = -sum(pk*log(pk), axis=0)。

如果qk不是None，则计算KL散度S = sum(pk*log(pk/qk), axis=0)。

★编程实现★

实例01的实现代码如下。

```
import numpy as np
def cross(M, N):
    return -np.sum(M*np.log(N)+(1-M)*np.log(1-N))
M1 = np.asarray([0.8, 0.3, 0.12, 0.04], dtype=float)
N1 = np.array([0.7, 0.28, 0.08, 0.06], dtype=float)
print("M1,N2交叉熵:", cross(M1, N1))
```

运行结果如图4-1所示。

M1,N2交叉熵: 1.6863771350635854

图4-1 运行结果

实例02的实现代码如下。

```
import numpy as np
import scipy.stats
def KL_d(M, N):
    return scipy.stats.entropy(M, N)
M1np.array([0.8, 0.3, 0.12, 0.04], dtypefloat)
N1np.array([0.7, 0.28, 0.08, 0.06], dtypefloat)
print("M1,N1的KL散度:", KL_d(M1, N1))
M2np.array([0.9, 0.5, 0.15, 0.02], dtypefloat)
```

```
N2np.array([0.8, 0.45, 0.07, 0.06], dtypefloat)
print("M2,N2的KL散度:", KL_d(M2, N2))
```

运行结果如图4-2所示。

M1,N1的KL散度: 0.009169491481994876
M2,N2的KL散度: 0.030901989333311078

图4-2　运行结果

4.2 自信息和互信息

1. 自信息

自信息又称为信息本体,用来衡量单一事件发生时所包含的信息量多寡。

自信息的定义　公式为

$$I(x_i) = \log\frac{1}{P(x_i)} = -\log P(x_i)$$

在事件x_i发生前,$I(x_i)$表示事件x_i发生的不确定性。

在事件x_i发生后,$I(x_i)$表示事件x_i所提供的信息量。

2. 互信息

互信息又称为信息增益,用来评价一个事件的出现对于另一个事件的出现所贡献的信息量。在决策树算法的特征选择中,互信息为主要的依据。

在无噪信道中,事件x_i发生后,能正确无误地传输到收信者,所以$I(x_i)$可代表接收到消息x_i后所获得的信息量。这是因为消除$I(x_i)$大小的不确定性,才获得这么大小的信息量。

如图4-3所示,一般来说,信道中总是存在噪声和干扰。通过信道后信宿只能收到由于干扰作用引起的某种变形y。信宿收到y后推测出信源发出x的概率,这一过程可由后验概率$P(x|y)$来描述。相应地,信源发出x的概率$P(x)$称为先验概率,定义x的后验概率与先验概率之比的对数是y对x的互信息量(简称互信息量),所以互信息的定义公式为

$$I(y;x) = I(x) - I(x|y) = \log\frac{P(x|y)}{P(x)}$$

互信息有以下性质。

(1)互信息可以理解为,收信者收到信息X后,对信源Y的不确定性的消除。

(2)互信息 $= I(\text{先验事件}) - I(\text{后验事件}) = \log\frac{\text{后验概率}}{\text{先验概率}}$。

(3)互信息是对称的。

(4)平均互信息的公式为$I(X;Y) = \sum_X\sum_Y P(X,Y)\log\frac{P(X,Y)}{P(X),P(Y)}$。

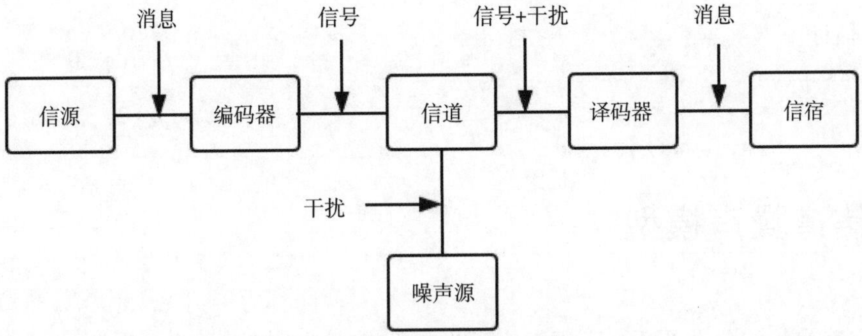

图 4-3　通信系统模型

互信息与变量独立之间的关系,有如下定理。

定理　对于任意两个离散型随机变量X和Y有

(1)$I(X;Y) \geqslant 0$;

(2)$H(X|Y) \leqslant H(X)$。

上述两式当且仅当X与Y相互独立时等号成立。

4.3 困惑度

在信息论中,困惑度用来度量一个概率分布或概率模型预测样本的好坏程度。它也可以用来比较两个概率分布或概率模型。

1. 基于概率分布的困惑度

离散概率分布p的困惑度由$2H(p) = 2 - \sum_x p(x)\log_2 p(x)$给出,其中$H(p)$是该分布的熵,$x$遍历事件空间。随机变量$X$的复杂度由其所有可能的取值$x$定义。一个特殊的例子是$k$面均匀骰子的概率分布,它的困惑度恰好是$k$。一个拥有$k$个困惑度的随机变量有着和$k$面均匀骰子一样多的不确定性,并且可以说该随机变量有着k个困惑度的取值(在有限样本空间离散型随机变量的概率分布中,均匀分布有着最大的熵)。困惑度有时也被用来衡量一个预测问题的难易程度,但这个方法不总是正确的。

2. 基于概率模型的困惑度

用一个概率模型q去估计真实概率分布p，那么可以通过测试集中的样本来定义这个概率模型的困惑度，它可以表示为$b^{-\frac{1}{N}\sum_{i=1}^{N}\log_b q(x_i)}$，其中测试样本$x_1,x_2,\cdots,x_n$是来自真实概率分布$p$的观测值，$b$通常取2。因此，低的困惑度表示$q$对$p$拟合得越好，当模型$q$看到测试样本时，它会不会"感到"那么"困惑"。

其中，指数部分可以看作交叉熵，$H\left(\hat{p},q\right)=-\sum_x \hat{p}\left(x\right)\log_2 q\left(x\right)$，其中$\hat{p}$表示我们对真实分布下样本点$x$出现概率的估计。

4.4 信道噪声模型

在讨论信道噪声之前，先来看一下用于计算Wi-Fi路由器传输速度的香农公式。

$$C=B\cdot\log_2\left(1+\frac{S}{N}\right)$$

其中，C表示在一个信道中信号传输的速度上限，单位是比特；B是码元速率的极限值，单位是波特；S是信号功率，单位是瓦；N是噪声功率，单位是瓦。$\frac{S}{N}$是信噪比，它是该信道中要传输的信号功率与不同信号噪声功率之比。

在这种情况下，通道中不需要的电信号统称为噪声，可以将其视为通道中的干扰，也可以将其视为附加干扰，因为它会影响信号。按噪声的来源，可以将其分为内部噪声、人为噪声和自然噪声。按噪声的性质，可以将其分为脉冲噪声、窄带噪声和起伏噪声。起伏噪声又可以分为热噪声、散弹噪声和宇宙噪声。起伏噪声无论是在时域内还是在频域内，始终都存在，所以它是影响通信质量的主要因素。起伏噪声可近似看作高斯白噪声。下面我们来介绍白噪声、高斯噪声和高斯白噪声的概念。

(1)白噪声。

所谓白噪声，是指它的功率谱能力在整个频域($-\infty<\omega<+\infty$)中是恒定的，即服从均匀分布。之所以称它为白噪声，是因为它的频谱覆盖了整个通道带宽，类似于光学器件中的白光光谱，其中包括所有可见光频率。噪声中不满足上述标准的噪声称为有色噪声，即噪声的频谱密度仅覆盖整个频谱的一部分频率。

实际上，在通信系统中没有完美的白噪声，通常只要噪声功率谱密度函数均匀分布的频率范围远远超过通信系统工作频率范围时，就可以视为白噪声。

若一个均值为零的平稳过程$\{W(t),t\geqslant 0\}$具有恒定功率谱密度，表示为

$$P_n(\omega)=\frac{n_0}{2}\ (-\infty<\omega<+\infty)$$

则称$W(t)$为白噪声过程，其中n_0表示单边功率谱密度。

功率谱密度函数是结构在随机动态载荷激励下响应的统计结果，是一条功率谱密度值与频率值

的关系曲线。数学上，功率谱密度值与频率值的关系曲线下的面积就是方差，即响应标准偏差的平方值。通常，当白噪声的功率谱密度采用单边频谱的形式，即频率在0到无穷大范围内时，白噪声的功率谱密度函数又常写成$P_n(\omega) = n_0(0 < \omega < +\infty)$。

(2)高斯噪声。

在实际信道中，除白噪声外，另一种常见噪声是高斯型噪声(高斯噪声)。所谓高斯噪声，是指它的幅度概率密度函数服从高斯分布(正态分布)的一类噪声，可用数学表达式表示成

$$p(x) = \frac{1}{\sqrt{2\pi}\,\sigma}\exp\left[-\frac{(x-a)^2}{2\sigma^2}\right]$$

其中，a为噪声的数学期望值，也就是均值；σ^2为噪声的方差；$\exp(x)$是以e为底的指数函数。

(3)高斯白噪声。

所谓高斯白噪声，是指噪声的振幅概率密度函数满足正态分布的统计特性，其功率谱分析的是恒定的噪声。这种噪声的理论分析要用到较深的随机过程理论知识，故不展开讨论，它的一个例子是维纳过程。

上述的几种噪声在机器学习和深度学习中有何作用呢？例如，噪声会影响输入，当噪声作用于输入时，改进了数据集增强策略。通常，注入噪声比简单的参数变换要有用，尤其是噪声被添加到隐藏单元时。向输入添加方差很小的噪声等价于对权重施加范数惩罚。或者在输出中添加噪声，就可在标签上显式地对噪声进行建模。

最后我们再介绍一下实际应用的Python程序中噪声的添加。例如，我们可以在数据序列中添加噪声，或者在图像、声音中添加噪声。

在数据序列中可以用NumPy库函数或random库函数添加噪声，示例代码：random.gauss(mu, sigma)，随机生成符合高斯分布的随机数，mu和sigma为高斯分布的两个参数。

在图像中可以用skimage库的相关函数添加噪声，示例代码：skimage.util.random_noise(image, mode='gaussian', seed=None, clip=True, **kwargs)，这样就可以模拟图像中的高斯噪声了。

专家点拨

NO1. 信息熵的用途是什么？

信息熵通常应用在机器学习和深度学习的一些算法中，也可以应用在很多方面，例如，做商业广告的价值推算，生物演变和环境系统中的预测预报和评估。通过大数据的信息熵分析演变，给政府和社会组织提供依据以进行有效决策。

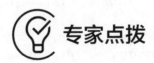

NO2.TF-IDF 的信息论依据是什么?

衡量一个词的权重时,一个简单的方法就是用每个词的信息量作为它的权重,即

$$\begin{aligned} I(w) &= -P(w)\log P(w) \\ &= -\frac{TF(w)}{N}\log\frac{TF(w)}{N} \\ &= \frac{TF(w)}{N}\log\frac{N}{TF(w)} \end{aligned}$$

其中,N是整个语料库的大小,是一个可以省略的常数。因此,公式可简化成

$$I(w) = TF(w)\log\frac{N}{TF(w)}$$

然而,这个公式有一个缺点,当两个词出现在同一频率TF上,一个出现在特定项目上,另一个出现在多篇文章上,并且第一个词的分辨率更高时,第一个词的权重应更高。一个更好的权重公式应该反映关键词的分辨率。

如果做一些理想的假设:

(1)每个文献的大小基本相同,均为M个词,即$M = \frac{N}{D} = \frac{\sum_w TF(w)}{D}$;

(2)一个关键词一旦在文献中出现,不论次数多少,贡献都等同,这样一个词在文献中要么出现$c(w) = \frac{TF(w)}{D_w}$次,要么出现零次(需要注意的是,$c(w) < M$),

那么

$$\begin{aligned} I(w) &= TF(w)\log\frac{N}{TF(w)} \\ &= TF(w)\log\frac{MD}{D_w c(w)} \\ &= TF(w)\log\frac{D}{D_w} + TF(w)\log\frac{M}{c(w)} \\ &= TF\text{-}IDF(w) + TF(w)\log\frac{M}{c(w)} \end{aligned}$$

TF-IDF中的"-"是连字符,不是代表相减。

$$TF\text{-}IDF(w) = TF(w)\cdot IDF(w)$$

$$TF\text{-}IDF(w) = I(w)\text{-}TF(w)\log\frac{M}{c(w)}$$

因为$c(w) < M$,所以$\frac{M}{c(w)} > 1$,故等式右边第2项大于零,且$c(w)$越大,第2项越小;$c(w)$越小,第2项越大。

可以看到,一个词的信息量$I(w)$越大,TF-IDF值越大。

出现频率相同的一个词,越分散在多篇文档中,其平均出现次数越小,第2项越大,TF-IDF值越

小;反之,越集中出现,其平均出现次数越大,第2项越小,TF-IDF值越大。这些结论与信息论完全相符。

NO3. 如何训练最大熵模型?

例如,为了推断概率分布,在简单的情况下,通过观察就可以得到熵值最大的概率分布,即使不能通过观察得到,也可以通过解析的方法得到。然而,对于许多复杂的问题,通常不能通过解析的方法获得。这时,估计模型参数可通过 GIS(Generalized Iterative Scaling)算法。IIS 算法是另一种改进算法,用于训练最大熵模型。

本章小结

本章主要介绍了信息熵、联合熵、条件熵、交叉熵和KL散度,还让读者了解了互信息、困惑度和信道噪声模型。此外,还展示了Python编程实现交叉熵和KL散度的实例。

本章的难点是如何理解条件熵、交叉熵、KL散度和困惑度,这几部分知识点与机器学习的决策树算法和深度学习的优化器等有非常大的关联。

第 5 章

模糊数学

★本章导读★

从数学的角度而言，我们对一个事物可以用确定性的方式进行描述，如方程，它的解释是确定的；也可以用概率的方式进行描述，例如，某张图片被识别为猫的概率是90%；还可以用模糊的方式进行描述，例如，远远大于2的正整数是多少？100是不是呢？1000是不是呢？假如我们用概率的方式来描述，100有20%的概率属于远远大于2的正整数，这样的描述似乎不太合情理。所以，此现象需要用隶属度来描述，例如，100属于远远大于2的正整数隶属度是0.2，1000属于远远大于2的正整数隶属度是0.6，这样的描述更加合情理，于是模糊数学就诞生了。模糊数学是一门新兴学科，已应用于模糊控制、模糊识别、模糊聚类分析、模糊决策、模糊评价等领域。

★学习目标★

- 熟悉模糊聚类的步骤。

★知识要点★

- 模糊数学的基本定理。
- 模糊聚类的分析方法。

5.1 基础概念

5.1.1 模糊集、隶属函数及模糊集的运算

普通集合A,对于$\forall x$,有$x \in A$或$x \notin A$,两者必居其中之一。模糊集理论将普通集合的特征函数的值域推广到$[0,1]$闭区间内,取值的函数以度量这种程度的大小,这个函数(记作$E(x)$)称为集合E的隶属函数。即对于每一个元素x,有$[0,1]$内的一个数$E(x)$与之对应。

模糊子集的定义 设给定论域U,U到$[0,1]$上的任一映射$A:U \to [0,1], u \to A(u)(\forall u \in U)$,都确定了$U$上的一个模糊集,简称模糊子集。$A(u)$称为元素$u$属于模糊集$A$的隶属度。映射所表示的函数称为隶属函数。

对于$A = \{A(u_1),A(u_2),\cdots,A(u_n)\}, B = \{B(u_1),B(u_2),\cdots,B(u_n)\}$,模糊集的运算规则如下。

相等:若$\forall u \in U$,有$A(u) = B(u)$,则有$A = B$。

并集:$A \cup B = \{A(u_1) \vee B(u_1),A(u_2) \vee B(u_2),\cdots,A(u_n) \vee B(u_n)\}$。

交集:$A \cap B = \{A(u_1) \wedge B(u_1),A(u_2) \wedge B(u_2),\cdots,A(u_n) \wedge B(u_n)\}$。

补集:$A^c = \{1 - A(u_1),1 - A(u_2),\cdots,1 - A(u_n)\}$。

包含:若$\forall u \in U$,有$A(u) \leqslant B(u)$,则有$A \subset B$。

5.1.2 模糊数学的基本定理

模糊数学的基本定理主要需要了解的是模糊截积、分解定理和扩张原理。

1. 模糊截积

模糊截积的定义 已知U上的模糊子集$A:U \to [0,1], u \to A(u)(\forall u \in U)$,对于$\lambda \in [0,1]$,$\lambda A$也是$U$上的模糊集,其隶属函数为$(\lambda A)(u) = \lambda \wedge A(u)(\forall u \in U)$,称$\lambda A$为$\lambda$与$A$的模糊截积。

2. 分解定理

分解定理1 已知模糊子集$A \in F(U)$,则$A = \bigcup\limits_{\lambda \in [0,1]} \lambda A_\lambda$。

推论 对于$\forall u \in U$,有$A(u) = \vee\{\lambda | \lambda \in [0,1], u \in A_\lambda\}$。

分解定理2 已知模糊子集$A \in F(U)$,则$A = \bigcup\limits_{\lambda \in [0,1]} \lambda A_\lambda^S$。

推论 对于$\forall u \in U$,有$A(u) = \vee\{\lambda | \lambda \in [0,1], u \in A_\lambda^S\}$。

3. 扩张原理

扩张原理包括普通扩张原理和模糊扩张原理。

(1)普通扩张原理。给定映射$f:X \to Y, x \mapsto y = f(x)$,则$f$可以诱导两个新映射,分别记作$f$和$f^{-1}$,即

$$f:P(X) \to P(Y)$$
$$A \mapsto f(A) = B \overset{\Delta}{=} \{y \mid \exists x \in A, y = f(x)\}$$
$$f^{-1}:P(Y) \to P(X)$$
$$B \mapsto f^{-1}(B) \overset{\Delta}{=} \{x \mid f(x) \in B\}$$

$f(A)$称为A的像,$f^{-1}(B)$为B的逆(原)像。需要说明的是,本书符号$\overset{\Delta}{=}$表示定义为,即用右边的式子定义左边的式子。

用特征函数表示就是

$$f(A)(y) = \bigvee_{f(x)=y} A(x) = \begin{cases} 0, f^{-1}(y) = \varnothing \\ \bigvee_{f(x)=y} A(x), f^{-1}(y) \neq \varnothing \end{cases}$$

$$f^{-1}(B)(x) = B(f(x))$$

(2)模糊扩张原理。设$f:X \to Y$,则由f可以诱导出两个映射f和f^{-1}:

$$f:F(X) \to F(Y)$$
$$A \mapsto f(A) \in F(Y)$$
$$f^{-1}:F(Y) \to F(X)$$
$$B \mapsto f^{-1}(B) \in F(X)$$

它们的隶属函数分别为

$$f(A)(y) = \begin{cases} 0, f^{-1}(y) = \varnothing \\ \bigvee_{f(x)=y} A(x), f^{-1}(y) \neq \varnothing \end{cases}$$

$$f^{-1}(B)(x) = B(f(x))$$

$f(A)$称为A的像,$f^{-1}(B)$为B的逆(原)像。

5.1.3 隶属函数的确定方法

隶属度的思想是模糊数学的基本思想。属于模糊集的元素的隶属度为客观存在的。应用模糊数学方法建立数学模型的关键是建立比较符合实际的隶属函数。隶属函数的确定方法包括模糊统计方法、指派方法、借用已有的“客观”尺度法及二元对比排序法等。这里仅介绍一下指派方法。指派方法是根据问题的性质套用现成的某些形式的模糊分布,然后根据测量数据确定分布中包含的参数。

5.2 模糊数学的应用

模糊数学的应用比较广泛,包括模糊模式识别、模糊聚类分析、模糊关联分析、模糊预测、模糊综

合评价、模糊控制系统、模糊决策等。本节将介绍模糊聚类分析、模糊关联分析及模糊决策。

5.2.1 模糊聚类分析

模糊聚类分析是聚类分析的一种。聚类分析按不同的分类标准有不同的分类。按隶属度的范围,可以将聚类分析分为两类,即硬聚类算法和模糊聚类算法。

隶属度的概念源于模糊集理论,传统的硬聚类算法的隶属度只有0和1两个值,即一个样本只能属于一个类别或根本不属于某一个类别。例如,将浓度分为两类,浓度高于50%为高浓度;浓度低于50%或等于50%为低浓度。因此,无论是5%还是20%,它都是低浓度的而不是高浓度的。而模糊集中的隶属度是一个值,其值在[0,1]区间内。一个样本同时属于所有的类,但其差异由隶属度的大小来区分。硬聚类也可以视为模糊聚类的一个特例。

1. 模糊聚类分析的基本概念

模糊聚类分析有几个基础概念,下面将一一进行介绍。

(1)模糊矩阵。

有限论域中的模糊关系可以用模糊矩阵来表示。

模糊矩阵的定义 如果对于任意 $i = 1,2,\cdots,m; j = 1,2,\cdots,n$,都有 $r_{ij} \in [0,1]$,则称矩阵 $\boldsymbol{R} = (r_{ij})_{m\times n}$ 为模糊矩阵。

(2)模糊矩阵的λ-截矩阵。

λ-截矩阵的定义 设 $\boldsymbol{A} = (a_{ij})_{m\times n}$ 属于模糊矩阵,对于任意 $\lambda \in [0,1]$,则称 $\boldsymbol{A}_\lambda = (a_{ij}^{(\lambda)})_{m\times n}$ 为模糊矩阵 $\boldsymbol{A}$ 的λ-截矩阵,其中

$$a_{ij}^{(\lambda)} = \begin{cases} 1, a_{ij} \geqslant \lambda \\ 0, a_{ij} < \lambda \end{cases}$$

可见,λ-截矩阵为布尔矩阵。

(3)模糊矩阵的合成运算。

模糊矩阵的合成运算类同于普通矩阵的乘法运算,只需将普通矩阵中的乘法运算和加法运算分别改为取小和取大运算即可。

(4)模糊关系。

模糊关系的定义 X 与 Y 直积 $X \times Y = \{(x,y) | x \in X, y \in Y\}$ 中一个模糊子集 R,称为从 X 到 Y 的模糊关系,记作 $X \xrightarrow{R} Y$。其隶属度可以记为 $R(x,y)$,$R(x,y)$ 称为 (x,y) 关于模糊关系 R 的相关程度。

①模糊关系的合成。

模糊关系 Q 与 R 的合成即为 $S = Q \circ R$，它们的隶属函数表示为

$$\mu_{Q \circ R}(u,w) = \bigvee_{v \in V}\left(\mu_Q(u,v) \wedge \mu_R(v,w)\right)$$

②模糊等价关系。

若模糊关系满足以下3个性质：

自反性：$\mu_R(x,x) = 1$；

对称性：$\mu_R(x,y) = \mu_R(y,x)$；

传递性：$R^2 \subseteq R$，

则称该模糊关系为模糊等价关系。仅满足自反性和对称性的模糊关系称为模糊等容关系或模糊相似关系。

(5)模糊等价矩阵。

当论域 $U = \{x_1,x_2,\cdots,x_n\}$ 为有限论域时，U 上的模糊等价关系可表示为 $n \times n$ 模糊等价矩阵。

2. 模糊聚类步骤

模糊聚类方法与常规聚类方法相似，首先对数据进行标准化，计算变量之间的相似矩阵或样本之间的距离矩阵，并将其元素压缩以形成0到1之间的模糊相似矩阵；然后将模糊相似矩阵进一步转化为模糊等效矩阵；最后采用不同的准则 λ，获得不同的 λ-矩阵，从而得到不同的类，具体步骤如下。

步骤1：数据标准化。

(1)构建数据矩阵。

设论域 $U = \{x_1,x_2,\cdots,x_n\}$ 为被分类的对象，每个对象又由 m 个指标表示其性状：

$$x_i = \{x_{i1},x_{i2},\cdots,x_{im}\}\ (i = 1,2,\cdots,n)$$

于是得到原始数据矩阵为

$$\begin{pmatrix} x_{11} & x_{12} & \cdots & x_{1m} \\ x_{21} & x_{22} & \cdots & x_{2m} \\ \vdots & \vdots & \ddots & \vdots \\ x_{n1} & x_{n2} & \cdots & x_{nm} \end{pmatrix}$$

(2)数据标准化。

实际上，不同的数据通常具有不同的量纲。为了使不同量纲的量也能进行比较，通常需要对数据进行适当的变换。但是，即使这样得到的数据也不一定会在区间[0,1]上。这里数据标准化的意思是根据模糊矩阵的要求将数据压缩到区间[0,1]上，通常需要进行移位标准差变换、平移级差变换等。

步骤2：建立模糊相似矩阵。

设论域 $U = \{x_1,x_2,\cdots,x_n\}$，$x_i = \{x_{i1},x_{i2},\cdots,x_{im}\}$，依照传统的方法确定相似系数，建立模糊相似矩阵，$x_i$ 与 x_j 的相似程度 $r_{ij} = R(x_i,x_j)$。可根据问题的性质，选取下列方法之一计算 r_{ij}：数量积法、夹角余弦法、最大最小法、算术平均最小法、几何平均最小法等。

步骤3：进行模糊聚类。

(1)基于模糊等价矩阵聚类方法。

一般来说，上述模糊矩阵$\boldsymbol{R}=(r_{ij})$是一个模糊相似矩阵，不一定具有等价性，即$\boldsymbol{R}$不一定是模糊等价矩阵。这可以通过模糊矩阵的褶积将其转化为模糊等价矩阵，具体方法如下。

计算$\boldsymbol{R}^2 \widehat{=} \boldsymbol{R}\cdot\boldsymbol{R}, \boldsymbol{R}^4 \widehat{=} \boldsymbol{R}^2\cdot\boldsymbol{R}^2, \boldsymbol{R}^8 \widehat{=} \boldsymbol{R}^4\cdot\boldsymbol{R}^4, \cdots$，直到满足$\boldsymbol{R}^{2k}=\boldsymbol{R}^k$，这时模糊矩阵$\boldsymbol{R}^k$便是一个模糊等价矩阵，记$\tilde{\boldsymbol{R}}=(\tilde{r}_{ij})=\boldsymbol{R}^k$。

将$\tilde{r}_{ij}$按由大到小的顺序排列，从$\lambda=1$开始，沿着$\tilde{r}_{ij}$由大到小的次序依次取$\lambda=\tilde{r}_{ij}$，求$\tilde{\boldsymbol{R}}$的相应的λ-截矩阵$\tilde{\boldsymbol{R}}_\lambda$，其中元素为1的表示将其对应的两个变量(或样品)归为一类，随着λ的变小，其合并的类越来越多，最终当$\lambda=\min\limits_{1\leqslant i,j\leqslant n}\{\tilde{r}_{ij}\}$时，将全部变量(或样品)归为一个大类。按$\lambda$值画出聚类的谱系图。

(2)直接聚类法。

所谓直接聚类法，是指在建立模糊相似矩阵之后，不去求传递闭包$t(\boldsymbol{R})$，而是直接从相似矩阵出发，求得聚类图。其步骤如下。

①取$\lambda_1=1$(最大值)，对每个x_i作相似类$[x_i]_R$：

$$[x_i]_R=\left\{x_j \middle| r_{ij}=1\right\}$$

即将满足$r_{ij}=1$的x_i与x_j放在一类，构成相似类。相似类与等价类的不同之处是，不同的相似类可能有公共元素，即可能出现$[x_i]_R=\{x_i,x_k\}$，$[x_j]_R=\{x_j,x_k\}$，$[x_i]\cap[x_j]\neq\varnothing$。此时，只要将有公共元素的相似类合并，即可得$\lambda_1=1$水平上的等价分类。

②取λ_2为次大值，从$\boldsymbol{R}$中直接找出相似程度为λ_2的元素对(x_i,x_j)(即$r_{ij}=\lambda_2$)，相应地将对应于$\lambda_1=1$的等价分类中x_i所在类与x_j所在类合并，将所有这些情况合并后，即得对应λ_2的等价分类。

③取λ_3为第三大值，从$\boldsymbol{R}$中直接找出相似程度为λ_3的元素对(x_i,x_j)(即$r_{ij}=\lambda_3$)，类似地将对应于λ_2的等价分类中x_i所在类与x_j所在类合并，将所有这些情况合并后，即得对应λ_3的等价分类。

④依次类推，直到合并到U成为一类为止。

5.2.2 模糊关联分析

关联挖掘是数据挖掘的重要组成部分。传统的关联规则挖掘主要针对定性属性，但是在现实生活中，存在大量的定量数据，并且许多对象属性是定量的，因此挖掘定量关联规则是很有意义的。

最著名和使用最广泛的关联规则算法是Apriori算法。目前对关联规则算法的研究已从确定型转向模糊型，从布尔值型转向数量型，以解决传统算法的“尖锐边界”问题，以及挖掘用自然语言表述的、更加符合人类思维习惯的关联规则。通常模糊关联规则算法比普通的关联规则算法更复杂，使得效率低成为模糊关联规则算法在实际应用中的“瓶颈”，而模糊的AprioriTid算法可以提高模糊关联规则算法的效率。

模糊关联规则的定义 形如$X^f \Rightarrow Y^f$的蕴含式，其中$X^f\subseteq I$，$Y^f\subseteq I$，且$X^f\cap Y^f=\varnothing$，即X^f，Y^f分别是两个模糊项目集合，并且这两个项目集合没有共同项目，X^f称为模糊关联规则的前提，Y^f称为结论。

模糊关联规则首先确定事务的每个模糊属性的划分数量，然后将每个属性的所有可能值映射到模糊集中，查找出其支持度大于用户给定最小支持度的大项集，这些频繁项集经处理后便产生模糊关联规则，最后产生人们感兴趣的规则。即每个模糊属性首先转换为由隶属函数表示的模糊变量的值，并将值的范围映射到对应的模糊集的论域中，计算所有事务的各项目(或属性)对应的模糊集的权值。每个项目(或属性)在下面的挖掘中只使用权值最大的模糊集，以确保带有原始项的项目(或属性)的数量。算法专注于最重要的模糊项目(或属性)，可以降低时间复杂度，可以通过将模糊概念应用于挖掘，以此来找到模糊关联规则。

5.2.3 模糊决策

下面介绍另一个与机器学习有关的应用，即模糊决策。模糊决策的目的是把论域中的对象按优劣进行排序，或者按照某种方法从论域中选择一个“令人满意”的方案。模糊决策主要有3种决策方法，即模糊意见集中决策、模糊二元对比决策和模糊综合评判决策。

(1)模糊意见集中决策：是指将许多决策计划作为一个元素(论域)$U = \{u_1,u_2,\cdots,u_n\}$进行分类，$m$个专家组可以将$U$中的元素分类以获得不同的意见，这些意见通常模糊不清，将这m种意见集中为一个比较合理的意见。

(2)模糊二元对比决策：通常先比较两个对象，然后更改两个比较对象并重复几次，这种比较会产生模糊认识。量化这些知识，用模糊数学方法给出总体排序。模糊二元对比决策包括模糊优先关系排序决策、模糊相似优先比决策和模糊相对比较决策等方法。

(3)模糊综合评判决策：可以在评判事物时基于多个因素进行综合评判，但不能仅基于一个因素，最常见的是评总分法和加权评分法。

小试牛刀12：Python编程实现模糊聚类

★案例说明★

本案例是用Python的skfuzzy库，首先我们用Scikit中的方法生成聚类测试数据，然后调用skfuzzy的库函数实现模糊聚类。下面将分成两部分来讲解。

(1)用Scikit中的方法生成聚类测试数据。

这里采用的就是Scikit中的make_blobs方法，它常被用来生成聚类算法的测试数据。make_blobs会根据用户指定的特征数量、中心点数量、范围等来生成几类数据，这些数据可用于测试聚类算法的效果。

示范语句：sklearn. datasets. make_blobs(n_samples=100, n_features=2, centers=3, cluster_std=1.0, center_box=(-10.0, 10.0), shuffle=True, random_state=None)。

主要参数说明如下。

n_samples：待生成的样本的总数。

n_features：每个样本的特征数。

centers：表示类别数。

cluster_std：表示每个类别的方差，例如，我们希望生成两类数据，其中一类比另一类具有更大的方差，可以将cluster_std设置为[1.0, 3.0]。

shuffle：打乱，default=True。

返回值如下。

X：样本数组 [n_samples, n_features]，表示产生的样本。

y：array of shape [n_samples]，表示每个簇的标签。

(2)调用skfuzzy的库函数skfuzzy.cluster.cmeans实现模糊聚类。

示范语句：skfuzzy.cluster.cmeans(data, c, m, error, maxiter, init=None, seed=None)。

主要参数说明如下。

data：训练的数据，这里需要注意data的数据格式，shap是类似(特征数目, 数据个数)，与很多训练数据的shape正好相反。

c：需要指定的聚类个数。

m：隶属度的指数，是一个加权指数。

error：当隶属度的变化小于此，提前结束迭代。

maxiter：最大迭代次数。

返回值如下。

cntr：聚类的中心。

u：最后的隶属度矩阵。

u0：初始化的隶属度矩阵。

g：最终的每个数据点到各个中心的欧式距离矩阵。

jm：目标函数优化的历史。

p：迭代的次数。

fpc：全称是fuzzy partition coefficient，是一个评价分类好坏的指标，它的范围是0到1，1是效果最好，后面可以通过它来选择聚类的个数。

★实现思路★

实现步骤如下。

步骤1：make_blobs生成聚类算法的测试数据。

步骤2：cmeans求出聚类为4类的center值及fpc值。

步骤3：cmeans求出聚类为6类的center值及fpc值。

步骤4：输出结果。

★编程实现★

实现代码如下。

```
from skfuzzy.cluster import cmeans
from pylab import *
from sklearn.datasets.samples_generator import make_blobs
centers = [(-20, -48), (0, 30), (15, -12), (-15, 20)]
data, cluster_location = make_blobs(n_samples=600, centers=centers, n_features=4,
```

```
    shuffle=True, cluster_std=[0.9, 0.7, 0.5, 0.1], random_state=14)
# 参数设置c=4,聚类为4类
center, u, u0, d, jm, p, fpc = cmeans(data.T, m=2, c=4, error=0.0001, maxiter=1000)
for i in u:
    label = np.argmax(u, axis=0)  # 取得列的最大值
print('聚类为4类的center值:')
print(center)
print('聚类为4类的fpc值:', fpc)
# 参数设置c=6,聚类为6类
center, u, u0, d, jm, p, fpc = cmeans(data.T, m=2, c=6, error=0.0001, maxiter=1000)
for i in u:
    label = np.argmax(u, axis=0)  # 取得列的最大值
print('--'*25)
print('聚类为6类的center值:')
print(center)
print('聚类为6类的fpc值:', fpc)
```

运行结果如图5-1所示。

```
聚类为4类的center值：
[[ 1.49240858e+01 -1.19688634e+01]
 [-2.01607888e+01 -4.81615863e+01]
 [-1.49985958e+01  2.00063945e+01]
 [ 4.73957877e-03  2.99246967e+01]]
聚类为4类的fpc值： 0.9971969214448235
--------------------------------------------------
聚类为6类的center值：
[[ 14.56968208 -12.13636926]
 [-20.16065928 -48.16156803]
 [ 15.26432668 -11.82407829]
 [-14.9987731   20.00628362]
 [ -0.56541576  29.75431486]
 [  0.51468143  30.07888256]]
聚类为6类的fpc值： 0.8468552810463935
```

图5-1　运行结果

专家点拨

NO1. 模糊数学对于我们学习算法重要吗?

对于我们常使用的算法而言,模糊数学用得不是很多,所以了解模糊数学即可,但可以掌握模糊聚类。

NO2. 模糊控制理论和模糊数学的关系?

模糊数学是模糊控制理论的基础。1965年,美国著名的学者加利福尼亚大学教授L. A. Zadeh提出了模糊控制理论,该理论是以模糊数学为基础,用语言规则表示方法和先进的计算机技术,由模糊推理进行决策的一种高级控制策略。

NO3. 模糊数学在数字图像处理方面的应用有哪些?

模糊数学的一些分支在图像增强和图像融合方面都有应用,取得的效果好于传统的图像处理方法。基于模糊对比度的图像增强方法也是其中一个应用。在图像滤波方面,图像模糊滤波算法也很多,如基于模糊加权均值的纯滤波算法。

本章小结

本章主要介绍了模糊数学的基本概念、基本定理及其在聚类分析和关联分析方面的应用,通过Python编程实现了模糊聚类的案例并展示了实现代码。

第 6 章

随机过程

★本章导读★

确定性过程研究一个量随时间确定的变化，而随机过程描述的是一个量随时间可能的变化。在这个过程中，每一个时刻变化的方向都是不确定的，或者说随机过程就是由一系列随机变量组成，每一个时刻系统的状态都由一个随机变量表述。

★学习目标★

- 熟悉马尔可夫过程，以及隐马尔可夫模型。
- 了解泊松过程。

★知识要点★

- 马尔可夫过程、马尔可夫链、隐马尔可夫模型。
- 泊松过程的3个定义。

6.1 基本概念

随机函数,即随某个参数变化的随机变量。随机过程,即以时间t为参数的随机函数。随机过程可视为包括时间因素在内的随机变量的总称,或者说随机过程是随时间变化的随机变量。

在概率论中,主要研究随机变量和n维随机向量。在极限定理中,主要研究无穷多个随机变量,但当它们彼此独立时是有限的。概括上述情况,研究一族相互关联的无限随机变量就是一个随机过程。

1. 随机过程的定义和分类

随机过程的定义 设(Ω,Σ,P)是一概率空间,对每一个参数$t = T$,$X(t,\omega)$是一定义在概率空间(Ω,Σ,P)上的随机变量,则称随机变量族$X_T = \{X(t,\omega) ; t \in T\}$为该概率空间上的一随机过程,其中$T$称为参数集。记号$X(t,\omega)$有时记作$X_t(\omega)$或简记作$X(t)$。

当参数取可列集时,一般称随机过程为随机序列。随机过程$\{X(t) ; t \in T\}$可能取值的全体构成的集合称为此随机过程的状态空间,记作S。S中的元素称为状态。状态空间可以由复数、实数或更一般的抽象空间构成。

以参数集和状态空间的特征来分类,可将随机过程分为离散参数离散型随机过程、连续参数离散型随机过程、连续参数连续型随机过程和离散参数连续型随机过程。

以统计特征或概率特征来分类,可将随机过程分为独立增量过程、二阶矩过程、平稳过程、Poission过程、更新过程、Markov过程、鞅和维纳过程。

2. 随机过程的分布律

如果$t_1,t_2,\cdots,t_n (t_i \in T)$是随机过程在区间$T$上的$n$个时刻,则对于确定的时刻$t_i$,$X(t_i)$是一维随机变量。对于所有的$t_i (i = 1,2,\cdots,n)$,就可得到$n$维随机变量$\{X(t_1),X(t_2),\cdots,X(t_n)\}$,如果$n$足够大,所取的间隔充分小,就可以用$n$维随机变量近似地表示一个随机过程。

随机过程$X(t)$的一维分布函数为

$$F_X(x,t) = P(X(t) \leqslant x)$$

随机过程$X(t)$的一维概率密度函数为

$$f_X(x,t) = \frac{\partial F_X(x,t)}{\partial x}$$

随机过程的一维分布律只表征该随机过程在一个固定时刻t上的统计特性。

随机过程$X(t)$的二维分布函数为

$$F_X(x_1,x_2 ; t_1,t_2) = P(X(t_1) \leqslant x_1, X(t_2) \leqslant x_2)$$

随机过程$X(t)$的二维概率密度函数为

$$f_X\left(x_1,x_2;t_1,t_2\right)=\frac{\partial F_X\left(x_1,x_2;t_1,t_2\right)}{\partial x_1\partial x_2}$$

随机过程的二维分布律不仅表征了随机过程在任意两个时刻上的统计特性，还可表征随机过程在任意两个时刻间的关联程度。

随机过程 $X(t)$ 的一维分布函数，二维分布函数，…，n 维分布函数的全体 $\left\{F_X\left(x_1,x_2,\cdots,x_n;t_1,t_2,\cdots,t_n\right),t_1,t_2,\cdots,t_n\in T,n\geqslant 1\right\}$称为随机过程$X(t)$的有限维分布函数族。概率密度函数$\left\{f_X\left(x_1,x_2,\cdots,x_n;t_1,t_2,\cdots,t_n\right),t_1,t_2,\cdots,t_n\in T,n\geqslant 1\right\}$称为随机过程$X(t)$的有限维概率密度函数族。

6.2 马尔可夫过程

让我们从马尔可夫性开始了解。一个现象或过程的特征是当已知“现在”时，变化过程的“未来”与“过去”无关，如投掷骰子、天气变化等。如果当前时间t给定随机过程一个值X_t，则$X_s(s>t)$的值不受过去值$X_u(u<t)$的影响，而仅受时间t的过程状态的影响。此属性称为随机过程的马尔可夫性或无后效性。鉴于当前的知识或信息，过去(当前时刻之前的历史状态)与未来(当前时刻之后的未来状态)无关。

6.2.1 马尔可夫过程的定义

马尔可夫过程的定义 设$\{X(t),t\in T\}$是一个随机过程，E为其状态空间，若对于任意$t_1<t_2<\cdots<t_n<t$，任意$x_1,x_2,\cdots,x_n,x\in E$，随机变量$X(t)$在已知变量$X\left(t_1\right)=x_1,\cdots,X\left(t_n\right)=x_n$之下的条件分布函数只与$X\left(t_n\right)=x_n$有关，而与$X\left(t_1\right)=x_1,\cdots,X\left(t_{n-1}\right)=x_{n-1}$无关，即条件分布函数满足下列等式，则此性质称为马尔可夫性。如果随机过程满足马尔可夫性，则该过程称为马尔可夫过程。

$$p\left(X(t)\leqslant x\middle|X\left(t_1\right)=x_1,\cdots,X\left(t_n\right)=x_n\right)=p\left(X(t)\leqslant x\middle|X\left(t_n\right)=x_n\right)$$

$$p\left(X_{n+1}=x\middle|X_1=x_1,\cdots,X_n=x_n\right)=p\left(X_{n+1}=x\middle|X_n=x_n\right)$$

6.2.2 马尔可夫链

马尔可夫链是指具有马尔可夫性质的随机过程。该过程中，在给定当前状态的情况下，将来所处的状态与过去的状态无关。

在马尔可夫链的每一步，系统根据概率分布，可以从一个状态变成另一个状态，也可以保持当前状态不变。状态的改变叫作转移，状态改变的相关概率叫作转移概率。马尔可夫链中的三元素是状态空间S、转移概率矩阵$\boldsymbol{P}$、初始概率分布$\boldsymbol{\pi}$。

马尔可夫链的定义 设随机过程$X(n)$的状态空间为$I=\left\{a_1,a_2,\cdots\right\}$，若满足：

$$P\left\{X(n+k)=a_{i,n+k}\middle|X(n)=a_{i,n},X(n-1)=a_{i,n-1},\cdots,X(1)=a_{i,1}\right\}$$
$$=P\left\{X(n+k)=a_{i,n+k}\middle|X(n)=a_{i,n}\right\}$$

则称该过程为马尔可夫链。

6.2.3 隐马尔可夫模型

隐马尔可夫模型(Hidden Markov Model，HMM)是一种统计模型，在语音识别、自然语言处理、股票交易、故障诊断等领域具有高效的性能。HMM是关于时间序列的概率模型，描述一个含有未知参数的马尔可夫链所生成的不可观测的状态随机序列，再由各个状态生成观测随机序列的过程。HMM是一个双重随机过程，即具有一定状态的隐马尔可夫链和随机的观测序列。

HMM随机生成的状态随机序列称为状态序列。每个状态都会生成一个观测，由此产生的观测随机序列，称为观测序列。HMM有隐含状态S、可观测状态O、初始状态概率矩阵或向量$\boldsymbol{\pi}$、隐含状态转移概率矩阵$\boldsymbol{A}$、可观测值转移矩阵$\boldsymbol{B}$(又称为混淆矩阵)；$\boldsymbol{\pi}$和$\boldsymbol{A}$决定了状态序列，$\boldsymbol{B}$决定了观测序列。因此，HMM可以使用三元符号表示，称为HMM的三元素，即

$$\lambda=\left(\boldsymbol{A},\boldsymbol{B},\boldsymbol{\pi}\right)$$

S是所有可能的隐含状态集合：$S=\left\{s_1,s_2,\cdots,s_n\right\}$。

O是所有可能的观测集合：$O=\left\{o_1,o_2,\cdots,o_m\right\}$。

I是长度为T的状态序列：$I=\left\{i_1,i_2,\cdots,i_T\right\}$，$Q$是对应的观测序列：$Q=\left\{q_1,q_2,\cdots,q_T\right\}$。

$\boldsymbol{A}$是隐含状态转移概率矩阵：

$$\boldsymbol{A}=\left(a_{ij}\right)_{n\times n}=\begin{pmatrix}a_{11} & a_{12} & \cdots & a_{1n}\\ a_{21} & a_{22} & \cdots & a_{2n}\\ \vdots & \vdots & \ddots & \vdots\\ a_{n1} & a_{n2} & \cdots & a_{nn}\end{pmatrix}$$

其中，$a_{ij}=p\left(i_{t+1}=s_j\middle|i_t=s_i\right)$。$a_{ij}$是在时刻$t$处于状态$s_i$的条件下时刻$t+1$转移到状态$s_j$的概率。

$\boldsymbol{B}$是可观测值转移矩阵：

$$\boldsymbol{B}=\left(b_{ij}\right)_{n\times m}=\begin{pmatrix}b_{11} & b_{12} & \cdots & b_{1m}\\ b_{21} & b_{22} & \cdots & b_{2m}\\ \vdots & \vdots & \ddots & \vdots\\ b_{n1} & b_{n2} & \cdots & b_{nm}\end{pmatrix}$$

其中，$b_{ij}=p\left(q_t=o_j\middle|i_t=s_i\right)$。$b_{ij}$是在时刻$t$处于状态$s_i$的条件下生成观测值$o_j$的概率。

$\boldsymbol{\pi}$是初始状态概率向量:

$$\boldsymbol{\pi} = \left(\pi_i\right)_{1\times n} = \left(\pi_1,\pi_2,\cdots,\pi_n\right)$$

其中,$\pi_i = p\left(i_1 = s_i\right)$。$\pi_i$是在时刻$t = 1$处于状态$s_i$的概率。

HMM的两个基本性质如下。

(1)$p\left(i_t \middle| i_{t-1},q_{t-1},i_{t-2},q_{t-2},\cdots,i_1,q_1\right) = p\left(i_t \middle| i_{t-1}\right)$。

(2)$p\left(q_t \middle| i_t,i_{t-1},q_{t-1},i_{t-2},q_{t-2},\cdots,i_1,q_1\right) = p\left(q_t \middle| i_t\right)$。

HMM的3个问题如下。

(1)概率计算问题:给定模型$\lambda = (\boldsymbol{A},\boldsymbol{B},\boldsymbol{\pi})$,计算模型$\lambda$下观测到序列$Q = \left(q_1,q_2,\cdots,q_T\right)$出现的概率$p\left(Q|\lambda\right)$,解决方法为前向-后向算法。

(2)学习问题:已知观测序列$Q = \left(q_1,q_2,\cdots,q_T\right)$,估计模型$\lambda = (\boldsymbol{A},\boldsymbol{B},\boldsymbol{\pi})$的参数,使得在该模型下观测序列$p\left(Q|\lambda\right)$最大,解决方法为Baum-Welch算法(状态未知)。

(3)预测问题:给定模型$\lambda = (\boldsymbol{A},\boldsymbol{B},\boldsymbol{\pi})$和观测序列$Q = \left(q_1,q_2,\cdots,q_T\right)$,求给定观测序列条件概率$p\left(I \middle| Q,\lambda\right)$最大的状态序列$I$,解决方法为Viterbi算法。

Viterbi算法:定义变量$\delta_t(i) = \max P\left(i_t = i,i_{t-1},\cdots,i_1,o_t,\cdots,o_1 | \lambda\right)$,算法流程如下。

(1)初始化:

$$\delta_1(i) = \pi_i b_i\left(o_1\right)\ (i = 1,2,\cdots,N),\psi_1(i) = 0(i = 1,2,\cdots,N)$$

(2)递推:对$t = 2,3,\cdots,T$,

$$\delta_t(i) = \max_{1\leqslant j\leqslant N}\left[\delta_{t-1}(j)\,a_{ji}\right]b_i\left(o_t\right)\ (i = 1,2,\cdots,N)$$

$$\psi_t(i) = \arg\max_{1\leqslant j\leqslant N}\left[\delta_{t-1}(j)\,a_{ji}\right]\ (i = 1,2,\cdots,N)$$

(3)终止:

$$p^* = \max_{1\leqslant i\leqslant N}\delta_T(i),i_T^* = \arg\max_{1\leqslant i\leqslant N}\left[\delta_T(i)\right]$$

(4)最优路径回溯:对$t = T-1,T-2,\cdots,1$,$i_t^* = \psi_{t+1}\left(i_{t+1}^*\right)$,求得最优路径$I^* = \left(i_1^*,i_2^*,\cdots,i_T^*\right)$。

小试牛刀13:Python编程实现HMM模型及Viterbi算法

★案例说明★

本案例是用Viterbi算法,已知模型$\lambda = (\boldsymbol{A},\boldsymbol{B},\boldsymbol{\pi})$和观测序列$Q = \left(q_1,q_2,\cdots,q_T\right)$条件下,求最可能的隐含状态序列。本案例是设想3个养鸡场分别为养鸡场1、养鸡场2和养鸡场3,所有可能的状态集合51.state = ['养鸡场1', '养鸡场2', '养鸡场3']。每个养鸡场分别产出白壳和绿壳两种鸡蛋,所有可能的观测集合44.obs = ['白', '绿']。

按6.2.3小节中Viterbi算法流程，定义viterbi(pi, obs, A, B, Q)函数，给pi,obs,A,B,Q参数赋值,调用函数求出隐含状态序列。

★实现思路★

实现步骤如下。

步骤1：定义viterbi(pi, obs, A, B, Q)。

步骤2：给pi,obs,A,B,Q参数赋值。

步骤3：调用viterbi函数，输出结果。

★编程实现★

实现代码如下。

```
import numpy as np
def viterbi(pi, obs, A, B, Q):
    s = len(Q)
    n = len(A)
    d = np.zeros((s, n))
    pre = np.zeros((n, s))
    for i in range(n):
        d[0][i] = pi[i] * B[i][(Q[0])]
        pre[i][0] = i
    for j in range(1, s):
        new = np.zeros((n, s))
        for k in range(n):
            p = -0.1
            for m in range(n):
                tmp = d[j-1][m] * A[m][k] * B[k][Q[j]]
                if tmp > p:
                    p = tmp
                    state = m
                    d[j][k] = p
                    for m in range(j):
                        new[k][m] = pre[state][m]
                    new[k][j] = k
        pre = new
    de = -1
    pre_s = 0
    for i in range(n):
        if d[s-1][i] > de:
            de = d[s-1][i]
            pre_s = i
    return pre[pre_s]
# 测试
np.random.seed(14)
```

```
pi = np.array([0.4, 0.25, 0.35])
A = np.array([
    [0.7, 0.1, 0.2],
    [0.3, 0.15, 0.55],
    [0.2, 0.5, 0.3]
])
B = np.array([
    [0.3, 0.7],
    [0.7, 0.3],
    [0.45, 0.55]
])
obs = ['白', '绿']
Q = [0, 0, 0, 1, 0, 1, 1]
# 开始计算
state_seq = viterbi(pi, obs, A, B, Q)
print("观测状态为:白白白绿白绿绿")
print("最终结果为:", end='')
print(state_seq)
state = ['养鸡场1', '养鸡场2', '养鸡场3']
for i in range(len(state_seq)):
    print(state[int(state_seq[i])], end='\t')
```

运行结果如图6-1所示。

```
观测状态为：白白白绿白绿绿
最终结果为:[1. 2. 1. 2. 1. 0. 0.]
养鸡场2 养鸡场3 养鸡场2 养鸡场3 养鸡场2 养鸡场1 养鸡场1
```

图6-1 运行结果

6.3 泊松过程

泊松过程是一种累计随机事件发生次数的最基本的独立增量过程，是随机过程研究的一个重要领域。本节将介绍泊松过程的几个概念。

6.3.1 计数过程与泊松过程

1. 计数过程

随机过程$\{N(t),t \geqslant 0\}$称为一个计数过程，$N(t)$表示到时刻t为止已发生的“事件”的总数。

计数过程有以下几个性质。

(1)$N(t) \geqslant 0$。

(2)$N(t)$取整数。

(3)若$s < t$，则$N(s) \leqslant N(t)$。

(4)若$s < t$，则$N(t) - N(s)$等于$(s,t]$中发生的事件个数。

计数过程有独立增量：计数过程在不相交的时间区间中发生的事件个数是独立的。

计数过程有平稳增量：在任一时间区间中发生的事件个数的分布只依赖于时间区间的长度。

2. 泊松过程

泊松过程的第1个定义　设随机过程$\{N(t),t \geqslant 0\}$是一个计数过程，如果这个计数过程满足下列条件：

(1)$N(0) = 0$；

(2)$N(t)$是独立增量过程；

(3)在任意长度为t的区间中事件的个数服从均值为λt的泊松分布，即对一切$s,t \geqslant 0$，

$$P\{N(t+s) - N(s) = n\} = \mathrm{e}^{-\lambda t}\frac{(\lambda t)^n}{n!}(\lambda > 0; n = 0,1,2,\cdots),$$

则称计数过程$\{N(t),t \geqslant 0\}$为具有参数λ的泊松过程。

注意：由条件(3)可知泊松过程有平稳增量且$E[N(t)] = \lambda t$，并称λ为此过程的速率(单位时间内发生的事件的平均个数)。

为了确定一个任意的计数过程是泊松过程，必须证明它满足条件(1)、(2)和(3)。条件(1)只是说明事件的计数是从时刻0开始的；条件(2)通常可从我们对过程了解的情况去直接验证；然而全然不清楚如何去确定条件(3)是否满足。为此，泊松过程的一个等价定义将是有用的。

泊松过程的第2个定义　设随机过程$\{N(t),t \geqslant 0\}$是一个计数过程，参数为$\lambda(\lambda > 0)$，如果这个计数过程满足下列条件：

(1)$N(0) = 0$；

(2)$N(t)$是独立平稳增量过程；

(3)$P\{N(t+h) - N(t) = 1\} = \lambda h + o(h)$；

(4)$P\{N(t+h) - N(t) \geqslant 2\} = o(h)$，

其中$o(h)$表示当$h \to 0$时对h的高阶无穷小，则称计数过程$\{N(t),t \geqslant 0\}$为具有参数λ的泊松过程。

定理　泊松过程的第1个定义和第2个定义等价。

泊松过程有以下两个特点。

(1)增量平稳性：在时间或空间上的均匀性，可以使用均匀分布取值然后排序的方法获得泊松点。

(2)增量独立性：未来的变化与过去的变化没有关系。

6.3.2 到达间隔时间与等待时间的分布

1. 到达间隔时间的分布

考虑一泊松过程，以 T_1 记第一个事件来到的时刻。对 $n \geqslant 1$ 以 T_n 记第 $n-1$ 个到第 n 个事件之间的时间。序列 $\{T_n, n \geqslant 1\}$ 称为到达间隔序列。

2. 等待时间的分布

第 n 个事件来到的时间记作 S_n，也称为第 n 个事件的等待时间，则 $S_n = \sum_{i=1}^{n} T_i \ (n \geqslant 1)$。

泊松过程的第 3 个定义 $\{T_n, n \geqslant 1\}$ 是一列均值为 $\frac{1}{\lambda}$ 的独立同分布的指数随机变量。$S_n = \sum_{i=1}^{n} T_i \ (n \geqslant 1)$，第 n 个事件在时刻 S_n 发生，$N(t)$ 表示到时刻 t 为止已发生的"事件"的总数，即 $N(t) = \sup\{n: S_n \leqslant t\}$，则称计数过程 $\{N(t), t \geqslant 0\}$ 为具有参数 λ 的泊松过程。

6.3.3 到达时间的条件分布

1. 顺序统计量

设 $Y_1, Y_2, \cdots, Y_n$ 是 n 个随机变量，如果 $Y_{(k)}$ 是 $Y_1, Y_2, \cdots, Y_n$ 中的第 k 个最小值，$i = 1,2,\cdots,n$，则称 $Y_{(1)}, Y_{(2)}, \cdots, Y_{(n)}$ 是对应于 $Y_1, Y_2, \cdots, Y_n$ 的顺序统计量。

2. 到达时间的条件分布

假设已知到时间 t 泊松过程恰发生了一个事件，我们要确定这一事件发生的时刻的分布。因为泊松过程有平稳独立增量，有理由认为 $[0,t]$ 内长度相等的区间包含这个事件的概率应该相同。换言之，这个事件的来到时刻应在 $[0,t]$ 上均匀分布。容易验证此事，因为对 $s \leqslant t$ 有

$$
\begin{aligned}
P\{T_1 \leqslant s \mid N(t)=1\} &= \frac{P\{T_1 \leqslant s \mid N(t)=1\}}{P\{N(t)=1\}} \\
&= \frac{P\{\text{在 } [0,s] \text{内有一个事件,在 } (s,t] \text{内没有事件}\}}{P\{N(t)=1\}} \\
&= \frac{P\{\text{在 } [0,s] \text{内有一个事件}\} P\{\text{在 } (s,t] \text{内没有事件}\}}{P\{N(t)=1\}} \\
&= \frac{\lambda s \mathrm{e}^{-\lambda s} \mathrm{e}^{-\lambda(t-s)}}{\lambda t \mathrm{e}^{-\lambda t}} = \frac{s}{t}
\end{aligned}
$$

可以推广这个结果。

定理 在已知 $N(t) = n$ 的条件下，n 个来到时刻 $S_1, S_2, \cdots, S_n$，与相应于 n 个 $(0,t)$ 上均匀分布的独立随机变量的顺序统计量有相同的分布。

3. 泊松过程的随机取样

作为上述定理的一个重要应用，考虑一个速率为λ的泊松过程$\{N(t),t \geq 0\}$，而且假设每次发生的事件分Ⅰ型事件和Ⅱ型事件。进一步假设每个事件独立于所有其他事件，以概率p为Ⅰ型事件，以概率$1-p$为Ⅱ型事件。那么，Ⅰ型事件和Ⅱ型事件的计数过程分别是以λp和$\lambda(1-p)$为速率的相互独立的泊松过程。如果再假设有k种可能类型的事件，而一个事件被分类为类型$i(i=1,\cdots,k)$事件的概率依赖于事件发生的时间。特别地，假设一事件在时刻s发生，则独立于以前发生的任何事件，它将以概率$P_i(s)(i=1,\cdots,k)$被归为i事件，且与其他的类型相互独立，其中$\sum_{i=1}^{k} P_i(s)=1$。

此外，还可以推导出，如果$N_i(t)(i=1,\cdots,k)$表示到时间t为止类型i事件发生的个数，那么$N_i(t)(i=1,\cdots,k)$是具有均值

$$E\left[N_i(t)\right]=\lambda\int_0^t P_i(s)\,\mathrm{d}s$$

的独立泊松随机变量。

小试牛刀14：Python编程实现泊松过程

★案例说明★

本案例是用Python的stats.poissn库和scipy.stats.poisson库实现泊松过程。已知某路口上午9点至9点30分通过的大货车数量是5辆，那么在该时段通过大货车7辆的概率是多少？泊松分布的输出是一个数列，包含了发生通过0辆、1辆、2辆，直到12辆大货车的概率。

★实现思路★

第1种方法：使用stats.poisson.pmf函数得出泊松过程的概率质量函数，再用matplotlib.pyplot.plot函数绘制出该函数的曲线。pmf是probability mass function(概率质量函数)的缩写。概率质量函数与概率密度函数的不同之处在于，概率质量函数是对离散型随机变量定义的，本身代表该值的概率；概率密度函数是对连续型随机变量定义的，本身不是概率，只有对连续型随机变量的概率密度函数在某区间内进行积分后才是概率。

示范语句：poisson.pmf(k, mu)。

参数说明如下。

k：表示发生k次事件。

mu：表示平均发生mu次。

第2种方法：使用scipy.stats.poisson.rvs函数从泊松分布中生成指定个数的随机数，再用plt.hist函数绘制出scipy.stats.poisson.rvs函数生成的随机数的直方图。

示范语句：scipy.stats.poisson.rvs(loc=0, scale=0.1, size=10)。

参数说明如下。

loc:数学期望。

scale:标准差。

size:生成随机数的个数。

另一个plt.hist函数是绘制直方图。

示范语句:matplotlib.pyplot.hist(x, bins=None, range=None, density=False, weights=None, cumulative=False, bottom=None, histtype='bar', align='mid', orientation='vertical', rwidth=None, log=False, color=None, label=None, stacked=False, *, data=None, **kwargs)。

主要参数说明如下。

x:数据,对应x轴。

bins:条形数,也就是总共有几条条状图。

density:是否以密度的形式显示。

color:条状图的颜色。

range:x轴的范围。

bottom:y轴的起始位置。

histtype:线条的类型。

log:单位是否以科学计数法表示。

★编程实现★

方法1:利用stats.poisson.pmf函数生成泊松过程的概率质量函数,并绘图展示。

实现代码如下。

```
import numpy as np
from scipy import stats
import matplotlib.pyplot as plt
rate = 6
n = np.arange(0, 13)
y = stats.poisson.pmf(n, rate)
print(y)
print("the probability of number 8:", y[8])
plt.plot(n, y, 'o--')
plt.title('Poisson', fontsize=18)
plt.xlabel('Number of Big Truck')
plt.ylabel('Probability of number', fontsize=18)
plt.show()
```

运行结果如图6-2所示,曲线绘制结果如图6-3所示。

```
[0.00247875 0.01487251 0.04461754 0.08923508 0.13385262 0.16062314
 0.16062314 0.13767698 0.10325773 0.06883849 0.04130309 0.02252896
 0.01126448]
the probability of number 8: 0.1032577335308442
```

图6-2　运行结果

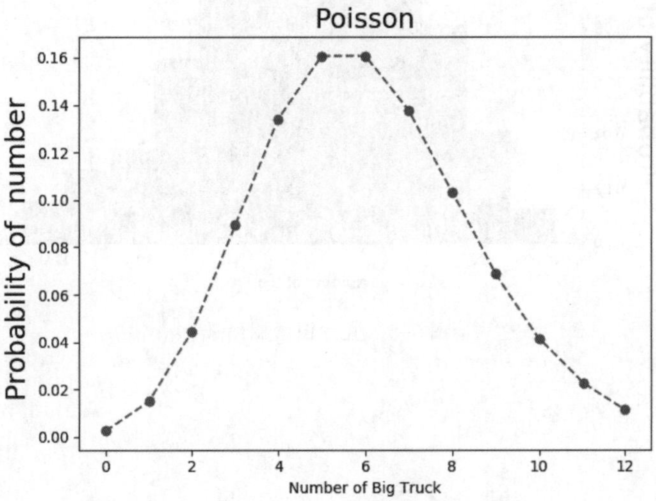

图6-3　曲线绘制结果

方法2:利用scipy.stats.poisson.rvs函数生成泊松过程的数据,并绘图展示。

实现代码如下。

```
import numpy as np
from scipy import stats
import matplotlib.pyplot as plt
data = stats.poisson.rvs(mu=6, loc=0, size=1100)
target = [i for i in data if i=8]
# 输出该时刻通过8辆大货车的实验次数
print("the probability of number 8:", str(len(target)/1100.0))
plt.hist(data, bins=12, range=(0, 13), density=True)
plt.title('Poisson', fontsize=18)
plt.xlabel('Number of Big Truck')
plt.ylabel('Probability of number', fontsize=18)
plt.show()
```

运行结果如图6-4所示,直方图绘制结果如图6-5所示。

```
the probability of number 8: 0.10727272727272727
```

图6-4　运行结果

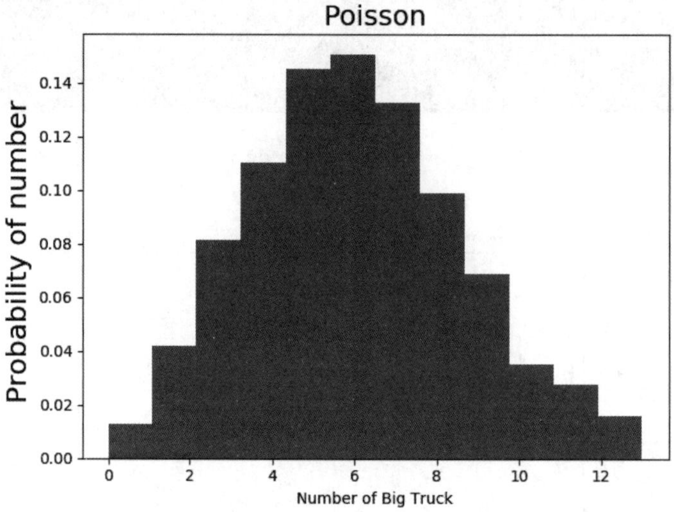

图 6-5　直方图绘制结果

专家点拨

NO1. 马尔可夫过程思维在建模中的重要性有哪些？

如果仔细观察人类思考问题的方式，就不难发现有两个比较重要的思维方式或认知推理方式。

(1)容易受历史经验和当前的状态所影响，然后综合对未来进行决策。这个比较适合我们正常人的思维方式，容易被历史的思维习惯所影响，可以简单理解为贝叶斯思维。

(2)我们对未来的决策取决于当前的状态，不去过多地考虑历史的影响，这可以简单理解为马尔可夫思维。其实，与韩国棋手李世石进行围棋比赛的谷歌人工智能 AlphaGo 就是运用的马尔可夫思维，它不局限于历史棋局的影响，而是立足于当前对抗状态的影响。这种思维是大部分人不容易掌握的思想，同时也是一个优秀的建模思想，具有非常广的应用，如天气预测。

NO2. 泊松过程和更新过程的区别和联系是什么？

泊松过程和更新过程都是一个计数过程。更新过程是比泊松过程稍为广泛的计数过程，这类过程常被用来描写某些设备的累计故障次数。不同点在于，泊松过程两个到达间隔的时间是独立同指数分布，而更新过程两个到达间隔的时间是独立同分布，但不一定是指数分布。所以，更新过程是泊松过程的一般形式。

本章小结

本章主要介绍了随机过程的基本概念、马尔可夫过程和泊松过程，通过Python编程实现了几个小的案例并展示了实现代码，给出了随机过程常见问题的解答。

本章的难点是如何理解隐马尔可夫模型的基本概念，隐马尔可夫模型引出的3个问题如何解决，这些知识对读者做机器学习预测模型非常有帮助。

第 7 章[1]

凸优化

★本章导读★

本章将介绍三大部分的内容：第一部分主要介绍凸优化问题的基本概念和分类；第二部分主要介绍无约束的优化问题、等式约束的优化问题、不等式约束的优化问题、带L1范数正则的优化问题；第三部分主要介绍工程中常用的优化算法。

★学习目标★

- 熟悉凸优化问题的相关定义。
- 熟悉无约束算法、等式约束算法、不等式约束算法的相关原理，以及算法整体思路和框架。
- 熟悉工程中常用优化算法的优缺点。

★知识要点★

- 凸优化问题的基本概念和分类。
- 仿射集、凸集、凸函数及凸优化问题的描述。
- 无约束的优化问题、等式约束的优化问题、不等式约束的优化问题、带L1范数正则的优化问题。
- 工程中常用优化算法的优缺点解析。

7.1 凸优化问题

由于机器学习算法中常见的问题都是凸优化问题,所以本章围绕凸优化进行介绍。凸优化理论是求解机器学习算法问题的有效手段。这里首先介绍凸集和凸函数的相关概念。

7.1.1 凸集和凸函数

凸集和凸函数是凸优化问题中的基本概念,为了介绍凸集和凸函数的概念,本小节先从最基础的直线和线段、仿射集、凸集开始介绍,再介绍超平面和半空间、凸函数、次梯度,这些内容将是后面凸优化的基础,也将贯穿整个章节。

1. 直线和线段

设$x_1 \neq x_2$为$\mathbf{R}^n$空间中的两个点,那么具有下列形式的点:

$$y = \theta x_1 + (1-\theta)x_2, \theta \in \mathbf{R}$$

组成一条穿越x_1和x_2的直线。参数$\theta = 0$对应$y = x_2$,而$\theta = 1$对应$y = x_1$。参数θ的值在0和1之间变动,构成x_1和x_2的线段。

y的表示形式为

$$y = x_2 + \theta\left(x_1 - x_2\right)$$

这个形式给出的另一种解释:y是基点x_2(对应$\theta = 0$)和方向$x_1 - x_2$(由x_2指向x_1)乘参数θ的和。

2. 仿射集

如果通过集合$C \subseteq \mathbf{R}^n$中任意两个不同点之间的直线仍在集合C中,那么称集合C是仿射的。也就是说,$C \subseteq \mathbf{R}^n$是仿射的等价于:对于任意$x_1,x_2 \in C$及$\theta \subseteq \mathbf{R}$有$\theta x_1 + (1-\theta)x_2 \subseteq C$。换言之,$C$包含了$C$中任意两点的系数之和为1的线性组合。

这个概念可以扩展到多个点的情况。如果$\theta_1 + \cdots + \theta_k = 1$,我们称具有$\theta_1 x_1 + \cdots + \theta_k x_k$形式的点为$x_1,\cdots,x_k$的仿射组合。利用仿射集的定义(仿射集包含其中任意两点的仿射组合),可以归纳出以下结论:一个仿射集包含其中任意点的仿射组合,即如果C是一个仿射集,$x_1,\cdots,x_k \in C$,并且$\theta_1 + \cdots + \theta_k = 1$,那么$\theta_1 x_1 + \cdots + \theta_k x_k$仍然在$C$中。

如果C是一个仿射集且$x_0 \in C$,则集合

$$V = C - x_0 = \left\{x - x_0 \middle| x \in C\right\}$$

称为仿射集C的子空间,即关于加法和数乘是封闭的。为说明这一点,设$v_1,v_2 \in V,\alpha,\beta \in \mathbf{R}$,则有$v_1 + x_0 \in C, v_2 + x_0 \in C$。因为$C$是仿射的,且$\alpha + \beta + (1 - \alpha - \beta) = 1$,所以

$$\alpha v_1 + \beta v_2 + x_0 = \alpha\left(v_1 + x_0\right) + \beta\left(v_2 + x_0\right) + \left(1 - \alpha - \beta\right)x_0 \in C$$

由$\alpha v_1 + \beta v_2 + x_0 \in C$,可知$\alpha v_1 + \beta v_2 \in V$。

因此,仿射集C可以表示为

$$C = V + x_0 = \{v + x_0 | v \in V\}$$

即一个子空间加上一个偏移。仿射集C的子空间V与x_0的选取无关,所以x_0可以是C中的任意一点。我们定义仿射集C的维数为子空间$V = C - x_0$的维数,其中x_0是C中的任意元素。

3. 凸集

凸集的定义 如果一个集合C中任意两个不同点之间的线段(上任意一个点)仍在集合C中,那么C就是一个凸集,即

$$\lambda x_1 + (1 - \lambda) x_2 \in C, \forall x_1, x_2 \in C, \lambda \in (0,1)$$

凸集的几何意义如下:如果集合C中任意两个元素连线上的点也在集合C中,则C为凸集。

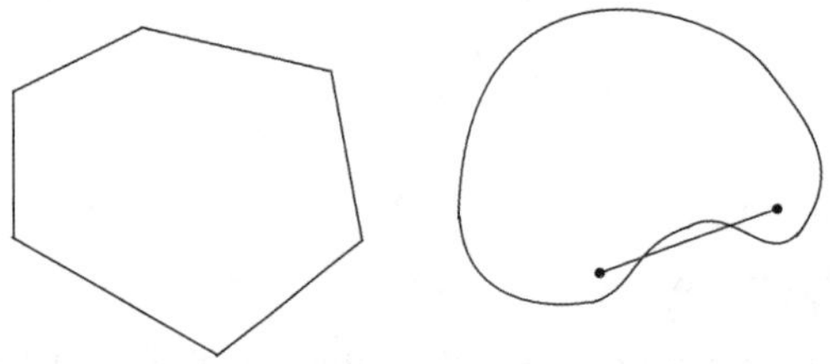

(a)凸集 (b)非凸集

图 7-1 凸集与非凸集

粗略地讲,如果集合中的每一个点都可以被其他点沿着它们之间一条无阻碍的路径看见,那么这个集合就是凸集。所谓无阻碍,是指整条路径都在集合中。由于仿射集包含穿过集合中任意两个不同点的整条直线,任意两个不同点间的线段自然也在集合中,因此仿射集是凸集。图 7-1 显示了$\mathbf{R}^2$空间中一些简单的凸集和非凸集。

我们称点$\theta_1 x_1 + \cdots + \theta_k x_k$为点$x_1, \cdots, x_k$的一个凸组合,其中$\theta_1 + \cdots + \theta_k = 1$并且$\theta_i \geqslant 0 (i = 1, \cdots, k)$。与仿射集类似,一个集合是凸集等价于集合包含其中所有点的凸组合。点的凸组合可以看作它们的混合或加权平均,θ_i代表混合时x_i所占的份数。

我们称集合C中所有点的凸组合的集合为其凸包,记作$\text{conv}C$:

$$\text{conv}C = \{\theta_1 x_1 + \cdots + \theta_k x_k | x_i \in C, \theta_i \geqslant 0, i = 1, \cdots, k, \theta_1 + \cdots + \theta_k = 1\}$$

顾名思义,凸包$\text{conv}C$总是凸的。它是包含C的最小的凸集。也就是说,如果B是包含C的凸集,那么$\text{conv}C \subseteq B$。

常见的凸集有n维实数空间、一些范数约束形式的集合、仿射子空间、凸集的交集、n维半正定矩阵集,这些都可以通过凸集的定义去证明。

4. 超平面和半空间

超平面的定义 超平面是具有下面形式的集合:

$$\{\boldsymbol{X} | \boldsymbol{a}^{\mathrm{T}} \boldsymbol{X} = b\}$$

其中,$\boldsymbol{a} \in \mathbf{R}^n, \boldsymbol{a} \neq 0$且$b \in \mathbf{R}$。

超平面是关于$\boldsymbol{X}$的非平凡线性方程的解空间(因此是一个仿射集)。几何上,超平面$\{\boldsymbol{X} | \boldsymbol{a}^{\mathrm{T}} \boldsymbol{X} = b\}$可以解释为与给定向量$\boldsymbol{a}$的内积为常数的点的集合;也可以看成法线方向为$\boldsymbol{a}$的超平面,而常数$b \in \mathbf{R}$决定了这个平面从原点的偏移。为更好地理解这个几何解释,可以将超平面表示成下面的形式:

$$\left\{ X \middle| a^{\mathrm{T}}\left(X - X_0\right) = 0 \right\}$$

其中,X_0是超平面上的任意一点(任意满足$a^{\mathrm{T}} X_0 = b$的点)。进一步,可以表示为

$$\left\{ X \middle| a^{\mathrm{T}}\left(X - X_0\right) = 0 \right\} = X_0 + a^{\perp}$$

这里$a^{\perp}$表示a的正交补,即与a正交的向量的集合:

$$a^{\perp} = \left\{ v \middle| a^{\mathrm{T}} v = 0 \right\}$$

从中可以看出,超平面由偏移X_0加上所有正交于(法)向量a的向量构成。

一个超平面将$\mathbf{R}^n$划分为两个半空间。(闭的)半空间是具有下列形式的集合:

$$\left\{ X \middle| a^{\mathrm{T}} X \leqslant b \right\}$$

即(非平凡的)线性不等式的解空间,其中$a \neq 0$。半空间是凸的,但不是仿射的。半空间也可表示为

$$\left\{ X \middle| a^{\mathrm{T}}\left(X - X_0\right) \leqslant 0 \right\}$$

其中,X_0是相应超平面上的任意一点,即X_0满足$a^{\mathrm{T}} X_0 = b$。表达式$\left\{ X \middle| a^{\mathrm{T}}\left(X - X_0\right) \leqslant 0 \right\}$有一个简单的几何解释:半空间由$X_0$加上任意与(向外的法)向量$a$呈钝角(或直角)的向量组成。

半空间的边界是超平面$\left\{ X \middle| a^{\mathrm{T}} X = b \right\}$。集合$\left\{ X \middle| a^{\mathrm{T}} X < b \right\}$是半空间$\left\{ X \middle| a^{\mathrm{T}} X \leqslant b \right\}$的内部空间,称为开半空间。

5. 凸函数

凸函数的定义 如果一个函数f的定义域Ω是凸集,而且对于任何两点及两点之间线段上任意一个点都有

$$f\left(\lambda x_1 + (1-\lambda) x_2\right) \leqslant \lambda f\left(x_1\right) + (1-\lambda) f\left(x_2\right), \forall x_1, x_2 \in \Omega, \lambda \in (0,1)$$

则称f为凸函数。

凸函数的几何意义如下:函数任意两点连线上的值大于对应自变量处的函数值,如图7-2所示。

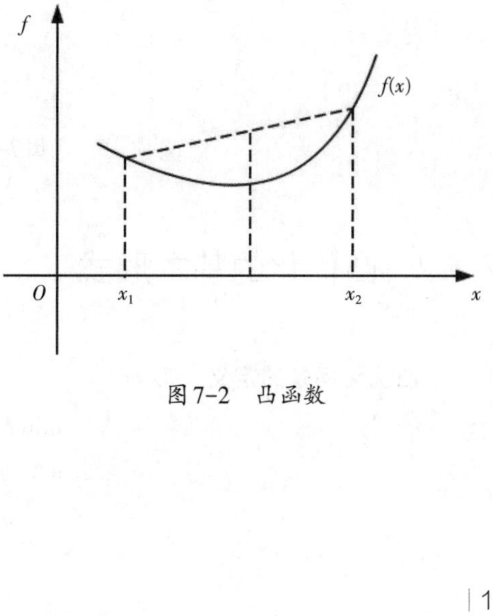

图7-2 凸函数

可导凸函数的一阶充要条件:假设函数f可微(其梯度∇f在开集$\mathrm{dom} f$内处处存在),则函数f是凸函数的充要条件是,$\mathrm{dom} f$是凸集且对于任意$x_1, x_2 \in \mathrm{dom} f$,下式成立:

$$f\left(x_1\right) \geqslant f\left(x_2\right) + \nabla f\left(x_2\right)^{\mathrm{T}}\left(x_1 - x_2\right)$$

可导凸函数的二阶充要条件:假设函数f二阶可微,即对于开集$\mathrm{dom} f$内的任意一点,它的黑塞矩阵或二阶导数$\nabla^2 f$存在,则函数f是凸函数的充要条件是,其黑塞矩阵是半正定矩阵,即对于所有的$x \in \mathrm{dom} f$,有

$$\nabla^2 f(x) \succeq 0$$

按照上面的两个定义，如果$f(x)=x^2$肯定是凸函数，而$g(x)=-x^2$是非凸函数。也就是说，开口向下的函数是非凸函数，但是对于这种情况可以通过添加负号变成凸函数，从而求解。

常见的凸函数有指数函数族、非负对数函数、仿射函数、二次函数、常见的范数函数、凸函数非负加权的和等。

6. 次梯度

次梯度的定义 给定凸函数f，f在点x处的次梯度满足：

$$f(\boldsymbol{z}) \geqslant f(\boldsymbol{x}) + (\boldsymbol{z}-\boldsymbol{x})^{\mathrm{T}}\boldsymbol{d}, \forall \boldsymbol{z} \in \mathbf{R}^n$$

所有次梯度的集合称为次微分，记作$\partial f(\boldsymbol{x})$。

次梯度和次微分如图 7-3 所示。

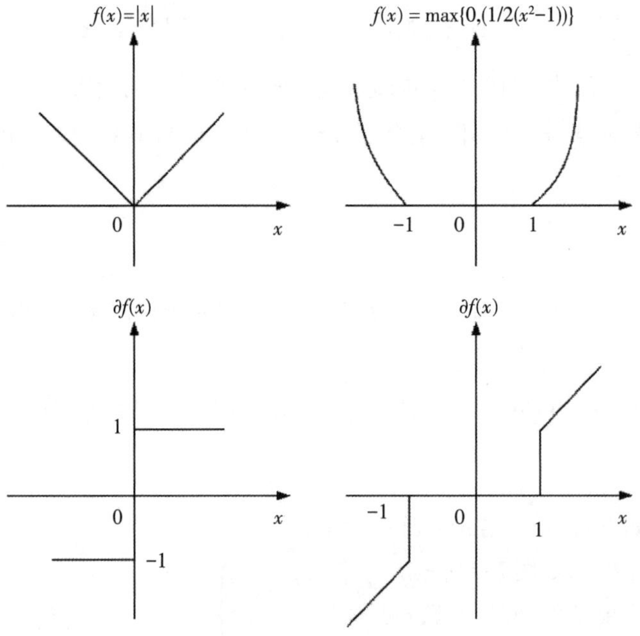

图 7-3 次梯度和次微分

7.1.2 凸优化的基本形式

凸优化问题的定义 形如

$$\begin{aligned} &\min f(x) \\ &\text{s.t.}\quad g_i(x) \leqslant 0 (i=1,\cdots,m) \\ &\qquad\ \ h_j(x) = 0 (j=1,\cdots,n) \end{aligned}$$

当 $f(x)$ 和 $g_i(x)$ 均为凸函数，而 $h_j(x)$ 为仿射函数时，上述的优化问题即为凸优化问题。

对凸优化问题这种形式可以根据带有的优化条件进行分类，当没有约束条件时，叫作无约束的优化算法；当仅带有等式约束条件时，叫作等式约束的优化算法；当仅带有不等式约束条件时，叫作不等式约束的优化算法。

7.1.3 常见的凸优化问题

最小二乘法问题和线性规划(Linear Program，LP)问题是凸优化问题中的两类特殊问题。其他凸优化问题有二次规划(Quadratic Program，QP)问题、二次约束的二次规划(Quadratically Contrained Quadratic Program，QCQP)问题、半正定规划(Semidefinite Program，SDP)问题、几何规划问题等。本小节主要介绍其中的最小二乘法问题、线性规划问题和二次规划问题。

1. 最小二乘法问题

最小二乘法的定义 最小二乘法问题是这样一类优化问题，即优化问题中没有约束条件，目标函数是若干项的平方和，每一项具有形式 $\boldsymbol{a}_i^{\mathrm{T}}\boldsymbol{x}-\boldsymbol{b}_i$，具体形式如下：

$$\min f_0(\boldsymbol{x})=\|\boldsymbol{A}\boldsymbol{x}-\boldsymbol{b}\|_2^2=\sum_{i=1}^{k}\left(\boldsymbol{a}_i^{\mathrm{T}}\boldsymbol{x}-\boldsymbol{b}_i\right)^2$$

其中，$\boldsymbol{A}\in\mathbf{R}^{k\times n}(k\geqslant n)$，$\boldsymbol{a}_i^{\mathrm{T}}$ 是矩阵 $\boldsymbol{A}$ 的行向量，向量 $\boldsymbol{x}\in\mathbf{R}^n$ 是优化问题。

最小二乘法问题的求解可以简化为求解一组线性方程：

$$\left(\boldsymbol{A}^{\mathrm{T}}\boldsymbol{A}\right)\boldsymbol{x}=\boldsymbol{A}^{\mathrm{T}}\boldsymbol{b}$$

因此可得解析解 $\boldsymbol{x}=\left(\boldsymbol{A}^{\mathrm{T}}\boldsymbol{A}\right)^{-1}\boldsymbol{A}^{\mathrm{T}}\boldsymbol{b}$。

正则化是解决最小二乘法问题的另一个技术，它通过在成本函数中增加一些多余的项来实现。一个简单形式是在成本函数中增加一项和变量平方和成正比的项：

$$\sum_{i=1}^{k}\left(\boldsymbol{a}_i^{\mathrm{T}}\boldsymbol{x}-\boldsymbol{b}_i\right)^2+\rho\sum_{i=1}^{n}\boldsymbol{x}_i^2$$

这里 $\rho>0$。当 $\boldsymbol{x}$ 的值较大时，增加的项对其施加一个惩罚，使其得到的解比仅优化第一项时更加切合实际。

2. 线性规划问题

线性规划问题的定义 当目标函数和约束函数都是仿射函数时，问题称为线性规划问题。一般的线性规划问题具有以下形式：

$$\begin{aligned}\min\ & \boldsymbol{c}^{\mathrm{T}}\boldsymbol{x}+d\\ \text{s.t.}\ & \boldsymbol{G}\boldsymbol{x}\preceq\boldsymbol{h}\\ & \boldsymbol{A}\boldsymbol{x}=\boldsymbol{b}\end{aligned}$$

其中，$\boldsymbol{G}\in\mathbf{R}^{m\times n}$，$\boldsymbol{A}\in\mathbf{R}^{p\times n}$。常将目标函数中的常数 d 省略，因为它不影响最优解(及可行解)集合。

3. 二次规划问题

二次规划问题的定义 当凸优化问题的目标函数是(凸)二次型并且约束函数为仿射函数时，该问题称为二次规划问题。二次规划问题具有以下形式：

$$\begin{aligned} \min\ & (1/2)\,\boldsymbol{x}^{\mathrm{T}}\boldsymbol{P}\boldsymbol{x} + \boldsymbol{q}^{\mathrm{T}}\boldsymbol{x} + r \\ \text{s.t.}\ & \boldsymbol{G}\boldsymbol{x} \preceq \boldsymbol{h} \\ & \boldsymbol{A}\boldsymbol{x} = \boldsymbol{b} \end{aligned}$$

其中，$\boldsymbol{P} \in \mathrm{S}_+^n$($\mathrm{S}_+^n$表示对称半正定$n \times n$矩阵)，$\boldsymbol{G} \in \mathbf{R}^{m \times n}$，$\boldsymbol{A} \in \mathbf{R}^{p \times n}$。

7.2 无约束的优化问题

凸优化问题中相对形式比较简洁的就是无约束的优化问题。它是我们学习凸优化最好的一个开始，其基本形式如下：

$$\min f(\boldsymbol{x}) \quad f:\mathbf{R}^n \rightarrow \mathbf{R}$$

定义域为dom$f$，基本假设目标函数是具有连续二阶导数的凸函数。

7.2.1 迭代直线搜索

对于一个优化问题，如果不能直接求得优化问题的解析解或求解解析解过于复杂，那么可以尝试比较简单的一种方式，即尝试着一步一步的走。那么，该往什么方向走呢？就是目标函数下降的方向，至于这个方向不清楚在哪里时，往往都是尝试出来的。基于这种朴素的想法，才诞生了迭代直线搜索算法。虽然该算法带有很大的盲目性，但是它确实是学习凸优化问题的起点。下面就给出迭代直线搜索的思路。

给定初始值$\boldsymbol{x}^0 \in \Omega$，对于$k = 1,2,\cdots$，依次确定搜索方向$\boldsymbol{d}^k$、直线前进的步长$t^k$及$\boldsymbol{x}^{k+1} = \boldsymbol{x}^k + t^k\boldsymbol{d}^k$要求满足$\boldsymbol{x}^{k+1} \in \Omega, f\left(\boldsymbol{x}^{k+1}\right) < f\left(\boldsymbol{x}^k\right)$。

出发点：迭代求解，每一步都让目标函数下降。关键点是方向、步长和收敛性。

基本算法步骤如下。

(1)确定初始点$\boldsymbol{x}^0 \in \mathrm{dom}f, k = 0$。

(2)判断是否停止，如果$\left\|\nabla f\left(\boldsymbol{x}^k\right)\right\| \leqslant \varepsilon$，停止。

(3)计算当前点的下降方向：确定$\boldsymbol{d}^k$满足$\exists\hat{t} > 0 \Rightarrow f\left(\boldsymbol{x}^k + t^k\boldsymbol{d}^k\right) < f\left(\boldsymbol{x}^k\right), \forall t \in (0,\hat{t})$。

(4)直线搜索：确定$\hat{t} > 0$满足$f\left(\boldsymbol{x}^k + t^k\boldsymbol{d}^k\right) < f\left(\boldsymbol{x}^k\right)$，令$\boldsymbol{x}^{k+1} = \boldsymbol{x}^k + t^k\boldsymbol{d}^k, k \Rightarrow k + 1$，回到第(2)步。

注意：这里的步长t^k就是每一步走多远可以改变目标函数值，$\boldsymbol{d}^k$就是我们往哪个方向去走的步长，$\boldsymbol{d}^k$也叫作梯度方向或梯度。每走一次新的变量就是$\boldsymbol{x}^{k+1} = \boldsymbol{x}^k + t^k\boldsymbol{d}^k$。

通过上面的思路可以大致知道求解凸优化问题最基本的方法,这里有一些问题值得我们去思考,就是$\boldsymbol{d}^k$的方式需要满足什么样的条件呢?什么的条件才是目标函数值下降的方向呢?于是可以得出一个定理。

定理 下降方向的充要条件是:$\nabla f\left(\boldsymbol{x}^k\right)^{\mathrm{T}} \boldsymbol{d}^k < 0$。

简单的证明思路:一阶条件$f(\boldsymbol{y}) \geqslant f(\boldsymbol{x}) + \nabla f(\boldsymbol{x})^{\mathrm{T}}(\boldsymbol{y} - \boldsymbol{x}), \forall \boldsymbol{x},\boldsymbol{y} \in \operatorname{dom} f$。

充分性:只要$\nabla f\left(\boldsymbol{x}^k\right)^{\mathrm{T}} \boldsymbol{d}^k < 0$,就可以推断出目标函数是下降的。

$\nabla f\left(\boldsymbol{x}^k\right)^{\mathrm{T}} \boldsymbol{d}^k < 0$推导出$\exists \hat{t} \Rightarrow \nabla f\left(\boldsymbol{x}^k + t\boldsymbol{d}^k\right)^{\mathrm{T}} \boldsymbol{d}^k < 0, \forall t \in (0,\hat{t})$。

然后把左边部分进行泰勒展开,可推导出$f\left(\boldsymbol{x}^k + t\boldsymbol{d}^k\right) \leqslant f\left(\boldsymbol{x}^k\right) + t\nabla f\left(\boldsymbol{x}^k + t\boldsymbol{d}^k\right)^{\mathrm{T}} \boldsymbol{d}^k < f\left(\boldsymbol{x}^k\right), \forall t \in (0,\hat{t})$。

必要性:只要目标函数是下降的,必有$\nabla f\left(\boldsymbol{x}^k\right)^{\mathrm{T}} \boldsymbol{d}^k < 0$这个条件成立。

$\forall t > 0, f\left(\boldsymbol{x}^k + t\boldsymbol{d}^k\right) = f\left(\boldsymbol{x}^k\right) + t\nabla f\left(\boldsymbol{x}^k\right)^{\mathrm{T}} \boldsymbol{d}^k \leqslant f\left(\boldsymbol{x}^k\right)$,那么可以判断$\nabla f\left(\boldsymbol{x}^k\right)^{\mathrm{T}} \boldsymbol{d}^k < 0$。

经过上面的证明思路后基本上搞清楚了直线搜索的背后原理,但是还有没有更好的搜索算法来确定这个$\boldsymbol{d}^k$呢?那么,下面将会介绍非精确的直线搜索算法(回溯搜索方法)来提高搜索的效率。

回溯搜索方法:选定$\alpha \in (0,0.5), \beta \in (0,1)$,令

$$t^k = \max\left\{t \mid t \in \left\{\beta^i, i = 0,1,2,\cdots\right\}, f\left(\boldsymbol{x}^k + t\boldsymbol{d}^k\right) \leqslant f\left(\boldsymbol{x}^k\right) + \alpha t \nabla f\left(\boldsymbol{x}^k\right)^{\mathrm{T}} \boldsymbol{d}^k\right\}$$

其中,核心是尝试不同的t,看是否满足下降条件。

对于这个搜索的正确性有两个条件能保证,两个条件就是Armijo-Goldstein准则和Wolfe-Powell准则,有这两个准则的保证可以找到最优解。对于凸优化问题而言,局部最优解就是全局最优解。

Armijo-Goldstein准则:其核心思想有两个,即目标函数值应该有足够的下降和一维搜索的步长α不应该太小。这个意思就是你勇敢地往前走,慢慢地走就肯定会走到谷底的最优解的附近。但是,也有可能直接越过最优解,那这样我们不是错过了最优解吗?不用怕,还有下一个准则。

Wolfe-Powell准则:可接受点处的切线斜率$\geqslant$初始斜率的σ倍。这个准则也叫作Wolfe条件,可以把你越过最优解的部分直接拉回来,回到最优解的附近。

通过以上两个准则,就可以实现最优解的搜索。

经过以上讨论,会发现一个值得思考的问题,就是要达到目标值需要迭代多少步呢?这是一个很重要的问题。我们能不能对这个问题有一个清晰的认识呢?肯定可以。这里先抛出这个结论,然后简单地说明一下证明思路。

结论:目标值和最优解之间的偏差上界的本质就是目标值和最优化的距离有没有一个上界来限制它。这里给出如下的式子:

$$\frac{1}{2m}\left\|\nabla f(\boldsymbol{x})\right\|^2 \geqslant f(\boldsymbol{x}) - p^*, p^* = \min_{\boldsymbol{x} \in S} f(\boldsymbol{x})$$

简单的证明思路:在证明这个结论时,先看一下前置的结论,然后去利用这个结论。

假设$0 < m \leqslant \lambda_{\min}\left(\nabla^2 f(\boldsymbol{z})\right) \leqslant \lambda_{\max}\left(\nabla^2 f(\boldsymbol{z})\right) \leqslant M, \forall \boldsymbol{z} \in \operatorname{dom} f$,其中$\lambda_{\min}(\cdot)$和$\lambda_{\max}(\cdot)$分别为矩阵最小、最大的特征值。有这个不等式后可以得出如下结论:

$$f(\boldsymbol{y})-f(\boldsymbol{x})-\nabla f(\boldsymbol{x})^{\mathrm{T}}(\boldsymbol{y}-\boldsymbol{x})=\frac{1}{2}(\boldsymbol{y}-\boldsymbol{x})^{\mathrm{T}}\nabla^2 f(z)(\boldsymbol{y}-\boldsymbol{x})\in\frac{1}{2}\|\boldsymbol{y}-\boldsymbol{x}\|^2[m,M]$$

这个意思就是左边的运算在右边这个范围内。然后下面开始证明结论：

$$f(\boldsymbol{y})-f(\boldsymbol{x})-\nabla f(\boldsymbol{x})^{\mathrm{T}}(\boldsymbol{y}-\boldsymbol{x})\in\frac{1}{2}\|\boldsymbol{y}-\boldsymbol{x}\|^2[m,M]\Rightarrow f(\boldsymbol{y})\geqslant f(\boldsymbol{x})+\nabla f(\boldsymbol{x})^{\mathrm{T}}(\boldsymbol{y}-\boldsymbol{x})+\frac{m}{2}\|\boldsymbol{y}-\boldsymbol{x}\|^2$$

这里主要是取最小值m的部分。

然后两边关于$\boldsymbol{y}$求最小$\Rightarrow p^*=f(\boldsymbol{x})-\frac{1}{2m}\|\nabla f(\boldsymbol{x})\|^2\Rightarrow\frac{1}{2m}\|\nabla f(\boldsymbol{x})\|^2\geqslant f(\boldsymbol{x})-p^*$。

所以，通过这个证明思路的过程可以明白为什么迭代过程中的收敛条件是$\|\nabla f(\boldsymbol{x}^k)\|\leqslant\varepsilon$，只有梯度足够小后，我们才能保证有较小的偏差。接着继续分析精确直线搜索算法和回溯直线搜索算法的偏差有多大。首先有

$$f(\boldsymbol{x}^k+t^k\boldsymbol{d}^k)\leqslant f(\boldsymbol{x}^k)+t\nabla f(\boldsymbol{x}^k)^{\mathrm{T}}\boldsymbol{d}^k+\frac{Mt^2}{2}\|\boldsymbol{d}^k\|^2,\forall t$$

根据这个不等式可以推导出如下结果。

精确直线搜索：$f(\boldsymbol{x}^k)-f(\boldsymbol{x}^{k+1})\geqslant\dfrac{\left(\nabla f(\boldsymbol{x}^k)^{\mathrm{T}}\boldsymbol{d}^k\right)^2}{2M\|\boldsymbol{d}^k\|^2}$。

回溯直线搜索：$f(\boldsymbol{x}^k)-f(\boldsymbol{x}^{k+1})\geqslant\begin{cases}\alpha\left|\nabla f(\boldsymbol{x}^k)^{\mathrm{T}}\boldsymbol{d}^k\right|,t^k=1\\2\alpha(1-\alpha)\beta\dfrac{\left|\nabla f(\boldsymbol{x}^k)^{\mathrm{T}}\boldsymbol{d}^k\right|}{M},\text{其他}\end{cases}$。

通过以上两个式子我们同样得到了比较好的偏差结果。

7.2.2 梯度下降法和最速下降法

接下来继续介绍常用的梯度下降法和最速下降法。

1. 梯度下降法

梯度下降法是一种优化方法，用来求解目标函数的极小值。梯度下降法认为梯度的反方向就是下降最快的方向，所以每次将变量沿着梯度的反方向移动一定距离，目标函数便会逐渐减小，最终达到最小。

梯度下降法的伪代码如下。

```
for k = 1,2,⋯
    求梯度 d^k = -∇f(x^k)
    for t = β^0,β^1,β^2,⋯    # 回溯直线搜索
        if f(x^k + td^k) ≤ f(x^k) + αt∇f(x^k)^T d^k
            break
    x^(k+1) = x^k + td^k
```

```
    if 收敛条件满足,如‖∇f(x^{k+1})‖ ≤ ε
        break
```

计算公式:$\boldsymbol{x}^{k+1}=\boldsymbol{x}^{k}-t\nabla f\left(\boldsymbol{x}^{k}\right)$。其中,$t$被称为步长或学习速率,表示自变量$\boldsymbol{x}$的每次迭代变化的大小。

收敛条件:当目标函数的函数值变化很小或达到最大迭代次数时,循环结束。

通过这个伪代码思路可以明确,首先确定的是梯度方向。为什么是梯度方向呢?这也是算法名字的由来。下面给出简单的证明思路,可以了解到为什么负梯度方向就是目标函数值下降的方向。

梯度方向$\boldsymbol{d}^{k}=-\nabla f\left(\boldsymbol{x}^{k}\right),\nabla f\left(\boldsymbol{x}^{k}\right)\neq 0\Rightarrow\nabla f\left(\boldsymbol{x}^{k}\right)\boldsymbol{d}^{k}=-\left\|\nabla f\left(\boldsymbol{x}^{k}\right)\right\|^{2}<0$,故为下降方向。

下面再讨论梯度下降法的收敛速度有多快。首先我们知道以下事实:

$$\boldsymbol{d}^{k}=-\nabla f\left(\boldsymbol{x}^{k}\right)$$

目标:$f\left(\boldsymbol{x}^{K}\right)-p^{*}\leqslant\varepsilon$。

精确直线搜索:$K\leqslant\dfrac{\log\left(\left(f\left(\boldsymbol{x}^{0}\right)-p^{*}\right)/\varepsilon\right)}{\left|\log(1-m/M)\right|}$。

回溯直线搜索:$K\leqslant\dfrac{\log\left(\left(f\left(\boldsymbol{x}^{0}\right)-p^{*}\right)/\varepsilon\right)}{\left|\log\left(1-\min\left\{2m\alpha,\dfrac{4m\alpha(1-\alpha)\beta}{M}\right\}\right)\right|}$。

从上面精确直线搜索和回溯直线搜索时两个关于K的式子可以看出,梯度下降法只需要K步就可以完成优化工作,这里K步主要是由以上讨论的特征值最大值和最小值的比值m/M决定的。其中,式子中有对数,其他的都是常数,所以也叫作一阶对数收敛。

所以,梯度下降法的优化思想是用当前位置的负梯度方向作为搜索方向,因为这个方向是当前位置的最快下降方向,梯度下降法中越接近目标值,变量的变化越小。

关于梯度下降法的一些结论如下。

(1)误差$f\left(\boldsymbol{x}^{K}\right)-p^{*}$呈几何级数下降趋势。

(2)回溯参数的选择对收敛速度有影响,精确直线搜索可能会改善收敛性,但是不会出现数量级上的提升。

(3)收敛步数依赖于二阶梯度矩阵的条件数,即特征值最大值和最小值的比值。

2. 最速下降法

最速下降法在选取$\boldsymbol{x}$的变化方向时与梯度下降法有细微的差别。

最速下降方向$\boldsymbol{d}^{k}=\arg\min\limits_{d}\left\{\nabla f\left(\boldsymbol{x}^{k}\right)^{\mathrm{T}}\boldsymbol{d}\,\middle|\,\text{s.t. }\|\boldsymbol{d}\|=1\right\}=\arg\max\limits_{d}\left\{\left|\nabla f\left(\boldsymbol{x}^{k}\right)^{\mathrm{T}}\boldsymbol{d}\right|\,\middle|\,\text{s.t. }\|\boldsymbol{d}\|=1\right\}$,范数定义不同,方向不同,例如,对于L1范数$\boldsymbol{d}^{k}=-\operatorname{sign}\left(\dfrac{\partial f(\boldsymbol{x})}{\partial x_{i}}\right)e_{i}$,where $i=\arg\max\limits_{j}\left|\dfrac{\partial f(\boldsymbol{x})}{\partial x_{i}}\right|$,下降方向

$$\nabla f\left(\boldsymbol{x}^k\right) \neq 0 \Rightarrow \nabla f\left(\boldsymbol{x}^k\right)^{\mathrm{T}} \boldsymbol{d}^k < \nabla f\left(\boldsymbol{x}^k\right)^{\mathrm{T}} \frac{-\nabla f\left(\boldsymbol{x}^k\right)}{\left\|\nabla f\left(\boldsymbol{x}^k\right)\right\|} = -\left\|\nabla f\left(\boldsymbol{x}^k\right)\right\| < 0。$$

最速下降法的伪代码如下。

for $k = 1,2,\cdots$

  $\boldsymbol{d}^k = -\operatorname{sign}\left(\frac{\partial f(\boldsymbol{x})}{\partial x_i}\right) e_i$, where $i = \arg\max\limits_j \left|\frac{\partial f(\boldsymbol{x})}{\partial x_j}\right|$

  for $t = \beta^0, \beta^1, \beta^2, \cdots$ # 回溯直线搜索

    if $f\left(\boldsymbol{x}^k + t\boldsymbol{d}^k\right) \leqslant f\left(\boldsymbol{x}^k\right) + \alpha t \nabla f\left(\boldsymbol{x}^k\right)^{\mathrm{T}} \boldsymbol{d}^k$

      break

  $\boldsymbol{x}^{k+1} = \boldsymbol{x}^k + t\boldsymbol{d}^k$

  if 收敛条件满足,如 $\left\|\nabla f\left(\boldsymbol{x}^{k+1}\right)\right\| \leqslant \varepsilon$

    break

与梯度下降法相同,计算公式:$\boldsymbol{x}^{k+1} = \boldsymbol{x}^k - t\nabla f\left(\boldsymbol{x}^k\right)$。其中,$t$ 被称为步长或学习速率,表示自变量 $\boldsymbol{x}$ 的每次迭代变化的大小。

收敛条件:当目标函数的函数值变化很小或达到最大迭代次数时,循环结束。

最速下降法有以下优缺点。

优点:计算量较小,并且最初始值没有要求。

缺点:属于局部的最速下降法,当目标值函数的等值线接近于圆时,下降速度较快;当目标值函数的等值线类似于扁长的椭圆时,一开始下降速度较快,后面开始变慢。

7.2.3 牛顿法和拟牛顿法

从本质上去看,牛顿法是二阶对数收敛,梯度下降法是一阶对数收敛,所以牛顿法就更快。更通俗地说,比如你想找一条最短的路径走到一个盆地的最底部,梯度下降法每次只从你当前所处位置选一个坡度最大的方向走一步;牛顿法在选择方向时,不仅会考虑坡度是否够大,还会考虑你走了一步之后,坡度是否会变得更大。所以,可以说牛顿法比梯度下降法看得更远一点,能更快地走到最底部。牛顿法目光更加长远,所以少走弯路;相对而言,梯度下降法只考虑了局部的最优,没有全局思想。下面将具体介绍牛顿法的算法公式。

1. 牛顿法

牛顿法在 $\boldsymbol{x}^k$ 邻域内用一个二次函数来近似代替原目标函数,并将二次函数的极小值点作为对目标函数求优的下一个迭代点。经多次迭代,使之逼近目标函数的极小值点。牛顿法的迭代公式为

$$\boldsymbol{x}^{k+1} = \boldsymbol{x}^k - \nabla^2 f\left(\boldsymbol{x}^k\right)^{-1} \cdot \nabla f\left(\boldsymbol{x}^k\right)$$

牛顿方向:$\boldsymbol{d}^k = -\nabla^2 f\left(\boldsymbol{x}^k\right)^{-1} \nabla f\left(\boldsymbol{x}^k\right)$。

满足下降方向的条件：$\nabla^2 f\left(\boldsymbol{x}^k\right) \in \mathrm{S}_{++}^n$($\mathrm{S}_{++}^n$表示对称正定$n \times n$矩阵)，$\nabla f\left(\boldsymbol{x}^k\right) \neq 0 \Rightarrow \nabla f\left(\boldsymbol{x}^k\right)^{\mathrm{T}} \boldsymbol{d}^k = -\left(\boldsymbol{d}^k\right)^{\mathrm{T}} \nabla^2 f\left(\boldsymbol{x}^k\right) \boldsymbol{d}^k < 0$。

(1)对牛顿法的第1种理解。

对目标函数的二阶近似$f(\boldsymbol{x}+\boldsymbol{d}) \approx f(\boldsymbol{x})+\nabla f(\boldsymbol{x})^{\mathrm{T}} \boldsymbol{d}+\frac{1}{2} \boldsymbol{d}^{\mathrm{T}} \nabla^2 f(\boldsymbol{x}) \boldsymbol{d} \stackrel{\Delta}{=} \hat{f}(\boldsymbol{x}+\boldsymbol{d})$进行泰勒展开。

$\min\limits_{d} \hat{f}\left(\boldsymbol{x}^k+\boldsymbol{d}\right) \Rightarrow \boldsymbol{d}^k=-\nabla^2 f\left(\boldsymbol{x}^k\right)^{-1} \nabla f\left(\boldsymbol{x}^k\right)$作为梯度方向，这里要求凸函数的黑塞矩阵要么正定，要么半正定。

下面再定义一个牛顿减少量：

$$\sigma(\boldsymbol{x})=\left(\nabla f(\boldsymbol{x})^{\mathrm{T}} \nabla^2 f(\boldsymbol{x})^{-1} \nabla f(\boldsymbol{x})\right)^{\frac{1}{2}} \Rightarrow \sigma\left(\boldsymbol{x}^k\right)=\left(\left(\boldsymbol{d}^k\right)^{\mathrm{T}} \nabla^2 f\left(\boldsymbol{x}^k\right) \boldsymbol{d}^k\right)^{\frac{1}{2}}$$

由泰勒展开$\hat{f}(\boldsymbol{x}+\boldsymbol{d})=f(\boldsymbol{x})+\nabla f(\boldsymbol{x})^{\mathrm{T}} \boldsymbol{d}+\frac{1}{2} \boldsymbol{d}^{\mathrm{T}} \nabla^2 f(\boldsymbol{x}) \boldsymbol{d}$可得

$$f(\boldsymbol{x})-p^* \approx f(\boldsymbol{x})-\min_{y} \hat{f}(\boldsymbol{x})=\frac{1}{2} \sigma(\boldsymbol{x})^2 \Rightarrow \text{牛顿法的停止准则} \frac{1}{2} \sigma(\boldsymbol{x})^2 \leqslant \varepsilon$$

这样就得到了牛顿法的停止准则，并确定了残差到底有多大。

(2)对牛顿法的第2种理解。

最优性方程的一阶近似：

$$\nabla f(\boldsymbol{x}+\boldsymbol{d}) \approx \nabla f(\boldsymbol{x})+\nabla^2 f(\boldsymbol{x}) \boldsymbol{d} \stackrel{\Delta}{=} \nabla \hat{f}(\boldsymbol{x}+\boldsymbol{d})$$

$$\nabla \hat{f}(\boldsymbol{x}+\boldsymbol{d})=0 \Rightarrow \boldsymbol{d}^k=-\nabla^2 f\left(\boldsymbol{x}^k\right)^{-1} \nabla f\left(\boldsymbol{x}^k\right)$$

下面利用矩阵分解的方式来求牛顿梯度，即Cholesky分解——牛顿方向求解。

定理　如果矩阵$\boldsymbol{A}$为对称正定矩阵，则$\boldsymbol{A}$可以分解为$\boldsymbol{A}=\boldsymbol{L}\boldsymbol{L}^{\mathrm{T}}$，其中$\boldsymbol{L}$为下三角非奇异矩阵，且对角元素为正数。

求解牛顿方向解法：$\nabla^2 f\left(\boldsymbol{x}^k\right) \boldsymbol{d}^k=-\nabla f\left(\boldsymbol{x}^k\right)$。

(1)使用Cholesky分解$\boldsymbol{L}\boldsymbol{L}^{\mathrm{T}} \boldsymbol{d}^k=-\nabla f\left(\boldsymbol{x}^k\right)$ where $\nabla^2 f\left(\boldsymbol{x}^k\right)=\boldsymbol{L}\boldsymbol{L}^{\mathrm{T}}$。

(2)求解$\boldsymbol{L} \boldsymbol{z}_1=-\nabla f\left(\boldsymbol{x}^k\right)$得$z_1$。

(3)求解$\boldsymbol{L}^{\mathrm{T}} \boldsymbol{d}^k=z_1$得$\boldsymbol{d}^k$。

矩阵分解的方式往往带来较大的计算量。下面对牛顿法的收敛性进行分析。

采用回溯直线搜索，新增假设：Lipschitz条件$\left\|\nabla^2 f(\boldsymbol{y})-\nabla^2 f(\boldsymbol{x})\right\| \leqslant L\|\boldsymbol{y}-\boldsymbol{x}\|$，其中$L$是与变量无关的常数。

牛顿法的二次收敛过程：假设存在某个$\hat{k}>0$满足以下两个条件。

(1)$\left\|\nabla f\left(\boldsymbol{x}^{\hat{k}}\right)\right\| \leqslant \frac{m^2}{L}, m \leqslant \lambda_1\left(\nabla^2 f(\boldsymbol{x})\right), \forall \boldsymbol{x}$，需要当前步函数的梯度值小于某个量。

(2)$f\left(\boldsymbol{x}^k+\boldsymbol{d}^k\right) \leqslant f\left(\boldsymbol{x}^k\right)+\alpha \nabla f\left(\boldsymbol{x}^k\right)^{\mathrm{T}} \boldsymbol{d}^k, \forall k \geqslant \hat{k}$，根据回溯直线搜索可以看出，当$k$增大到一定程度时，取步长为1即满足条件，不用再回溯。

二次收敛过程中$\left\|\nabla f\left(\boldsymbol{x}^{k+1}\right)\right\|$和$\left\|\nabla f\left(\boldsymbol{x}^k\right)\right\|$之间的关系：

$$\frac{\mathrm{d}\left(\nabla f\left(\boldsymbol{x}^k+t\boldsymbol{d}^k\right)\right)}{\mathrm{d}t}=\nabla^2 f\left(\boldsymbol{x}^k+t\boldsymbol{d}^k\right)\boldsymbol{d}^k,\nabla f\left(\boldsymbol{x}^k\right)=-\nabla^2 f\left(\boldsymbol{x}^k\right)\boldsymbol{d}^k$$

$$\Rightarrow\int_0^1\left(\nabla^2 f\left(\boldsymbol{x}^k+t\boldsymbol{d}^k\right)\boldsymbol{d}^k-\nabla^2 f\left(\boldsymbol{x}^k\right)\boldsymbol{d}^k\right)\mathrm{d}t=\nabla f\left(\boldsymbol{x}^k+\boldsymbol{d}^k\right)$$

$$\Rightarrow\left\|\nabla f\left(\boldsymbol{x}^k+\boldsymbol{d}^k\right)\right\|\leqslant\int_0^1\left\|\left(\nabla^2 f\left(\boldsymbol{x}^k+t\boldsymbol{d}^k\right)\boldsymbol{d}^k-\nabla^2 f\left(\boldsymbol{x}^k\right)\boldsymbol{d}^k\right)\right\|\mathrm{d}t$$

$$\leqslant\int_0^1 Lt\left\|\boldsymbol{d}^k\right\|^2\mathrm{d}t=\frac{L}{2}\left\|\nabla^2 f\left(\boldsymbol{x}^k\right)^{-1}\nabla f\left(\boldsymbol{x}^k\right)\right\|^2\leqslant\frac{L}{2m^2}\left\|\nabla f\left(\boldsymbol{x}^k\right)\right\|^2$$

由以上分析可以看出，牛顿法用迭代的梯度和二阶导数对目标函数进行二次逼近，把二次函数的极值点作为新的迭代点，不断重复，直到得到最优解。那么，下面再看看牛顿法的K大步。

二次收敛过程迭代次数K的上界：

$$\left\|\nabla f\left(\boldsymbol{x}^{k+1}\right)\right\|\leqslant\frac{L}{2m^2}\left\|\nabla f\left(\boldsymbol{x}^k\right)\right\|^2\Rightarrow\frac{L}{2m^2}\left\|\nabla f\left(\boldsymbol{x}^{k+1}\right)\right\|\leqslant\left(\frac{L}{2m^2}\left\|\nabla f\left(\boldsymbol{x}^k\right)\right\|\right)^2$$

$$\Rightarrow\frac{L}{2m^2}\left\|\nabla f\left(\boldsymbol{x}^k\right)\right\|\leqslant\left(\frac{L}{2m^2}\left\|\nabla f\left(\boldsymbol{x}^k\right)\right\|\right)^{2^{k-\hat{k}}}$$

$$\left\|\nabla f\left(\boldsymbol{x}^{\hat{k}}\right)\right\|\leqslant\frac{m^2}{L}\Rightarrow\frac{L}{2m^2}\left\|\nabla f\left(\boldsymbol{x}^k\right)\right\|\leqslant\left(\frac{L}{2m^2}\left\|\nabla f\left(\boldsymbol{x}^k\right)\right\|\right)^{2^{k-\hat{k}}}\leqslant\left(\frac{1}{2}\right)^{2^{k-\hat{k}}}$$

$$f\left(\boldsymbol{x}^K\right)-p^*\leqslant\frac{1}{2m}\left\|\nabla f\left(\boldsymbol{x}^K\right)\right\|^2\leqslant\varepsilon\Leftarrow\frac{2m^3}{L^2}\left(\frac{1}{2}\right)^{2^{k-\hat{k}}}\leqslant\varepsilon$$

记$\varepsilon_0=\dfrac{2m^3}{L^2},K_2=K-\hat{k}+1\Rightarrow K_2=\log_2\left(\log_2\left(\dfrac{\varepsilon_0}{\varepsilon}\right)\right),\log_2\left(\log_2\left(10^{20}\right)\right)\approx 6.05$。

所以，牛顿法是一个二阶对数收敛的过程。

牛顿法每步的下降量：采用回溯直线搜索的通用不等式如下。

(1)当$t^k=1$时，$f\left(\boldsymbol{x}^k\right)-f\left(\boldsymbol{x}^{k+1}\right)\geqslant\alpha\left|\nabla f\left(\boldsymbol{x}^k\right)^{\mathrm{T}}\boldsymbol{d}^k\right|\geqslant\dfrac{\alpha}{M}\left\|\nabla f\left(\boldsymbol{x}^k\right)\right\|^2$。

(2)当$t^k<1$时，$f\left(\boldsymbol{x}^k\right)-f\left(\boldsymbol{x}^{k+1}\right)\geqslant\dfrac{2\alpha(1-\alpha)\beta}{M}\left\|\nabla f\left(\boldsymbol{x}^k\right)\right\|^2$。

综合两种情况，有$f\left(\boldsymbol{x}^k\right)-f\left(\boldsymbol{x}^{k+1}\right)\geqslant\min\{1,2(1-\alpha)\beta\}\dfrac{\alpha}{M}\left\|\nabla f\left(\boldsymbol{x}^k\right)\right\|^2$。

牛顿法能在若干步之后进入二次收敛阶段，用K_1表示二次收敛过程之前(阻尼牛顿过程)的迭代次数：

$$\Rightarrow\left\|\nabla f\left(\boldsymbol{x}^k\right)\right\|>\eta,\forall k\leqslant K_1$$

$$\Rightarrow f\left(\boldsymbol{x}^k\right)-f\left(\boldsymbol{x}^{k+1}\right)\geqslant\min\{1,2(1-\alpha)\beta\}\frac{\alpha\eta^2}{M}\stackrel{\Delta}{=}\gamma,\forall k\leqslant K_1$$

$$\Rightarrow f\left(\boldsymbol{x}^0\right)-p^*\geqslant f\left(\boldsymbol{x}^0\right)=f\left(\boldsymbol{x}^{K_1}\right)=\sum_{i=1}^{K_1}\left(f\left(\boldsymbol{x}^i\right)-f\left(\boldsymbol{x}^{i-1}\right)\right)\geqslant K_1\gamma$$

阻尼过程中，函数梯度的范数并不小于一个固定的常数。

牛顿法总迭代次数为$K \leqslant \frac{f\left(\boldsymbol{x}^0\right)-p^*}{\gamma}+\log_2\left(\log_2\left(\frac{\varepsilon_0}{\varepsilon}\right)\right)$。

其实本质而言就是，牛顿法经过双log次迭代后进入二阶收敛，每次下降γ常数这么多。

牛顿法有如下特点：初始点应选在极点附近，有一定难度；若迭代点的黑塞矩阵为奇异，则无法求逆矩阵，不能构造牛顿方向；不仅要计算梯度，还要求黑塞矩阵及其逆矩阵，计算量和存储量大；对于二阶不可微的函数不适用。虽然牛顿法有上述缺点，但在特定条件下它具有收敛速度最快的优点(二阶对数收敛)，并为其他的算法提供了思路和理论依据。牛顿法成功的关键在于，利用了黑塞矩阵提供的曲率信息，但计算黑塞矩阵工作量大，并且有的目标函数的黑塞矩阵很难计算，甚至不好求出。

2. 拟牛顿法

为了克服牛顿法的缺点，人们提出仅利用目标函数一阶导数的方法——拟牛顿法。拟牛顿法就是利用$\nabla f\left(\boldsymbol{x}^{k+1}\right)-\nabla f\left(\boldsymbol{x}^k\right)$与$\left(\boldsymbol{x}^{k+1}-\boldsymbol{x}^k\right)$的关系来模拟黑塞逆矩阵，同时具有收敛速度快的优点。下面就开始介绍拟牛顿法。

回顾牛顿法，$f(\boldsymbol{x})$是凸函数，且有连续的二阶导数，对于$\min f(\boldsymbol{x})$，有迭代算法$\boldsymbol{x}^{k+1}=\boldsymbol{x}^k-t^k\nabla^2 f\left(\boldsymbol{x}^k\right)^{-1}\nabla f\left(\boldsymbol{x}^k\right)$。它的优点是收敛速度快，缺点是需要求二阶导数，解线性方程组，对大规模问题非常难处理。

拟牛顿法的本质思想是改善牛顿法每次需要求解复杂的黑塞矩阵的逆矩阵的缺陷，它使用正定矩阵来近似黑塞矩阵的逆，从而简化了运算的复杂度。

迭代步骤中，计算$\boldsymbol{x}^{k+1}=\boldsymbol{x}^k+t^k\boldsymbol{d}^k$。

其中，$\boldsymbol{d}^k$的求解方法：$\boldsymbol{d}^k=-\boldsymbol{D}^{k-1}\nabla f\left(\boldsymbol{x}^k\right)$，$\boldsymbol{D}^{k-1}=\left(\boldsymbol{D}^k\right)^{-1}$为拟牛顿方程，也是拟牛顿方向。

求解$\boldsymbol{d}^k$需要先求解$\boldsymbol{D}^k$，$\boldsymbol{D}^k$的求解方法：利用迭代中连续两步的关系$\nabla f\left(\boldsymbol{x}^{k+1}\right)-\nabla f\left(\boldsymbol{x}^k\right)\approx\nabla^2 f\left(\boldsymbol{x}^k\right)\left(\boldsymbol{x}^{k+1}-\boldsymbol{x}^k\right)$，梯度向量的一阶逼近$\boldsymbol{q}^k=\boldsymbol{D}^k\boldsymbol{p}^k$，其中$\boldsymbol{p}^k:=\boldsymbol{x}^{k+1}-\boldsymbol{x}^k$，$\boldsymbol{q}^k:=\nabla f\left(\boldsymbol{x}^{k+1}\right)-\nabla f\left(\boldsymbol{x}^k\right)$，即可计算出$\boldsymbol{D}^k$，进一步计算出$\boldsymbol{D}^{k-1}$和$\boldsymbol{d}^k$。

那么，拟牛顿法的步骤如下。

(1)给出初始点$\boldsymbol{x}^0\in\mathrm{dom}f$，$\boldsymbol{D}^0$为正定$n\times n$矩阵，$\boldsymbol{D}^k\boldsymbol{p}^k=\boldsymbol{q}^k$。

(2)迭代步骤$k=1,2,\cdots$。

(3)计算拟牛顿方向$\boldsymbol{d}^k=-\boldsymbol{D}^{k-1}\nabla f\left(\boldsymbol{x}^k\right)$。

(4)确定搜索步长t，回溯直线搜索。

(5)计算$\boldsymbol{x}^{k+1}=\boldsymbol{x}^k+t^k\boldsymbol{d}^k$。

(6)计算$\boldsymbol{D}^k$：

①采用不同的准则来更新$\boldsymbol{D}^k$；

②同时可以通过直接计算$\boldsymbol{D}^{k-1}$来简化计算。

上述步骤中，最重要的是更新$\boldsymbol{D}^k$，那么又有什么更新的方法呢？主要有DFP算法、BFGS算法和L-BFGS算法。

下面介绍一下BFGS算法，它提供了一种新的迭代计算$\boldsymbol{D}^k$的方法。

更新公式：

$$\boldsymbol{D}^{k+1}=\boldsymbol{D}^k+\frac{\boldsymbol{p}^k\left(\boldsymbol{p}^k\right)^{\mathrm{T}}}{\left(\boldsymbol{p}^k\right)^{\mathrm{T}}\boldsymbol{q}^k}-\frac{\boldsymbol{D}^k\boldsymbol{q}^k\left(\boldsymbol{q}^k\right)^{\mathrm{T}}\boldsymbol{D}^k}{\left(\boldsymbol{q}^k\right)^{\mathrm{T}}\boldsymbol{D}^k\boldsymbol{q}^k}+\boldsymbol{\tau}^k\boldsymbol{v}^k\left(\boldsymbol{c}^k\right)^{\mathrm{T}}$$

$$\boldsymbol{q}^k\approx\nabla^2 f\left(\boldsymbol{x}^{k+1}\right)\boldsymbol{p}^k,\boldsymbol{v}^k=\frac{\boldsymbol{p}^k}{\left(\boldsymbol{p}^k\right)^{\mathrm{T}}\boldsymbol{q}^k}-\frac{\boldsymbol{D}^k\boldsymbol{q}^k}{\boldsymbol{\tau}^k},\boldsymbol{\tau}^k=\left(\boldsymbol{q}^k\right)^{\mathrm{T}}\boldsymbol{D}^k\boldsymbol{q}^k,\boldsymbol{p}^k=\boldsymbol{x}^{k+1}-\boldsymbol{x}^k$$

$$\boldsymbol{q}^k=\nabla f\left(\boldsymbol{x}^{k+1}\right)-\nabla f\left(\boldsymbol{x}^k\right)$$

因此，可得

$$\left(\boldsymbol{D}^{k+1}\right)^{-1}=\left(\boldsymbol{E}-\frac{\boldsymbol{p}^k\left(\boldsymbol{q}^k\right)^{\mathrm{T}}}{\left(\boldsymbol{q}^k\right)^{\mathrm{T}}\boldsymbol{p}^k}\right)\boldsymbol{D}^{k-1}\left(\boldsymbol{E}-\frac{\boldsymbol{q}^k\left(\boldsymbol{p}^k\right)^{\mathrm{T}}}{\left(\boldsymbol{q}^k\right)^{\mathrm{T}}\boldsymbol{p}^k}\right)+\frac{\boldsymbol{p}^k\left(\boldsymbol{p}^k\right)^{\mathrm{T}}}{\left(\boldsymbol{q}^k\right)^{\mathrm{T}}\boldsymbol{p}^k}$$

正定性：如果$\left(\boldsymbol{q}^k\right)^{\mathrm{T}}\boldsymbol{p}^k>0$，则可以证明BFGS算法保证$\boldsymbol{D}^{k+1}$正定性。另外，也可以证明严格凸函数有$\left(\boldsymbol{q}^k\right)^{\mathrm{T}}\boldsymbol{p}^k>0$。

BFGS算法更新后的拟牛顿方向仍为下降方向，满足条件$\boldsymbol{D}^k\boldsymbol{p}^k=\boldsymbol{q}^k$。

另一种更新$\boldsymbol{D}^k$的方法是L-BFGS算法，它是BFGS算法的一个变种。如果拟牛顿方向需要存$\boldsymbol{D}^k$或$\boldsymbol{D}^{k-1}$，而L-BFGS算法不需要存$\boldsymbol{D}^k$或$\boldsymbol{D}^{k-1}$，则只需要存最近的m步迭代的中间值$\boldsymbol{q}^k$,$\boldsymbol{p}^k$，使用$\boldsymbol{D}^{j-1}=\left(\boldsymbol{E}-\frac{\boldsymbol{p}^j\left(\boldsymbol{q}^j\right)^{\mathrm{T}}}{\left(\boldsymbol{q}^j\right)^{\mathrm{T}}\boldsymbol{p}^j}\right)\boldsymbol{D}^{(j-1)^{-1}}\left(\boldsymbol{E}-\frac{\boldsymbol{q}^j\left(\boldsymbol{p}^j\right)^{\mathrm{T}}}{\left(\boldsymbol{q}^j\right)^{\mathrm{T}}\boldsymbol{p}^j}\right)+\frac{\boldsymbol{p}^j\left(\boldsymbol{p}^j\right)^{\mathrm{T}}}{\left(\boldsymbol{q}^j\right)^{\mathrm{T}}\boldsymbol{p}^j}$更新$\boldsymbol{d}^k=-\boldsymbol{D}^{k-1}\nabla f\left(\boldsymbol{x}^k\right)$。

对于$j=k,k-1,\cdots,k-m+1$，假设$\left(\boldsymbol{D}^{k-m}\right)^{-1}=\boldsymbol{E}$，计算复杂度和空间复杂度$O(mn)$。

注意：整个章节数据公式较多，不用去记忆、推导，其主要目的在于帮助理解优化的思想。

小试牛刀15：Python编程实现简单的梯度下降法

★案例说明★

本案例是通过梯度下降法求解$x_1^2+x_2^4+\left(2x_2+x_1\right)^2$的极小值。梯度下降法是一个最优化算法，通常也称为最速下降法。

★实现思路★

通过观察就能发现$x_1^2+x_2^4+\left(2x_2+x_1\right)^2$最小值对应的点其实就是点(0,0)，接下来会从梯度下降法开始一步步计算到这个最小值。首先需要定义函数、一阶导数、梯度下降法的迭代函数，然后通过调用函数求解函数的极小值。

实现步骤如下。

步骤1：定义函数fun，返回$t=x_1^2+x_2^4+\left(2x_2+x_1\right)^2$。

步骤2:定义函数di,返回t的一阶导数t_1和t_2。

步骤3:定义函数grad,通过梯度下降法的流程计算迭代n次后的极小值点。

步骤4:输出迭代100000次后的极小值点。

★编程实现★

实现代码如下。

```
def fun(x1, x2):        # 定义函数t
    t = x1 ** 2 + x2 ** 4 + (2*x2+x1) ** 2
    return t

def di(x1, x2):             # x1,x2关于函数t的一阶导数
    t1 = 2 * x1 + 4 * (2*x1+x2)
    t2 = 4 * x1 ** 3 + 2 * (2*x1+x2)
    return t1, t2

def grad(n):            # 通过梯度下降法的流程计算迭代n次后的极小值点
    alpha = 0.001       # 学习率
    x1, x2 = 1, 1       # 初始值
    y1 = fun(x1, x2)
    for i in range(n):
        di1, di2 = di(x1, x2)
        x1 = x1 - alpha * di1  # 梯度下降法中最重要的步骤,通过一阶导数迭代x1
        x2 = x2 - alpha * di2  # 梯度下降法中最重要的步骤,通过一阶导数迭代x2
        y2 = fun(x1, x2)
        if y1 - y2 < 1e-7:
            return x1, x2, y2
        if y2 < y1:
            y1 = y2
    return x1, x2, y2
x1, x2, y = grad(100000)
print('极小值y:', y, 'x1,x2坐标点:', x1, x2)
```

运行结果如图7-4所示。

```
极小值y: 0.0001456120280168832 x1,x2坐标点： -0.003049588532897789 0.007362368670087567
```

图7-4 运行结果

7.3 等式约束的优化问题

等式约束的优化问题可以转化为无约束的优化问题,本节将会介绍转化方法。

首先对等式约束的优化算法进行如下定义。

$$\min\left\{f(\boldsymbol{x})\middle|\text{s.t. } \boldsymbol{A}\boldsymbol{x}=\boldsymbol{b}\right\} \quad f:\mathbf{R}^n \to \mathbf{R}$$

基本假设：f是具有连续二阶导数的凸函数。

$$\boldsymbol{A}\in\mathbf{R}^{p\times n}, R(\boldsymbol{A})=p<n$$

附加假设：存在$\hat{\boldsymbol{x}}\in \mathrm{dom}f$, s.t $\quad \boldsymbol{A}\hat{\boldsymbol{x}}=\boldsymbol{b}$。

点$\hat{\boldsymbol{x}}\in \mathrm{dom}f$是等式约束优化问题的最优解的充要条件是，存在$\boldsymbol{v}\in\mathbf{R}^p$满足：

$$\boldsymbol{A}\hat{\boldsymbol{x}}=\boldsymbol{b}, \nabla f(\hat{\boldsymbol{x}})+\boldsymbol{A}^{\mathrm{T}}\boldsymbol{v}=0$$

此方程称为KKT方程。

1. 将问题描述成与之等价的无约束优化问题

将等式约束优化问题描述成无约束优化问题有两种方法，即消除法和构造对偶变量。构造对偶变量将会在本章后面部分介绍。

消除法：用$\boldsymbol{F}\in\mathbf{R}^{n\times(n-p)}$表示$\boldsymbol{A}$的零空间$\{\boldsymbol{x}|\boldsymbol{A}\boldsymbol{x}=0\}$的基矩阵，$R(\boldsymbol{F})=n-p$。

消除等式约束后的参数可行集：$\{\boldsymbol{x}|\boldsymbol{A}\boldsymbol{x}=0\}=\left\{\boldsymbol{F}z\middle|z\in\mathbf{R}^{n-p}\right\}\Rightarrow\{\boldsymbol{x}|\boldsymbol{A}\boldsymbol{x}=\boldsymbol{b}\}=\left\{\boldsymbol{F}z+\hat{\boldsymbol{x}}\middle|z\in\mathbf{R}^{n-p}\right\}$。

对于$\hat{\boldsymbol{x}}$，我们可以选$\boldsymbol{A}\boldsymbol{x}=\boldsymbol{b}$的任意一个特殊解，$\boldsymbol{F}$是值域为$\boldsymbol{A}$的零空间的任何矩阵（满足$\boldsymbol{A}(\boldsymbol{F}z)=0$，即$\boldsymbol{F}z$可以取得所有$\boldsymbol{A}\boldsymbol{x}=0$的解）。于是等式约束优化问题就可以变成无约束优化问题：

$$\min\left\{f(\boldsymbol{x})\middle|\text{s.t. } \boldsymbol{A}\boldsymbol{x}=\boldsymbol{b}\right\}\Leftrightarrow \min_{z\in\mathbf{R}^{n-p}}\tilde{f}(z)=f(\boldsymbol{F}z+\hat{\boldsymbol{x}})$$

等式约束优化问题的等价问题，其最优解的充要条件如下。

z^*是$\min\limits_{z\in\mathbf{R}^{n-p}}\tilde{f}(z)=f(\boldsymbol{F}z+\hat{\boldsymbol{x}})$的最优解$\Leftrightarrow \boldsymbol{x}^*=\boldsymbol{F}z^*+\hat{\boldsymbol{x}}$是$\min\left\{f(\boldsymbol{x})\middle|\text{s.t. } \boldsymbol{A}\boldsymbol{x}=\boldsymbol{b}\right\}$的最优解，则有

(1)$\nabla\tilde{f}(z^*)=0\Leftrightarrow\nabla\tilde{f}(z^*)=\boldsymbol{F}^{\mathrm{T}}\nabla f(\boldsymbol{F}z^*+\hat{\boldsymbol{x}})=\boldsymbol{F}^{\mathrm{T}}\nabla f(\boldsymbol{x}^*)=0$；

(2)$\boldsymbol{F}^{\mathrm{T}}\nabla f(\boldsymbol{x}^*)=0, \boldsymbol{x}^*=\boldsymbol{F}z^*+\hat{\boldsymbol{x}}\Leftrightarrow\nabla f(\boldsymbol{x}^*)+\boldsymbol{A}^{\mathrm{T}}\boldsymbol{v}^*=0, \boldsymbol{A}\boldsymbol{x}^*=\boldsymbol{b}$。

$\nabla f(\boldsymbol{x}^*)$垂直于$\boldsymbol{A}$的零空间，属于$\boldsymbol{A}^{\mathrm{T}}$的列空间。

2. 等式约束的凸二次规划

下面通过一个例子介绍等式约束的凸二次规划。

$$\min\left\{f(\boldsymbol{x})=\frac{1}{2}\boldsymbol{x}^{\mathrm{T}}\boldsymbol{P}\boldsymbol{x}+\boldsymbol{q}^{\mathrm{T}}\boldsymbol{x}+r\middle|\text{s.t. } \boldsymbol{A}\boldsymbol{x}=\boldsymbol{b}\right\}$$

其中，$\boldsymbol{P}\in\mathrm{S}_+^n$（$\mathrm{S}_+^n$表示对称半正定$n\times n$矩阵），$\boldsymbol{A}\in\mathbf{R}^{p\times n}$。上述的KKT方程变为

$$\boldsymbol{A}\hat{\boldsymbol{x}}=\boldsymbol{b}, \boldsymbol{P}\hat{\boldsymbol{x}}+\boldsymbol{q}+\boldsymbol{A}^{\mathrm{T}}\boldsymbol{v}=0$$

也可以写成最优性方程，即

$$\begin{pmatrix}\boldsymbol{P} & \boldsymbol{A}^{\mathrm{T}}\\ \boldsymbol{A} & \boldsymbol{O}\end{pmatrix}\begin{pmatrix}\hat{\boldsymbol{x}}\\ \boldsymbol{v}\end{pmatrix}=\begin{pmatrix}-\boldsymbol{q}\\ \boldsymbol{b}\end{pmatrix}$$

此时有3种情况的解：唯一解、无穷多解和无解。

3. 等式约束优化问题的牛顿法

用牛顿法解等式约束优化问题，该方法与无约束优化问题的牛顿法几乎一样。

对于等式约束优化问题的可行解，在它附近做原问题的二次近似，简化目标函数$\tilde{f}(z)=f(\boldsymbol{F}z+\hat{\boldsymbol{x}})$的梯度和黑塞矩阵：

$$\nabla\tilde{f}(z)=\boldsymbol{F}^{\mathrm{T}}\nabla f(\boldsymbol{F}z+\hat{\boldsymbol{x}}),\nabla^2\tilde{f}(z)=\boldsymbol{F}^{\mathrm{T}}\nabla^2 f(\boldsymbol{F}z+\hat{\boldsymbol{x}})\boldsymbol{F}$$

可设置牛顿方向：

$$\boldsymbol{d}_z=-\left(\boldsymbol{F}^{\mathrm{T}}\nabla^2 f(\boldsymbol{F}z+\hat{\boldsymbol{x}})\boldsymbol{F}\right)^{-1}\left(\boldsymbol{F}^{\mathrm{T}}\nabla^2 f(\boldsymbol{F}z+\hat{\boldsymbol{x}})\right)$$

通过直线搜索：

$$z'=z+t\boldsymbol{d}_z,\tilde{f}(z')\leqslant\tilde{f}(z)+\alpha t\nabla\tilde{f}(z)^{\mathrm{T}}\boldsymbol{d}_z$$

停止准则：

$$\frac{1}{2}\boldsymbol{d}_z^{\mathrm{T}}\nabla^2\tilde{f}(z)\boldsymbol{d}_z=\frac{1}{2}\left|\nabla\tilde{f}(z)^{\mathrm{T}}\boldsymbol{d}_z\right|\leqslant\varepsilon$$

记$\boldsymbol{x}'=\boldsymbol{F}z'+\hat{\boldsymbol{x}},\boldsymbol{x}=\boldsymbol{F}z+\hat{\boldsymbol{x}},\boldsymbol{d}_x=\boldsymbol{F}\boldsymbol{d}_z$。

确定$\boldsymbol{d}_x$的方程$\boldsymbol{d}_x=\boldsymbol{F}\boldsymbol{d}_z\Rightarrow\boldsymbol{A}\boldsymbol{d}_x=0$，对于$\boldsymbol{d}_z=-\left(\boldsymbol{F}^{\mathrm{T}}\nabla^2 f(\boldsymbol{F}z+\hat{\boldsymbol{x}})\boldsymbol{F}\right)^{-1}\left(\boldsymbol{F}^{\mathrm{T}}\nabla f(\boldsymbol{F}z+\hat{\boldsymbol{x}})\right)$，式中带入$\boldsymbol{d}_x=\boldsymbol{F}\boldsymbol{d}_z,\boldsymbol{x}=\boldsymbol{F}z+\hat{\boldsymbol{x}}$，等价于

$$\boldsymbol{F}^{\mathrm{T}}\left(\nabla^2 f(\boldsymbol{x})\boldsymbol{d}_x+\nabla f(\boldsymbol{x})\right)\Leftrightarrow\nabla^2 f(\boldsymbol{x})\boldsymbol{d}_x+\nabla f(\boldsymbol{x})=\boldsymbol{A}^{\mathrm{T}}\boldsymbol{v}$$

对于直线搜索规则：$z'=z+t\boldsymbol{d}_z,\tilde{f}(z')\leqslant\tilde{f}(z)+\alpha t\nabla\tilde{f}(z)^{\mathrm{T}}\boldsymbol{d}_z$，式中带入$\boldsymbol{x}'=\boldsymbol{F}z'+\hat{\boldsymbol{x}},\boldsymbol{x}=\boldsymbol{F}z+\hat{\boldsymbol{x}},\boldsymbol{d}_x=\boldsymbol{F}\boldsymbol{d}_z$，等价于

$$\boldsymbol{x}'=\boldsymbol{x}+t\boldsymbol{d}_x,\tilde{f}(\boldsymbol{x}')\leqslant\tilde{f}(\boldsymbol{x})+\alpha t\nabla\tilde{f}(\boldsymbol{x})^{\mathrm{T}}\boldsymbol{d}_x$$

此时，停止准则：

$$\frac{1}{2}\left|\nabla^2\tilde{f}(z)\boldsymbol{d}_z\right|=\frac{1}{2}\left|\nabla f(\boldsymbol{F}z+\hat{\boldsymbol{x}})^{\mathrm{T}}\boldsymbol{F}\boldsymbol{d}_z\right|=\frac{1}{2}\left|\nabla f(\boldsymbol{x})^{\mathrm{T}}\boldsymbol{d}_x\right|\leqslant\varepsilon$$

在已知的一个解的情况下，将等式约束变成无约束的优化问题，并采用牛顿方法求解，等价于解下面的线性方程组来确定搜索方向，然后对原函数直线搜索。

$$\begin{pmatrix}\nabla^2 f(\boldsymbol{x}) & \boldsymbol{A}^{\mathrm{T}}\\ \boldsymbol{A} & \boldsymbol{O}\end{pmatrix}\begin{pmatrix}\boldsymbol{d}_x\\ \boldsymbol{v}\end{pmatrix}=\begin{pmatrix}-\nabla_x f(\boldsymbol{x})\\ \boldsymbol{O}\end{pmatrix}$$

其中，$\boldsymbol{d}_x$和$\boldsymbol{v}$分别为该问题和对偶问题的最优解。

停止准则同样可写成

$$\frac{1}{2}\boldsymbol{d}_x^{\mathrm{T}}\nabla^2 f(\boldsymbol{x})\boldsymbol{d}_x\leqslant\varepsilon$$

理由：

$$\nabla^2 f(\boldsymbol{x})\boldsymbol{d}_x+\nabla f(\boldsymbol{x})=\boldsymbol{A}^{\mathrm{T}}\boldsymbol{v},\boldsymbol{A}\boldsymbol{d}_x=0\Rightarrow\left|\nabla f(\boldsymbol{x})^{\mathrm{T}}\boldsymbol{d}_x\right|=\boldsymbol{d}_x^{\mathrm{T}}\nabla^2 f(\boldsymbol{x})\boldsymbol{d}_x$$

此方法不是最好的解决方案，我们后面会介绍更好的思路，但是这个转化思想可以去理解。

7.4 不等式约束的优化问题

在讲解不等式约束优化问题之前，需要先介绍一下对偶问题，这是非常重要的一个概念，同时也是比较难理解的概念。在介绍之前再回顾一下原问题的描述：

$$\min f(\boldsymbol{x}) \quad \text{s.t.} \quad g_i(\boldsymbol{x}) \leqslant 0(i=1,\cdots,m), h_i(\boldsymbol{x})=0(i=1,\cdots,p)$$

其中，$f,g_i,h_i:\mathbf{R}^n \to \mathbf{R}$具有连续二阶导数，对凸优化问题，要求每个$g_i$都是凸函数，要求每个$h_i$都是线性函数，等式约束在一起可写成$\boldsymbol{Ax}=\boldsymbol{b}$。有了原问题的概念后，先来看看拉格朗日函数。

7.4.1 拉格朗日函数

拉格朗日函数的定义 原问题的拉格朗日函数$L(\boldsymbol{x},\boldsymbol{\mu},\boldsymbol{\lambda})$定义为

$$L(\boldsymbol{x},\boldsymbol{\mu},\boldsymbol{\lambda}) = f(\boldsymbol{x}) + \sum_{i=1}^{m}\mu_i g_i(\boldsymbol{x}) + \sum_{i=1}^{p}\lambda_i h_i(\boldsymbol{x})$$

其中，$\mu_i \geqslant 0, \lambda_i \in \mathbf{R}$称为拉格朗日乘子。

拉格朗日函数的理解如下。

(1)将约束拿到目标函数中作为惩罚项，从而去掉约束。

(2)拉格朗日函数仍然是关于$\boldsymbol{x}$的凸函数，固定$\boldsymbol{\mu},\boldsymbol{\lambda}$，以$\boldsymbol{x}$为变量的函数偏导为0时取得最小值。

(3)拉格朗日函数是原问题目标函数的下界(可行域上)。

7.4.2 对偶问题

对偶问题的定义为$\max\limits_{\mu_i \geqslant 0,\boldsymbol{\lambda}} g(\boldsymbol{\mu},\boldsymbol{\lambda})$，对偶函数表示为$g(\boldsymbol{\mu},\boldsymbol{\lambda}) = \min\limits_{\boldsymbol{x}\in \boldsymbol{D}} L(\boldsymbol{x},\boldsymbol{\mu},\boldsymbol{\lambda})$，其中$\boldsymbol{D} = \mathrm{dom} f \cap \left(\cap_{i=1}^{m} g_i\right) \cap \left(\cap_{i=1}^{p} h_i\right)$。对偶函数总是凸函数，对偶问题$\max\limits_{\mu_i \geqslant 0,\boldsymbol{\lambda}} g(\boldsymbol{\mu},\boldsymbol{\lambda})$总是凸优化问题。

原问题和对偶问题的关系如下。

弱对偶定理 原问题的任何可行解$\hat{\boldsymbol{x}}$和任意的$\hat{\boldsymbol{\mu}}$与$\hat{\boldsymbol{\lambda}} \geqslant 0$均满足$f(\hat{\boldsymbol{x}}) \geqslant g(\hat{\boldsymbol{\mu}},\hat{\boldsymbol{\lambda}})$。

理由：$f(\hat{\boldsymbol{x}}) \geqslant f(\hat{\boldsymbol{x}}) + \sum_{i=1}^{m}\hat{\mu}_i g_i(\hat{\boldsymbol{x}}) + \sum_{i=1}^{p}\hat{\lambda}_i h_i(\hat{\boldsymbol{x}}) = L(\hat{\boldsymbol{x}},\hat{\boldsymbol{\mu}},\hat{\boldsymbol{\lambda}}) \geqslant g(\hat{\boldsymbol{\mu}},\hat{\boldsymbol{\lambda}})$。

根据可行解定义，$\sum_{i=1}^{m}\hat{\mu}_i g_i(\hat{\boldsymbol{x}}) + \sum_{i=1}^{p}\hat{\lambda}_i h_i(\hat{\boldsymbol{x}})$的值小于等于0。

推论 $P^* = \min\left\{f(\boldsymbol{x}) \middle| \text{s.t.} \ g_i(\boldsymbol{x}) \leqslant 0(1 \leqslant i \leqslant m), \ h_i(\boldsymbol{x}) = 0(1 \leqslant i \leqslant p)\right\} \geqslant \max\limits_{\boldsymbol{\lambda} \geqslant 0} g(\boldsymbol{\mu},\boldsymbol{\lambda}) = d^*$。称

$P^* - d^*$ 为对偶间隙；若对偶间隙等于0，则称满足强对偶性。

从这个关系描述中可知，原问题的解肯定是大于等于对偶问题的解，为了便于直观的理解，我们用图7-5进行描述，描述的只是二维情况。

从图7-5中可以看出，原问题就是求出最小值，对偶问题就是求出最大值，同时原问题的任何解都要大于对偶问题的任何解。当对偶间隙为0时，原问题的最优解和对偶问题的最优解是一致的。

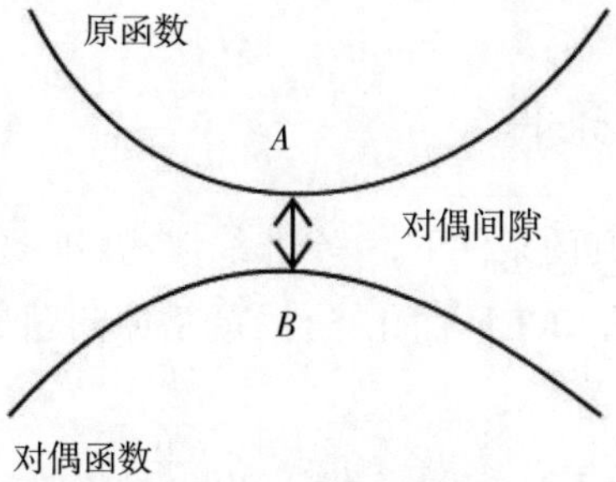

图7-5 对偶间隙

7.4.3 互补松弛条件

设$(\boldsymbol{x}^*,\boldsymbol{\mu}^*,\boldsymbol{\lambda}^*)$为原问题、对偶问题的最优解，若对偶间隙为0，则有如下式子成立。

$$
\begin{aligned}
f(\boldsymbol{x}^*) &= g(\boldsymbol{\mu}^*,\boldsymbol{\lambda}^*) \\
&= \min_{\boldsymbol{x}} \left\{ f(\boldsymbol{x}) + \sum_{i=1}^{m} \mu_i^* g_i(\boldsymbol{x}) + \sum_{i=1}^{p} \lambda_i^* h_i(\boldsymbol{x}) \right\} \\
&\leqslant f(\boldsymbol{x}^*) + \sum_{i=1}^{m} \mu_i^* g_i(\boldsymbol{x}^*) + \sum_{i=1}^{p} \lambda_i^* h_i(\boldsymbol{x}^*) \\
&\leqslant f(\boldsymbol{x}^*)
\end{aligned}
$$

第1个等式说明最优对偶间隙为零。

第2个等式是对偶函数的定义。

第3个不等式是根据拉格朗日函数关于$\boldsymbol{x}$求下确界小于等于其在$\boldsymbol{x} = \boldsymbol{x}^*$处的值得来的。

第4个不等式的成立是因为

$$
\mu_i^* \geqslant 0, g_i(\boldsymbol{x}^*) \leqslant 0\ (i = 1,2,\cdots,m)
$$
$$
h_i(\boldsymbol{x}^*) = 0\ (i = 1,2,\cdots,p)
$$

通过上面的式子可以看出左边和右边都是$f(\boldsymbol{x}^*)$，由于自己不能小于自己，因此两个不等式只能取等号，其实就是等价于$\sum_{i=1}^{m} \mu_i^* g_i(\boldsymbol{x}^*) = 0$。

对于$\dfrac{\partial L(\boldsymbol{x}^*,\boldsymbol{\mu}^*,\boldsymbol{\lambda}^*)}{\partial \boldsymbol{x}} = 0$满足拉格朗日函数对最优值的定义，为了使$\sum_{i=1}^{m} \mu_i^* g_i(\boldsymbol{x}^*) = 0$，由于$g_i(\boldsymbol{x}^*) \leqslant 0$，因此只有求和项中的每一项$\mu_i^* g_i(\boldsymbol{x}^*) = 0$。

于是得到$\mu_i^* g_i(\boldsymbol{x}^*) = 0, \forall 1 \leqslant i \leqslant m, \nabla f(\boldsymbol{x}^*) + \sum_{i=1}^{m} \mu_i^* \nabla g_i(\boldsymbol{x}^*) + \sum_{i=1}^{p} \lambda_i^* \nabla h_i(\boldsymbol{x}^*) = 0$这个条件。这个条件被称为互补松弛条件,我们可将此写成

$$\mu_i^* > 0 \Rightarrow g_i(\boldsymbol{x}^*) = 0$$

或

$$g_i(\boldsymbol{x}^*) > 0 \Rightarrow \mu_i^* = 0$$

7.4.4 对偶间隙与KKT条件

KKT条件是指在满足某些规则的条件下,一个非线性规划问题能有最优化解法的一个必要和充分条件。如果对偶间隙为0,所谓KKT最优化条件,就是原问题最优解$(\boldsymbol{x}^*, \boldsymbol{\lambda}^*, \boldsymbol{\mu}^*)$必须满足下面的条件:

(1)约束条件满足$g_i(\boldsymbol{x}^*) \leqslant 0(i = 1,2,\cdots,p)$及$h_j(\boldsymbol{x}^*) = 0(i = 1,2,\cdots,q)$;

(2)$\nabla f(\boldsymbol{x}^*) + \sum_{i=1} \mu_i \nabla g_i(\boldsymbol{x}^*) + \sum_{j=1} \lambda_j \nabla h_j(\boldsymbol{x}^*) = 0$,其中$\nabla$为梯度算子;

(3)$\lambda_j \neq 0$且不等式约束条件满足$\mu_i \geqslant 0$;

(4)$\mu_i g_i(\boldsymbol{x}^*) = 0(i = 1,2,\cdots,p)$。

以上等式和不等式方程称为Karush-Kuhn-Tucker(KKT)条件,其中第1项也是原问题可行性条件,最优点$\boldsymbol{x}^*$必须满足所有等式及不等式限制条件,也就是说,最优点必须是一个可行解;第2项也叫作驻点条件,表明在最优点$\boldsymbol{x}^*$,∇f必须是∇g_i和∇h_j的线性组合,μ_i和λ_j都叫作拉格朗日乘子;第3项称为对偶问题可行性条件;第4项为互补松弛条件。所不同的是,不等式限制条件有方向性,所以每一个μ_i都必须大于或等于零,而等式限制条件没有方向性,所以λ_j没有符号的限制,其符号要视等式限制条件的写法而定。

从对偶间隙为0推导出了KKT条件,KKT条件就是根据可行域满足的条件和对偶间隙为0推导出的条件。

如果$(\boldsymbol{x}^*, \boldsymbol{\mu}^*, \boldsymbol{\lambda}^*)$满足KKT方程,且原问题是凸问题($f,g_i$为凸函数,每个$h_i$为线性函数),那么给定对偶变量的拉格朗日函数$L(\boldsymbol{x}, \boldsymbol{\mu}^*, \boldsymbol{\lambda}^*)$是$\boldsymbol{x}$的凸函数。

那么

$$g(\boldsymbol{\mu}^*, \boldsymbol{\lambda}^*) = \min_{\boldsymbol{x}} L(\boldsymbol{x}, \boldsymbol{\mu}^*, \boldsymbol{\lambda}^*) = L(\boldsymbol{x}^*, \boldsymbol{\mu}^*, \boldsymbol{\lambda}^*) = f(\boldsymbol{x}^*)$$

第1个等式是对偶函数的定义。

第2个等式是凸函数驻点是最优点。

第3个等式是可行解 + 互补松弛条件。

接下来从KKT条件推导出对偶间隙为0。那么,对偶间隙为0和KKT条件是等价关系吗?来看下面的结论。

根据弱对偶定理$\forall \boldsymbol{\mu}, \boldsymbol{\lambda} \geqslant 0, g(\boldsymbol{\mu}, \boldsymbol{\lambda}) \leqslant f(\boldsymbol{x}^*) = g(\boldsymbol{\mu}^*, \boldsymbol{\lambda}^*)$,对于任意可行解$\boldsymbol{x}$,

$$f(\boldsymbol{x}) \geqslant g(\boldsymbol{\mu}^*, \boldsymbol{\lambda}^*) = f(\boldsymbol{x}^*)$$

所以，$(\boldsymbol{x}^*, \boldsymbol{\mu}^*, \boldsymbol{\lambda}^*)$分别为原问题和对偶问题的最优解，且对偶间隙为0。

结论：对于凸优化问题，$(\boldsymbol{x}^*, \boldsymbol{\mu}^*, \boldsymbol{\lambda}^*)$是KKT方程的解等价于$(\boldsymbol{x}^*, \boldsymbol{\mu}^*, \boldsymbol{\lambda}^*)$分别为原问题和对偶问题的最优解，且对偶间隙为0。

读者学习到这里就会面临一个问题，我们怎么去确定对偶间隙为0呢？这里可以给出一个判断。

对凸优化问题，如果可行集中存在$\boldsymbol{D}$的(相对)内点$\tilde{\boldsymbol{x}}$满足$g_i(\tilde{\boldsymbol{x}}) < 0(i = 1,\cdots,m)$，$\boldsymbol{A}\tilde{\boldsymbol{x}} = \boldsymbol{b}$，那么称该问题满足Slater约束品性；如果不等式约束中有线性不等式约束，那么Slater约束品性只需要对所有非线性约束为严格不等式。

定理　满足Slater约束品性可保证对偶间隙为0。

根据以上的知识可以尝试一下前面学习的关于等式约束的KKT条件。

$\min f(\boldsymbol{x})$ s.t. $\boldsymbol{Ax} = \boldsymbol{b}$，$\boldsymbol{z}^*$是$\min\limits_{\boldsymbol{z} \in \mathbf{R}^{n-p}} \tilde{f}(\boldsymbol{x}) = f(\boldsymbol{Fz} + \hat{\boldsymbol{x}})$的最优解$\Leftrightarrow \boldsymbol{x}^* = \boldsymbol{Fz}^* + \hat{\boldsymbol{x}}$是$\min f(\boldsymbol{x})$ s.t. $\boldsymbol{Ax} = \boldsymbol{b}$的最优解。

$$\nabla\tilde{f}(\boldsymbol{z}^*) = 0 \Leftrightarrow \nabla\tilde{f}(\boldsymbol{z}^*) = \boldsymbol{F}^{\mathrm{T}}\nabla\tilde{f}(\boldsymbol{Fz}^* + \hat{\boldsymbol{x}}) = \boldsymbol{F}^{\mathrm{T}}\nabla\tilde{f}(\boldsymbol{x}^*) = 0 \Leftrightarrow \nabla f(\boldsymbol{x}^*) + \boldsymbol{A}^{\mathrm{T}}\boldsymbol{\lambda}^* = 0, \boldsymbol{Ax}^* = \boldsymbol{b}$$

KKT方程：$\nabla f(\boldsymbol{x}^*) + \boldsymbol{A}^{\mathrm{T}}\boldsymbol{\lambda}^* = 0, \boldsymbol{Ax}^* = \boldsymbol{b}$。

有了以上的基础知识后，这里开始不等式约束优化问题的讨论，其中不等式约束优化问题的描述如下。

$$\min f(\boldsymbol{x}) \quad \text{s.t.} \quad g_i(\boldsymbol{x}) \leqslant 0(i = 1,\cdots,m), \boldsymbol{Ax} = \boldsymbol{b}$$

基本假设：$f,g_1,\cdots,g_m$均具有连续二阶导数的凸函数；$\boldsymbol{A} \in \mathbf{R}^{p \times n}$为行满秩矩阵；存在相对内点$\boldsymbol{x} \in \boldsymbol{D} = \bigcap_{i=1}^{m} g_i \bigcap \mathrm{dom} f, f_i(\boldsymbol{x}) < 0(i = 1,\cdots,m), \boldsymbol{Ax} = \boldsymbol{b}$；最优解存在。

由以上假设，根据Slater的定义，可知$(\boldsymbol{x}^*, \boldsymbol{\mu}^*, \boldsymbol{\lambda}^*)$是原问题和对偶问题的最优解等价于它们同时满足以下的KKT方程：

$$g_i(\boldsymbol{x}^*) \leqslant 0, \forall 1 \leqslant i \leqslant m$$

$$\boldsymbol{Ax}^* = \boldsymbol{b}$$

$$\mu_i^* \geqslant 0, \forall 1 \leqslant i \leqslant m$$

$$\mu_i^* g_i(\boldsymbol{x}^*) = 0, \forall 1 \leqslant i \leqslant m$$

$$\nabla f(\boldsymbol{x}^*) + \sum_{i=1}^{m}\mu_i^*\nabla g_i(\boldsymbol{x}^*) + \boldsymbol{A}^{\mathrm{T}}\boldsymbol{\lambda}^* = 0$$

7.4.5　不等式约束优化问题的求解方法

求解不等式约束优化问题有以下两个思路。

思路1：能否从等式约束优化问题出发，用等式约束优化问题的方法来解决呢？

思路2：能否从KKT条件入手，求解满足KKT条件的解？

下面的内容会分别进行介绍。首先介绍障碍函数法。

1. 障碍函数法

什么是障碍函数法呢？它的本质就是一个惩罚，当取不到最优值时会给很大的惩罚。那么，如何去表达这种惩罚呢？这里就需要引入示性函数。如果我们把不等式约束隐含在目标函数中：

$$\min f_0(\boldsymbol{x}) + \sum_{i=1}^{m} I_-\big(f_i(\boldsymbol{x})\big)$$
$$\text{s.t.} \quad \boldsymbol{A}\boldsymbol{x} = \boldsymbol{b}$$

其中，$I_-:\mathbf{R} \to \mathbf{R}$是非正实数的示性函数，

$$I_-(u) = \begin{cases} 0, \ \forall u \leqslant 0 \\ \infty, \ \forall u > 0 \end{cases}$$

上述问题没有了不等式约束，但是其目标函数在一般情况下也不可微，不能应用牛顿法。

(1)对数障碍。

障碍方法的基本思想是用以下函数近似表示示性函数。

近似函数：$\hat{I}_-(u) = -\dfrac{1}{t}\log(-u)$，其中$t > 0$是确定近似精度的参数。

示性函数的特点就是，当我们把u这个变量变成不等式约束以后，可以确定在可行域范围内，示性函数趋向于0，当离开可行域范围内时，示性函数就趋向于无穷大。如图7-6所示，若干t值对应的函数$\hat{I}_-(u)$的值，近似函数是负实轴上任意阶可导的凸函数。近似函数和函数$I_-(u)$对比可知，随着t变大，近似的精度逐渐增加。

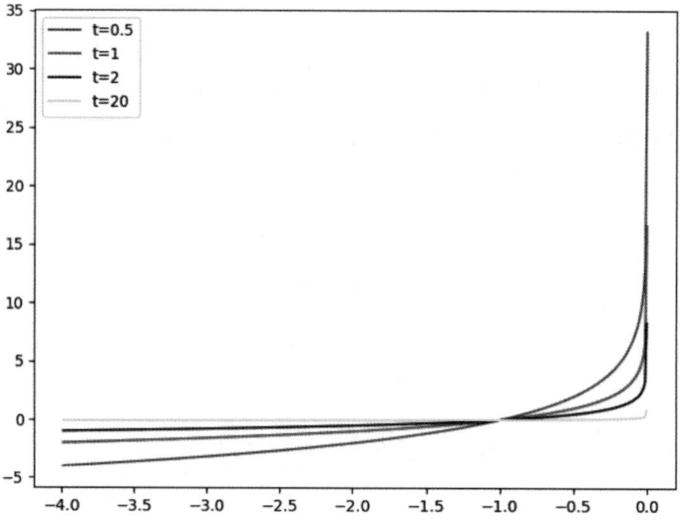

图7-6　$\hat{I}_-(u) = -\dfrac{1}{t}\log(-u)$不同$t$时的绘制

用$\hat{I}_-(u)$替代$I_-(u)$可得目标函数：

$$\min f_0(\boldsymbol{x}) + \sum_{i=1}^{m} -\frac{1}{t}\log\big(-f_i(\boldsymbol{x})\big)$$
$$\text{s.t.} \quad \boldsymbol{A}\boldsymbol{x} = \boldsymbol{b}$$

(2)对数障碍函数与近似优化问题。

如何用障碍函数将不等式约束变到目标函数中呢?

首先定义对数障碍函数:$\varphi(\boldsymbol{x}) = -\sum_{i=1}^{m}\log\left(-g_i(\boldsymbol{x})\right)$,它的梯度和黑塞矩阵为

$$\nabla\varphi(\boldsymbol{x}) = \sum_{i=1}^{m}\frac{1}{-g_i(\boldsymbol{x})}\nabla g_i(\boldsymbol{x})$$

$$\nabla^2\varphi(\boldsymbol{x}) = \sum_{i=1}^{m}\frac{1}{g_i(\boldsymbol{x})^2}\nabla g_i(\boldsymbol{x})\nabla g_i(\boldsymbol{x})^{\mathrm{T}} + \sum_{i=1}^{m}\frac{1}{-g_i(\boldsymbol{x})}\nabla^2 g_i(\boldsymbol{x})$$

障碍函数法:

$$\begin{aligned}
&\min f(\boldsymbol{x}) \ \text{ s.t. } \ g_i(\boldsymbol{x}) \leqslant 0 (i = 1,\cdots,m), \boldsymbol{A}\boldsymbol{x} = \boldsymbol{b} \\
&\cong \min f(\boldsymbol{x}) + \sum_{i=1}^{m} I_-\left(g_i(\boldsymbol{x})\right) \ \text{ s.t. } \ \boldsymbol{A}\boldsymbol{x} = \boldsymbol{b} \\
&\Leftrightarrow \min f(\boldsymbol{x}) + \frac{1}{t}\varphi(\boldsymbol{x}) \ \text{ s.t. } \ \boldsymbol{A}\boldsymbol{x} = \boldsymbol{b} \\
&\Leftrightarrow \min tf(\boldsymbol{x}) + \varphi(\boldsymbol{x}) \ \text{ s.t. } \ \boldsymbol{A}\boldsymbol{x} = \boldsymbol{b}
\end{aligned}$$

引入变化的t,调节不等式约束和目标函数之间的权重,最后的优化问题为

$$\min tf(\boldsymbol{x}) + \varphi(\boldsymbol{x}) \ \text{ s.t. } \ \boldsymbol{A}\boldsymbol{x} = \boldsymbol{b} \quad \varphi(\boldsymbol{x}) = -\sum_{i=1}^{m}\log\left(-g_i(\boldsymbol{x})\right)$$

引入变化的t,调节原始目标函数和障碍函数在新的目标函数中的权重,即

$$\min\left\{tf(\boldsymbol{x}) + \varphi(\boldsymbol{x}) \middle| \text{ s.t. } \boldsymbol{A}\boldsymbol{x} = \boldsymbol{b}\right\}$$

随着t不断变大,求解的等式优化问题也各不相同。但是,t较小时,我们希望求解的优化问题的最优解优先满足不等式约束的条件,然后逐步扩大t使得最优解能够在满足不等式约束条件的同时,慢慢使得$f(\boldsymbol{x})$的值也变小。

$$\begin{gathered}
\text{assume the } t_0 \leqslant t_1 \leqslant t_2 \leqslant \cdots \leqslant t_n \\
t_0 \rightarrow \boldsymbol{x}^*\left(t_0\right) = \arg\min\left\{t_0 f(\boldsymbol{x}) + \varphi(\boldsymbol{x}) \middle| \text{ s.t. } \boldsymbol{A}\boldsymbol{x} = \boldsymbol{b}\right\} \\
t_1 \rightarrow \boldsymbol{x}^*\left(t_1\right) = \arg\min\left\{t_1 f(\boldsymbol{x}) + \varphi(\boldsymbol{x}) \middle| \text{ s.t. } \boldsymbol{A}\boldsymbol{x} = \boldsymbol{b}\right\} \\
\vdots \\
t_n \rightarrow \boldsymbol{x}^*\left(t_n\right) = \arg\min\left\{t_n f(\boldsymbol{x}) + \varphi(\boldsymbol{x}) \middle| \text{ s.t. } \boldsymbol{A}\boldsymbol{x} = \boldsymbol{b}\right\}
\end{gathered}$$

这一系列最优解有什么关系呢?

当t逐步增大时,会使$\varphi(\boldsymbol{x})$在可行域内减小,同时为了使整个目标实现最小值,这时就有$f(\boldsymbol{x})$也在逐步减小。下面给出如何求解的问题。

(3)中心路径。

中心路径的定义 对于任意$t > 0$,称前面近似优化问题的最优解$\boldsymbol{x}^*(t)$为中心点,称随着$\boldsymbol{x}^*(t)$的增加而生成t的轨迹为中心路径。

中心路径上的点$\boldsymbol{x}^*(t)$是原问题的可行点。

$$f\left(\boldsymbol{x}^*\left(t_0\right)\right) \geqslant f\left(\boldsymbol{x}^*\left(t_1\right)\right) \geqslant \cdots \geqslant f\left(\boldsymbol{x}^*\left(t_n\right)\right) \geqslant \cdots$$

$$\lim_{t\to\infty} f\left(\boldsymbol{x}^*(t)\right) = p^*$$

考虑拉格朗日函数:

$$L(\boldsymbol{x},\boldsymbol{\lambda},\boldsymbol{v}) = f(\boldsymbol{x}) + \sum_{i=1}^{m}\lambda_i g_i(\boldsymbol{x}) + \boldsymbol{v}^{\mathrm{T}}(\boldsymbol{A}\boldsymbol{x} - \boldsymbol{b})$$

若$\boldsymbol{x}^*(t)$是原问题的可行点,则凡满足驻点条件的点$\left(\boldsymbol{\lambda}^*(t),\boldsymbol{v}^*(t)\right)$均称为$\boldsymbol{x}^*(t)$的对偶可行点,即

$$g\left(\boldsymbol{\lambda}^*(t),\boldsymbol{v}^*(t)\right) = L\left(\boldsymbol{x}^*(t),\boldsymbol{\lambda}^*(t),\boldsymbol{v}^*(t)\right) = \min_{\boldsymbol{x}\in D} L\left(\boldsymbol{x},\boldsymbol{\lambda}^*(t),\boldsymbol{v}^*(t)\right)$$

因此,$\left(\boldsymbol{x}^*(t),\boldsymbol{\lambda}^*(t),\boldsymbol{v}^*(t)\right)$满足驻点条件:

$$\nabla f\left(\boldsymbol{x}^*(t)\right) + \sum_{i=1}^{m}\lambda_i^*(t)\nabla g_i\left(\boldsymbol{x}^*(t)\right) + \boldsymbol{A}^{\mathrm{T}}\boldsymbol{v}^*(t) = 0$$

对于等式约束的优化问题:

$$\min\left\{tf(\boldsymbol{x}) + \varphi(\boldsymbol{x}) \mid \text{s.t. } \boldsymbol{A}\boldsymbol{x} = \boldsymbol{b}\right\}$$

由KKT条件可得

$$t\nabla f\left(\boldsymbol{x}^*(t)\right) + \nabla\varphi\left(\boldsymbol{x}^*(t)\right) + \boldsymbol{A}^{\mathrm{T}}\hat{\boldsymbol{v}} = 0 \tag{7-1}$$

根据上面两式可给出一组中心路径上的对偶点:

$$\lambda_i^*(t) = -\frac{1}{tg_i\left(\boldsymbol{x}^*(t)\right)}\ (i = 1,\cdots,m),\ \boldsymbol{v}^*(t) = \frac{\hat{\boldsymbol{v}}}{t}$$

此处$\left(\boldsymbol{x}^*(t),\boldsymbol{\lambda}^*(t),\boldsymbol{v}^*(t)\right)$并不满足互补松弛条件,因为它不是最优解。

中心路径与最优解的关系:

$$f\left(\boldsymbol{x}^*(t)\right) - p^* \leqslant \frac{m}{t} \tag{7-2}$$

式(7-2)的证明如下。

首先,根据弱对偶定理得$g\left(\boldsymbol{\lambda}^*(t),\boldsymbol{v}^*(t)\right) \leqslant f\left(\boldsymbol{x}^*(t)\right) = p^*$。

其次,求对偶可行点。从上述的KKT条件(7-1)可以推导出中心路径的一个重要性质,即每个中心点产生对偶可行解,因此可以给出最优值P^*的一个下界。定义如下:

$$\boldsymbol{\lambda}_i^*(t) = -\frac{1}{tg_i\left(\boldsymbol{x}^*(t)\right)}\ (i = 1,\cdots,m),\ \boldsymbol{v}^*(t) = \frac{\hat{\boldsymbol{v}}}{t}$$

此时$\boldsymbol{\lambda}^*(t)$和$\boldsymbol{v}^*(t)$是对偶可行解。对于函数$g\left(\boldsymbol{\lambda}^*(t),\boldsymbol{v}^*(t)\right)$,对偶可行解是有限的,并且可推导出下面的公式:

$$\begin{aligned}
g\left(\boldsymbol{\lambda}^*(t),\boldsymbol{v}^*(t)\right) &= L\left(\boldsymbol{x}^*(t),\boldsymbol{\lambda}^*(t),\boldsymbol{v}^*(t)\right) \\
&= f\left(\boldsymbol{x}^*(t)\right) + \sum_{i=1}^{m}\lambda_i^*(t)g_i\left(\boldsymbol{x}^*(t)\right) + \left(\boldsymbol{A}\boldsymbol{x}^*(t) - \boldsymbol{b}\right)^{\mathrm{T}}\boldsymbol{v}^*(t) \\
&= f\left(\boldsymbol{x}^*(t)\right) - \frac{m}{t}
\end{aligned}$$

表明$\boldsymbol{x}^*(t)$与对偶可行解$\boldsymbol{\lambda}^*(t),\boldsymbol{v}^*(t)$之间的对偶间隙为$\dfrac{m}{t}$,即

$$f_0\left(\boldsymbol{x}^*(t)\right) - P^* \leqslant \frac{m}{t}$$

那么，$\boldsymbol{x}^*(t)$是和最优解的偏差为$\frac{m}{t}$的次优解。这个结论证实了$\boldsymbol{x}^*(t)$随着$t \to \infty$而收敛于最优解。

(4)障碍方法。

对于上述结论，我们简单地取$t = \frac{m}{\varepsilon}$。计算时我们先初始化$t$，使$t < \frac{m}{\varepsilon}$，然后对一系列增加的$t$值计算相应的$\boldsymbol{x}^*(t)$，直到$t \geqslant \frac{m}{\varepsilon}$。由此获得原问题的$\varepsilon$次优解。这个方法通常称为障碍方法。

障碍方法的基本步骤如下。

初始化：确定$\boldsymbol{x}^0$满足$g_i(\boldsymbol{x}^0) < 0 (i = 1,\cdots,m)$，$\boldsymbol{A}\boldsymbol{x}^0 = \boldsymbol{b}$，设定参数$t^0 > 0, \mu > 1, \varepsilon > 0$。

for $k = 1, 2, 3, \cdots$

$t^k = \mu t^{k-1}$

$\boldsymbol{x}^*(t^k) = \arg\min_{\boldsymbol{x}} t^k f(\boldsymbol{x}) + \varphi(\boldsymbol{x}) \quad \text{s.t.} \quad \boldsymbol{A}\boldsymbol{x} = \boldsymbol{b}$

如果$t \geqslant \frac{m}{\varepsilon}$，则停止。

其中，$\boldsymbol{x}^*(t^{k-1})$作为求解$\boldsymbol{x}^*(t^k)$的初始点，加快子问题求解。

至此第1种求解不等式约束优化问题的思路已经介绍完毕，下面介绍第2种求解不等式约束优化问题的思路，即原对偶内点法。

2. 原对偶内点法

先来回忆一下障碍函数法求解不等式约束优化问题的基本步骤。

(1)给定$t > 0$，求解下面的优化问题得到最优解。

$$\boldsymbol{x}^*(t) = \arg\min\left\{tf(\boldsymbol{x}) - \sum_{i=1}^{m}\log\left(-g_i(\boldsymbol{x})\right)\right\} \quad \text{s.t.} \quad \boldsymbol{A}\boldsymbol{x} = \boldsymbol{b}$$

(2)增加t直到$\frac{m}{t} \leqslant \varepsilon$，此时$f(\boldsymbol{x}^*(t)) - p^* \leqslant \frac{m}{t} \leqslant \varepsilon$。

第(1)步等价于解下述等式约束KKT条件：

$$t\nabla f(\boldsymbol{x}) - \sum_{i=1}^{m}\frac{1}{g_i(\boldsymbol{x})}\nabla g_i(\boldsymbol{x}) + \boldsymbol{A}^{\mathrm{T}}\hat{\boldsymbol{v}} = 0$$
$$\boldsymbol{A}\boldsymbol{x} - \boldsymbol{b} = 0$$

令$\lambda_i = -\frac{1}{tg_i(\boldsymbol{x})}, \forall i, \boldsymbol{v} = \frac{\hat{\boldsymbol{v}}}{t_m}$，等价于解下述修改的KKT条件：

$$\nabla f(\boldsymbol{x}) + \sum_{i=1}^{m}\lambda_i\nabla g_i(\boldsymbol{x}) + \boldsymbol{A}^{\mathrm{T}}\boldsymbol{v} = 0$$
$$-\lambda_i g_i(\boldsymbol{x}) - \frac{1}{t} = 0 (1 \leqslant i \leqslant m)$$
$$\boldsymbol{A}\boldsymbol{x} - \boldsymbol{b} = 0$$

KKT方程的修改思路：从某个满足不等式约束的可行点出发，沿着某个方向变换，使得变化后的点满足上述等式。

设有 $\boldsymbol{x}_0$ 满足 $g_i(\boldsymbol{x}_0)<0,\forall 1\leqslant i\leqslant m$，选定初始 t，令 $\lambda_i=-\dfrac{1}{tg_i(\boldsymbol{x}_0)},\forall i$，任取 $\boldsymbol{v}$，又等价于解以 $\Delta\boldsymbol{x},\Delta\lambda_i,\Delta\boldsymbol{v}$ 为变量的下述非线性方程组：

$$\begin{cases}\nabla f(\boldsymbol{x}_0+\Delta\boldsymbol{x})+\sum\limits_{i=1}^{m}(\lambda_i+\Delta\lambda_i)\nabla g_i(\boldsymbol{x}_0+\Delta\boldsymbol{x})+\boldsymbol{A}^{\mathrm{T}}(\boldsymbol{v}+\Delta\boldsymbol{v})=0\\ -(\lambda_i+\Delta\lambda_i)g_i(\boldsymbol{x}_0+\Delta\boldsymbol{x})-\dfrac{1}{t}=0(1\leqslant i\leqslant m)\end{cases}$$

$\boldsymbol{A}(\boldsymbol{x}_0+\Delta\boldsymbol{x})-\boldsymbol{b}=0$，对上述方程组中的非线性项进行一阶展开，得到近似的线性方程组，解线性方程组得到 $\Delta\boldsymbol{x},\Delta\lambda_i,\Delta\boldsymbol{v}$，然后进行直线搜索得到非线性方程组的残差的范数减小，得到新的变量。

修改的KKT条件可写成

$$r_t(\boldsymbol{x},\boldsymbol{\lambda},\boldsymbol{v})=\begin{pmatrix}\nabla f(\boldsymbol{x})+\boldsymbol{D}g(\boldsymbol{x})^{\mathrm{T}}\boldsymbol{\lambda}+\boldsymbol{A}^{\mathrm{T}}\boldsymbol{v}\\ -\mathrm{diag}(\boldsymbol{\lambda})g(\boldsymbol{x})-\dfrac{1}{t}\boldsymbol{l}\\ \boldsymbol{A}\boldsymbol{x}-\boldsymbol{b}\end{pmatrix}=0$$

其中，

$$g(\boldsymbol{x})=(g_1(\boldsymbol{x}),\cdots,g_m(\boldsymbol{x}))^{\mathrm{T}}$$
$$\boldsymbol{D}g(\boldsymbol{x})^{\mathrm{T}}=(\nabla g_1(\boldsymbol{x}),\cdots,\nabla g_m(\boldsymbol{x}))$$
$$\boldsymbol{l}=(1,\cdots,1)^{\mathrm{T}}$$

每步的优化解使其满足当前的KKT条件。

$$\begin{aligned}&r_t(\boldsymbol{x}+\Delta\boldsymbol{x},\boldsymbol{\lambda}+\Delta\boldsymbol{\lambda},\boldsymbol{v}+\Delta\boldsymbol{v})\\ \approx\ &r_t(\boldsymbol{x},\boldsymbol{\lambda},\boldsymbol{v})+\frac{\partial r_t}{\partial\boldsymbol{x}^{\mathrm{T}}}\Delta\boldsymbol{x}+\frac{\partial r_t}{\partial\boldsymbol{\lambda}^{\mathrm{T}}}\Delta\boldsymbol{\lambda}+\frac{\partial r_t}{\partial\boldsymbol{v}^{\mathrm{T}}}\Delta\boldsymbol{v}\\ =\ &\begin{pmatrix}\nabla^2 f(\boldsymbol{x})+\sum\limits_{i=1}^{m}\nabla^2 g_i(\boldsymbol{x})\lambda_i\\ -\mathrm{diag}(\boldsymbol{\lambda})\boldsymbol{D}g(\boldsymbol{x})\\ \boldsymbol{A}\end{pmatrix}\Delta\boldsymbol{x}+\begin{pmatrix}\boldsymbol{D}g(\boldsymbol{x})^{\mathrm{T}}\\ -\mathrm{diag}(g(\boldsymbol{x}))\\ \boldsymbol{O}\end{pmatrix}\Delta\boldsymbol{\lambda}+\begin{pmatrix}\boldsymbol{A}^{\mathrm{T}}\\ \boldsymbol{O}\\ \boldsymbol{O}\end{pmatrix}\Delta\boldsymbol{v}+r_t(\boldsymbol{x},\boldsymbol{\lambda},\boldsymbol{v})\end{aligned}$$

根据以上的思路可以整理以下定义。

对偶残差：$r_{\mathrm{dual}}=\nabla f(\boldsymbol{x})+\boldsymbol{D}g(\boldsymbol{x})^{\mathrm{T}}\boldsymbol{\lambda}+\boldsymbol{A}^{\mathrm{T}}\boldsymbol{v}$。

中心点残差：$r_{\mathrm{cent}}=-\mathrm{diag}(\boldsymbol{\lambda})g(\boldsymbol{x})-\dfrac{1}{t}\boldsymbol{l}$。

原残差：$r_{\mathrm{pri}}=\boldsymbol{A}\boldsymbol{x}-\boldsymbol{b}$。

当 t 趋近于正无穷时，满足中心点残差等价于满足互补松弛条件，原问题和对偶问题的可行点即为最优解。

因此，直线搜索方向的近似线性方程组为

$$\begin{pmatrix}\nabla^2 f(\boldsymbol{x})+\sum\limits_{i=1}^{m}\nabla^2 g_i(\boldsymbol{x})\lambda_i & \boldsymbol{D}g(\boldsymbol{x})^{\mathrm{T}} & \boldsymbol{A}^{\mathrm{T}}\\ -\mathrm{diag}(\boldsymbol{\lambda})\boldsymbol{D}g(\boldsymbol{x}) & -\mathrm{diag}(g(\boldsymbol{x})) & \boldsymbol{O}\\ \boldsymbol{A} & \boldsymbol{O} & \boldsymbol{O}\end{pmatrix}\begin{pmatrix}\Delta\boldsymbol{x}\\ \Delta\boldsymbol{\lambda}\\ \Delta\boldsymbol{v}\end{pmatrix}=-\begin{pmatrix}r_{\mathrm{dual}}\\ r_{\mathrm{cent}}\\ r_{\mathrm{pri}}\end{pmatrix}$$

将上述线性方程组的解(直线搜索方向)记作 $\Delta\boldsymbol{y}_{\mathrm{pd}}=(\Delta\boldsymbol{x}_{\mathrm{pd}},\Delta\boldsymbol{\lambda}_{\mathrm{pd}},\Delta\boldsymbol{v}_{\mathrm{pd}})$，再记 $\boldsymbol{y}=(\boldsymbol{x},\boldsymbol{\lambda},\boldsymbol{v}),\boldsymbol{\eta}(\boldsymbol{x},\boldsymbol{\lambda})=$

$-g(\boldsymbol{x})^{\mathrm{T}}\boldsymbol{\lambda},\forall \boldsymbol{x}\in\mathbf{R}^n,\forall\boldsymbol{\lambda}\in\mathbf{R}^m,\forall \boldsymbol{v}\in\mathbf{R}^p$,由 $-\mathrm{diag}(\boldsymbol{\lambda})g(\boldsymbol{x})-\frac{1}{t}\boldsymbol{l}=0$ 可得 $t=\frac{m}{\eta(\boldsymbol{x},\boldsymbol{\lambda})}$。

原对偶内点法的主要步骤如下。

初始化步骤:确定 $\boldsymbol{x}$ 满足 $g_i(\boldsymbol{x})<0(i=1,\cdots,m)$;设定 $\lambda_i>0,\mu>1,\varepsilon_{\text{feas}}>0,\varepsilon>0$。

基本步骤:令 $t=\frac{m}{\eta(\boldsymbol{x},\boldsymbol{\lambda})}$,计算直线搜索方向 $\Delta\boldsymbol{y}_{\text{pd}}$,以减少 $\left\|r_t(\boldsymbol{y}+s\Delta\boldsymbol{y}_{\text{pd}})\right\|$ 为目标进行直线搜索,确定步长 s,然后令 $\boldsymbol{y}=\boldsymbol{y}+s\Delta\boldsymbol{y}_{\text{pd}}$。

停止准则:$\left\|r_{\text{pri}}\right\|\leqslant\varepsilon_{\text{feas}},\left\|r_{\text{dual}}\right\|\leqslant\varepsilon_{\text{feas}},\eta(\boldsymbol{x},\boldsymbol{\lambda})\leqslant\varepsilon$。

总结:针对一般凸优化问题均有效;初始点可以是不可行点(不满足等式约束);多项式时间内解决一般的凸优化问题;针对具体问题,会有比原对偶内点法更快的算法。

最后,综合7.3节和7.4节的思想,我们可以得到以下优化问题的转化思想。

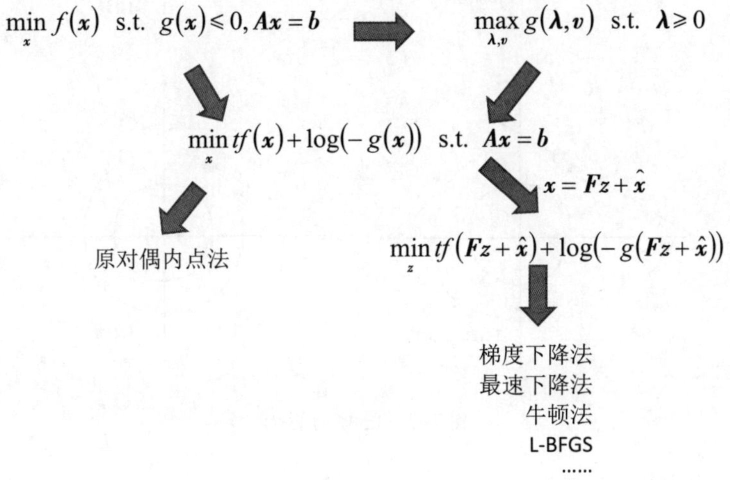

7.5 带L1范数正则的优化问题

本节主要解决将目标函数分解为可导部分和不可导部分及一类不可导的凸优化问题。

将目标函数 $\min F(\boldsymbol{x})=f(\boldsymbol{x})+g(\boldsymbol{x})$ 分解为可导部分和不可导部分,例如,可导部分为 $f(\boldsymbol{x})=\|\boldsymbol{Ax}-\boldsymbol{b}\|^2$;不可导部分为 $g(\boldsymbol{x})=\lambda\|\boldsymbol{x}\|_1$。

目标函数中优化的内容常常带有L1范数正则化项和L2范数正则化项,L2范数正则化项可以求梯度,L1范数正则化项不可求梯度。所以,这里主要讨论带L1范数正则化项的目标函数优化问题。在介绍算法之前,先来看看L1范数有什么好处,以及为什么需要它。

7.5.1 L1范数产生稀疏解

优化问题$\min F(\boldsymbol{x})=\|\boldsymbol{A}\boldsymbol{x}-\boldsymbol{b}\|^2+\boldsymbol{\lambda}\|\boldsymbol{x}\|_p^p$,假设最优点为$\boldsymbol{x}^*$,原问题等价于$\min\limits_{\boldsymbol{x}}\|\boldsymbol{A}\boldsymbol{x}-\boldsymbol{b}\|^2 \quad \text{s.t.} \quad \|\boldsymbol{x}\|_p^p \leqslant C$

$C=\|\boldsymbol{x}^*\|_p^p$。

Lp球的影响如图7-7所示。

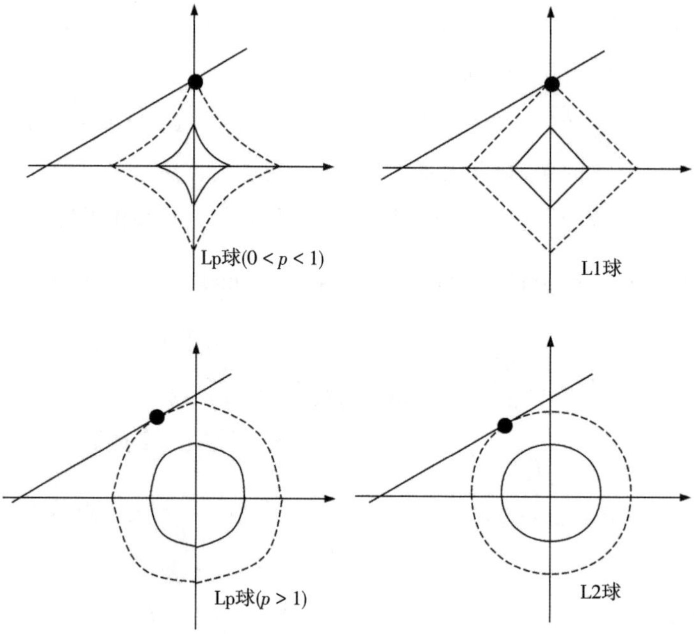

图7-7 Lp球的影响

$\boldsymbol{A}\boldsymbol{x}=\boldsymbol{b}$:表示空间中的一条直线。

$\|\boldsymbol{x}\|_p$:表示空间中的Lp球。

当$0<p<1$时,Lp球是内凸的,当球的半径逐渐增加时与直线的交点将位于坐标轴上,而坐标轴上的点是稀疏的(除该所在坐标轴的坐标值不为0外,其他均为0)。

当$p=1$时,Lp球是菱状,在一定条件下会导致一个稀疏解,即相交于坐标轴上。

当$p>1$时,Lp球是外凸的,当逐渐膨胀时与直线的切点一定不位于坐标轴上,即此时的解是不稀疏的。如图7-7所示中的L2球。

因此,可以看出L1范数容易在坐标轴处产生稀疏解。

接着介绍近端梯度的概念,目的在于介绍基于近端梯度的算法。

如果只是求解$\min f(\boldsymbol{x})$,则梯度下降法的策略是$\boldsymbol{x}_0\in\mathbf{R}^n,\boldsymbol{x}_k=\boldsymbol{x}_{k-1}-t_k\nabla f\left(\boldsymbol{x}_{k-1}\right)$,其等价于每步在求解在$\boldsymbol{x}_{k-1}$处的近端正则化的函数,这里主要利用在$\boldsymbol{x}_{k-1}$处进行泰勒展开:

$$\boldsymbol{x}_k=\arg\min_{\boldsymbol{x}}\left\{f\left(\boldsymbol{x}_{k-1}\right)+\left\langle\boldsymbol{x}-\boldsymbol{x}_{k-1},\nabla f\left(\boldsymbol{x}_{k-1}\right)\right\rangle+\frac{1}{2t_k}\left\|\boldsymbol{x}-\boldsymbol{x}_{k-1}\right\|^2\right\}\Leftrightarrow\boldsymbol{x}_k=\boldsymbol{x}_{k-1}-t_k\nabla f\left(\boldsymbol{x}_{k-1}\right)$$

其中，$\frac{1}{2t_k}\left\|\boldsymbol{x}-\boldsymbol{x}_{k-1}\right\|$用于控制距离$\boldsymbol{x}_{k-1}$的距离，即近端的程度。

接下来继续看带有L1范数的优化问题，于是优化问题的形式如下。

考虑原问题$\min\left\{f(\boldsymbol{x})+\lambda\|\boldsymbol{x}\|_1 : \boldsymbol{x}\in\mathbf{R}^n\right\}$，每一步迭代求解$\boldsymbol{x}_k=\arg\min_{\boldsymbol{x}}\left\{f\left(\boldsymbol{x}_{k-1}\right)+\left\langle\boldsymbol{x}-\boldsymbol{x}_{k-1},\nabla f\left(\boldsymbol{x}_{k-1}\right)\right\rangle+\frac{1}{2t_k}\left\|\boldsymbol{x}-\boldsymbol{x}_{k-1}\right\|^2+\lambda\|\boldsymbol{x}\|_1\right\}$等价于L1正则加上$f(\boldsymbol{x})$在$\boldsymbol{x}_{k-1}$处的近端正则。

令$Q_L\left(\boldsymbol{x},\boldsymbol{x}_k\right)=f\left(\boldsymbol{x}_{k-1}\right)+\left\langle\boldsymbol{x}-\boldsymbol{x}_{k-1},\nabla f\left(\boldsymbol{x}_{k-1}\right)\right\rangle+\frac{1}{2t_k}\left\|\boldsymbol{x}-\boldsymbol{x}_{k-1}\right\|^2+\lambda\|\boldsymbol{x}\|_1$，$L=\frac{1}{t_k}$，其中$L$是Lipschitz常数，忽略常数项，有$\boldsymbol{x}_k=\arg\min_{\boldsymbol{x}}\left\{\frac{1}{2t_k}\left\|\boldsymbol{x}-\left(\boldsymbol{x}_{k-1}-t_k\nabla f\left(\boldsymbol{x}_{k-1}\right)\right)\right\|^2+\lambda\|\boldsymbol{x}\|_1\right\}$。

每一步变换成求解$\boldsymbol{x}_k=\arg\min_{\boldsymbol{x}}\left\{\frac{1}{2t_k}\left\|\boldsymbol{x}-\left(\boldsymbol{x}_{k-1}-t_k\nabla f\left(\boldsymbol{x}_{k-1}\right)\right)\right\|^2+\lambda\|\boldsymbol{x}\|_1\right\}$。

由此可以得到以下结论。

(1)变量完全解耦，能分解出一范数正则。

(2)单变量优化问题存在最优值的表达式(闭式解)。

(3)通过计算梯度对原问题做了简单变换。

7.5.2 基于近端正则的ISTA算法

ISTA(Iterative Shrinkage-Thresholding Algorithm)，即迭代阈值收缩算法。

ISTA算法：$\boldsymbol{x}_k=\arg\min_{\boldsymbol{x}}\left\{\frac{1}{2t_k}\left\|\boldsymbol{x}-\left(\boldsymbol{x}_{k-1}-t_k\nabla f\left(\boldsymbol{x}_{k-1}\right)\right)\right\|^2+\lambda\|\boldsymbol{x}\|_1\right\}$，存在闭式解$\boldsymbol{x}_k=T_{\lambda t_k}\left(\boldsymbol{x}_{k-1}-t_k\nabla f\left(\boldsymbol{x}_{k-1}\right)\right)$，$T_\alpha(\boldsymbol{x})=\operatorname{sign}(\boldsymbol{x})\max\{0,|\boldsymbol{x}|-\alpha\}$，如图7-8所示。

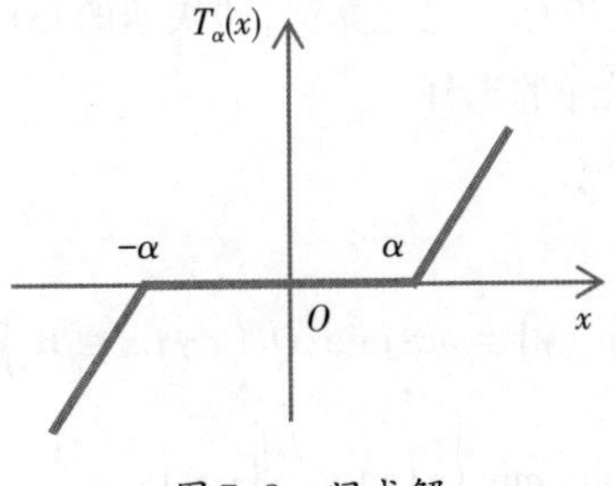

图7-8 闭式解

闭式解$\boldsymbol{x}_k=T_{\lambda t_k}\left(\boldsymbol{x}_{k-1}-t_k\nabla f\left(\boldsymbol{x}_{k-1}\right)\right)$，如何确定$t_k$，答案是$t_k=\frac{1}{L(f)}$。

引入Lipschitz常数$\left\|\nabla^2 f(\boldsymbol{x})\right\|\leqslant L(f),\forall\boldsymbol{x}\Rightarrow\left\|\nabla f(\boldsymbol{x})-\nabla f(\boldsymbol{y})\right\|\leqslant L(f)\|\boldsymbol{x}-\boldsymbol{y}\|$ for every $\boldsymbol{x},\boldsymbol{y}\in\mathbf{R}^n$，则有$f(\boldsymbol{x})+g(\boldsymbol{x})\leqslant f\left(\boldsymbol{x}_k\right)+\nabla f\left(\boldsymbol{x}_k\right)^{\mathrm{T}}\left(\boldsymbol{x}-\boldsymbol{x}_k\right)+\frac{L}{2}\left\|\boldsymbol{x}-\boldsymbol{x}_k\right\|^2+g(\boldsymbol{x})=Q_L\left(\boldsymbol{x},\boldsymbol{x}_k\right)$，$Q_L\left(\boldsymbol{x},\boldsymbol{x}_k\right)$可以认为是原问题

的一个变化的上界。

回溯法确定步长：思路为逐渐减小步长，一直到$Q_{L_k}\left(\boldsymbol{x}_k,\boldsymbol{x}_{k-1}\right)$是$f\left(\boldsymbol{x}_k\right)+g\left(\boldsymbol{x}_k\right)$的上界，其中$L_k=\dfrac{1}{t_k}$。

设置参数$\eta>1,L_0>0$,

$i\leftarrow 0,L_k\leftarrow L_0,\boldsymbol{x}_k\leftarrow T_{\frac{\lambda}{L_k}}\left(\boldsymbol{x}_{k-1}-\dfrac{\nabla f\left(\boldsymbol{x}_{k-1}\right)}{L_k}\right)$

While $f\left(\boldsymbol{x}_k\right)+g\left(\boldsymbol{x}_k\right)>Q_{L_k}\left(\boldsymbol{x}_k,\boldsymbol{x}_{k-1}\right)$

$\quad i\leftarrow i+1,L_k\leftarrow L_0\eta^i,$

$\quad \boldsymbol{x}_k\leftarrow T_{\frac{\lambda}{L_k}}\left(\boldsymbol{x}_{k-1}-\dfrac{\nabla f\left(\boldsymbol{x}_{k-1}\right)}{L_k}\right)$

因此，ISTA算法的核心思想是，每步都在优化原问题的一个变化的上界。

$\left\|\boldsymbol{x}_k-\boldsymbol{x}_{k+1}\right\|\to 0$时算法收敛，上界等于原目标函数。

Lipschitz 常数可作为一个固定的步长，也可使用回溯法确定步长。

收敛性结果$F\left(\boldsymbol{x}_k\right)-F\left(\boldsymbol{x}^*\right)\leqslant\dfrac{\alpha L(f)\left\|\boldsymbol{x}-\boldsymbol{x}_0\right\|^2}{2k}$，其与迭代次数是次线性关系，区别于前面梯度下降法的收敛性结果(线性收敛)$K\leqslant\dfrac{\log\left(\left(f\left(\boldsymbol{x}^0\right)-p^*\right)/\varepsilon\right)}{\left|\log(1-m/M)\right|}$，应用面广，实现简单。

ISTA算法的总结如下。

(1)能解决非平滑的凸优化问题。

(2)对目标函数进行分解，将其分解为平滑的部分和近端正则部分。

(3)每一步迭代中，优化变量完全解耦，且子问题存在闭式解。

(4)可推广到一般性带L1范数的优化问题中。

FISTA是在ISTA算法的基础上进行演化的算法，即快速的ISTA算法。FISTA和ISTA算法的区别在于，迭代步骤中近似函数的起始点$\boldsymbol{y}$的选择。

首先看看常数步长的FISTA算法。

若令

$$p_L\left(\boldsymbol{y}\right)\coloneqq\arg\min\left\{Q_L\left(\boldsymbol{x},\boldsymbol{y}\right):\boldsymbol{x}\in\mathbf{R}^n\right\}$$

$$p_L\left(\boldsymbol{y}\right)\coloneqq\arg\min_{\boldsymbol{x}}\left\{g\left(\boldsymbol{x}\right)+\frac{L}{2}\left\|\boldsymbol{x}-\left(\boldsymbol{y}-\frac{1}{L}\nabla f\left(\boldsymbol{y}\right)\right)\right\|^2\right\}$$

则可推导出

$$\boldsymbol{x}_k=p_{L_k}\left(\boldsymbol{x}_{k-1}\right),L_k=\frac{1}{\boldsymbol{\lambda}t_k}$$

FISTA算法的基本迭代步骤如下。

输入：$L=L(f)$，L是∇f的Lipschitz 常数。

初始化步骤设为第0步时取 $\boldsymbol{y}_1 = \boldsymbol{x}_0 \in \mathbf{R}^n, t_1 = 1$。

当计算步骤为大于等于零，记作 $k(k \geqslant 1)$ 时计算：

$$\boldsymbol{x}_k = p_{L_k}\left(\boldsymbol{y}_k\right)$$

$$t_{k+1} = \frac{1 + \sqrt{1 + 4t_k^2}}{2}$$

$$\boldsymbol{y}_{k+1} = \boldsymbol{x}_k + \left(\frac{t_k - 1}{t_{k+1}}\right)\left(\boldsymbol{x}_k - \boldsymbol{x}_{k-1}\right)$$

其中，

$$p_L\left(\boldsymbol{y}\right) = \arg\min_{\boldsymbol{x}}\left\{g\left(\boldsymbol{x}\right) + \frac{L}{2}\left\|\boldsymbol{x} - \left(\boldsymbol{y} - \frac{1}{L}\nabla f\left(\boldsymbol{y}\right)\right)\right\|^2\right\}$$

$$g\left(\boldsymbol{x}\right) = \lambda\|\boldsymbol{x}\|_1 (\lambda > 0)$$

在Lipschitz常数 $L\left(f\right)$ 不一定能找到或即使找到了也不好计算的情况下，可以采用带回溯的FISTA算法，其基本迭代步骤如下。

初始化步骤设为第0步时取 $L_0 > 0$，某个 $\eta > 1$，$\boldsymbol{x}_0 \in \mathbf{R}^n$。设 $\boldsymbol{y}_1 = \boldsymbol{x}_0, t_1 = 1$。

当计算步骤为大于等于零，记作 $k(k \geqslant 1)$ 时寻找最相似的非负整数 i_k 在 $\bar{L} = \eta^{i_k} L_{k-1}$：

$$F\left(p_{\bar{L}}\left(\boldsymbol{y}_k\right)\right) \leqslant Q_{\bar{L}}\left(p_{\bar{L}}\left(\boldsymbol{y}_k\right), \boldsymbol{y}_k\right)$$

设 $L_k = \eta^{i_k} L_{k-1}$，计算：

$$\boldsymbol{x}_k = p_{\bar{L}}\left(\boldsymbol{y}_k\right)$$

$$t_{k+1} = \frac{1 + \sqrt{1 + 4t_k^2}}{2}$$

$$\boldsymbol{y}_{k+1} = \boldsymbol{x}_k + \left(\frac{t_k - 1}{t_{k+1}}\right)\left(\boldsymbol{x}_k - \boldsymbol{x}_{k-1}\right)$$

其中，$Q\left(p_L\left(\boldsymbol{y}\right), \boldsymbol{y}\right) = f\left(\boldsymbol{y}\right) + \left\langle p_L\left(\boldsymbol{y}\right) - \boldsymbol{y}, \nabla f\left(\boldsymbol{y}\right)\right\rangle + \frac{L}{2}\left\|p_L\left(\boldsymbol{y}\right) - \boldsymbol{y}\right\|^2 + g\left(p_L\left(\boldsymbol{y}\right)\right)$。

总结：FISTA和ISTA算法的应用有很多，如图像处理中去模糊、特征匹配等，它们的区别在于迭代过程中近似函数起始点的选择，这使得FISTA基于梯度下降思想的迭代过程更加快速地趋近问题函数 $F(x)$ 的最优值，收敛速度 $f\left(\boldsymbol{x}_k\right) - p^* \in O\left(1/k^2\right)$。

7.5.3 基于增广拉格朗日乘数法的ADMM算法

交替方向乘子法(Alternating Direction Method of Multipliers，ADMM)是一种解决可分解凸优化问题的简单方法，尤其在解决大规模问题上卓有成效。利用ADMM算法可以将原问题的目标函数等价地分解成若干个可求解的子问题，然后并行求解每一个子问题，最后协调子问题的解得到原问题的全局解。ADMM 最早分别由 Glowinski & Marrocco及Gabay & Mercier于1975年和1976年提出，并被 Boyd等人于 2011 年重新综述并证明其适用于大规模分布式优化问题。由于ADMM的提出早于大规模分布式计算系统和大规模优化问题的出现，所以在2011年以前，这种方法并不广为人知。

首先来看看增广拉格朗日函数。

以等式约束优化问题 $\min\left\{f(\boldsymbol{x}) \mid \text{s.t. } \boldsymbol{A}\boldsymbol{x}=\boldsymbol{b}\right\}$ 为例，拉格朗日函数 $L(\boldsymbol{x},\boldsymbol{y})=f(\boldsymbol{x})+\boldsymbol{y}^{\mathrm{T}}(\boldsymbol{A}\boldsymbol{x}-\boldsymbol{b})$ 等价的优化问题(增广问题)为 $\min\left\{f(\boldsymbol{x})+\frac{\rho}{2}\|\boldsymbol{A}\boldsymbol{x}-\boldsymbol{b}\|^2 \middle| \text{s.t. } \boldsymbol{A}\boldsymbol{x}=\boldsymbol{b}\right\}$。

(增广)拉格朗日函数 $L_\rho(\boldsymbol{x},\boldsymbol{y})=f(\boldsymbol{x})+\boldsymbol{y}^{\mathrm{T}}(\boldsymbol{A}\boldsymbol{x}-\boldsymbol{b})+\frac{\rho}{2}\|\boldsymbol{A}\boldsymbol{x}-\boldsymbol{b}\|^2\ (\rho>0)$，优化问题变为 $\max_{\boldsymbol{y}}\min_{\boldsymbol{x}} L_\rho(\boldsymbol{x},\boldsymbol{y})=f(\boldsymbol{x})+\boldsymbol{y}^{\mathrm{T}}(\boldsymbol{A}\boldsymbol{x}-\boldsymbol{b})+\frac{\rho}{2}\|\boldsymbol{A}\boldsymbol{x}-\boldsymbol{b}\|^2\ (\rho>0)$。

思路如下。

(1)让上面的无约束优化问题的最优解逼近等式约束优化问题的最优解。

(2)让 ρ 逐渐增大，从而使得等式约束逼近与满足。

(3)让 $\boldsymbol{y}$ 总是满足原问题的KKT方程的驻点条件。

更新准则：$(\rho^k,\boldsymbol{x}^k,\boldsymbol{y}^k)\to(\rho^{k+1},\boldsymbol{x}^{k+1},\boldsymbol{y}^{k+1})$。

(1)$\rho^{k+1}\geqslant\rho^k$。

(2)$\boldsymbol{x}^{k+1}=\min L_{\rho^{k+1}}(\boldsymbol{x},\boldsymbol{y}^k),\nabla f(\boldsymbol{x}^{k+1})+\boldsymbol{A}^{\mathrm{T}}\left(\boldsymbol{y}^k+\rho^{k+1}(\boldsymbol{A}\boldsymbol{x}^{k+1}-\boldsymbol{b})\right)=0$。

(3)$\boldsymbol{y}^{k+1}=\boldsymbol{y}^k+\rho^{k+1}(\boldsymbol{A}\boldsymbol{x}^{k+1}-\boldsymbol{b})$。

增广问题的驻点条件：通过 $\boldsymbol{y}^{k+1}=\boldsymbol{y}^k+\rho^{k+1}(\boldsymbol{A}\boldsymbol{x}^{k+1}-\boldsymbol{b})$ 这样的设置，可以让它满足原问题的驻点条件。

对于 ρ^k 的更新，可以采用乘子法，具体如下。

序列 $\{\rho^k\}$ 的更新方法：$\rho^{k+1}=\begin{cases}\beta\rho^k,\text{if } \|\boldsymbol{A}\boldsymbol{x}^k-\boldsymbol{b}\|>\gamma\|\boldsymbol{A}\boldsymbol{x}^{k-1}-\boldsymbol{b}\| \\ \rho^k,\text{if } \|\boldsymbol{A}\boldsymbol{x}^k-\boldsymbol{b}\|\leqslant\gamma\|\boldsymbol{A}\boldsymbol{x}^{k-1}-\boldsymbol{b}\|\end{cases},\beta>1,\gamma<1$。

效果：$\{\rho^k\}$ 不用增大到无穷就能很好地逼近原问题的最优解。

乘子法的优点是收敛的条件比较宽松，初始点任意。它的缺点是平方损失让 $\boldsymbol{x}$ 的更新不可分。

有了以上的基础知识后就可以学习ADMM算法了。

首先我们知道凸函数 f,g，将变量分开 $\min_{\boldsymbol{x},z} f(\boldsymbol{x})+g(z)\ \text{s.t. } \boldsymbol{A}\boldsymbol{x}+\boldsymbol{B}z=\boldsymbol{c}$。它的增广拉格朗日函数为

$$L_\rho(\boldsymbol{x},z,\boldsymbol{y})=f(\boldsymbol{x})+g(z)+\boldsymbol{y}^{\mathrm{T}}(\boldsymbol{A}\boldsymbol{x}+\boldsymbol{B}z-\boldsymbol{c})+\frac{\rho}{2}\|\boldsymbol{A}\boldsymbol{x}+\boldsymbol{B}z-\boldsymbol{c}\|_2^2$$

ADMM算法的大致思路，即更新方法如下。

$$\boldsymbol{x}^{k+1}\coloneqq\arg\min_{\boldsymbol{x}} L_\rho(\boldsymbol{x},z^k,\boldsymbol{y}^k)$$

$$z^{k+1}\coloneqq\arg\min_{z} L_\rho(\boldsymbol{x}^{k+1},z,\boldsymbol{y}^k)$$

$$\boldsymbol{y}^{k+1}\coloneqq\boldsymbol{y}^k+\rho(\boldsymbol{A}\boldsymbol{x}^{k+1}+\boldsymbol{B}z^{k+1}-\boldsymbol{c})$$

其中，$\rho>0$。以上就是最原始的ADMM算法的迭代形式。

如果同时优化 $z,\boldsymbol{x}$，则等价于乘子法。如果交替优化 $z,\boldsymbol{x}$，则使得变量在优化过程中可分(ADMM名

称的来源)。可以理解为分块的坐标下降法,用对偶变量将原问题中可分的原变量耦合起来。坐标下降法将在7.6.1小节中进行讲解。

ADMM算法的最优性条件如下。

原问题可行性条件为

$$\boldsymbol{A}\boldsymbol{x} + \boldsymbol{B}\boldsymbol{z} - \boldsymbol{c} = 0$$

对偶可行性条件为

$$\nabla f(\boldsymbol{x}) + \boldsymbol{A}^{\mathrm{T}}\boldsymbol{y} = 0, \nabla g(z) + \boldsymbol{B}^{\mathrm{T}}\boldsymbol{y} = 0$$

由迭代步骤中

$$\boldsymbol{z}^{k+1} := \arg\min_{z} L_{\rho}\left(\boldsymbol{x}^{k+1}, \boldsymbol{z}, \boldsymbol{y}^{k}\right)$$

可得

$$0 = \nabla g\left(\boldsymbol{z}^{k+1}\right) + \boldsymbol{B}^{\mathrm{T}}\boldsymbol{y}^{k} + \rho\boldsymbol{B}^{\mathrm{T}}\left(\boldsymbol{A}\boldsymbol{x}^{k+1} + \boldsymbol{B}\boldsymbol{z}^{k+1} - \boldsymbol{c}\right) = \nabla g\left(\boldsymbol{z}^{k+1}\right) + \boldsymbol{B}^{\mathrm{T}}\boldsymbol{y}^{k+1}$$

因此,ADMM中对偶变量的更新使得$\left(\boldsymbol{x}^{k+1}, \boldsymbol{y}^{k+1}, \boldsymbol{z}^{k+1}\right)$满足对偶可行性条件。

ADMM的收敛性:在两个不太强的假设前提下,这里给出ADMM基本形式的收敛性证明的思路,即ADMM收敛性条件。

假设1:凸函数f,g是有界的。

假设2:(非增广)拉格朗日函数$L_{\rho}\left(\boldsymbol{x}, \boldsymbol{z}, \boldsymbol{y}\right)$当$\rho = 0$时至少有一个鞍点。

不断迭代满足可行性条件$\boldsymbol{A}\boldsymbol{x}^{k+1} + \boldsymbol{B}\boldsymbol{z}^{k+1} \to \boldsymbol{c}$。

目标函数趋近最优解,即目标值收敛,$f\left(\boldsymbol{x}^{k}\right) + g\left(\boldsymbol{z}^{k}\right) \to p^{*}$。

$\boldsymbol{y}^{k}$收敛,并且如果$\left(\boldsymbol{x}^{k}, \boldsymbol{y}^{k}\right)$有界,则它们也收敛。

7.6 工程中常用的优化算法

本节将介绍工程中常用的优化算法及它们之间的差异。

7.6.1 坐标下降法

坐标下降法属于一种非梯度优化的方法,它在每步迭代中沿一个坐标的方向进行搜索,通过循环使用不同的坐标方法来达到目标函数的局部极小值。

先来回顾一下最速下降法。

最速下降方向:

$$\boldsymbol{d}^{k} = \arg\min_{d}\left\{\nabla f\left(\boldsymbol{x}^{k}\right)^{\mathrm{T}}\boldsymbol{d} \,\middle|\, \text{s.t. } \|\boldsymbol{d}\| = 1\right\} = -\arg\max_{d}\left\{\left|\nabla f\left(\boldsymbol{x}^{k}\right)^{\mathrm{T}}\boldsymbol{d}\right| \,\middle|\, \text{s.t. } \|\boldsymbol{d}\| = 1\right\}$$

范数定义不同,方向不同,

$$\left\|\boldsymbol{d}^k\right\|_1=\sum_i\left|\boldsymbol{d}_i^k\right|=1$$

下降方向：

$$\boldsymbol{d}^k=-\operatorname{sign}\left(\frac{\partial f(\boldsymbol{x})}{\partial x_i}\right)e_i, i=\arg\max_j\left|\frac{\partial f(\boldsymbol{x})}{\partial x_i}\right|$$

可以看出，最速下降法选择L1范数等价于每次迭代在进行单变量优化。那么，坐标下降法呢？先来看一下下降方向、算法描述和收敛性。

下降方向：基于梯度得到下降方向。

算法描述：直观上，沿着变换最快的坐标轴下降。相当于每次迭代都只是更新$\boldsymbol{x}$的一个维度，即把该维度当作变量，剩下的$n-1$个维度当作常量，通过最小化$f(\boldsymbol{x})$来找到该维度对应的新值。坐标下降法就是通过迭代地构造序列$\boldsymbol{x}^0,\boldsymbol{x}^1,\boldsymbol{x}^2,\cdots$来求解问题，即最终点收敛到期望的局部极小值点。

收敛性：与梯度下降法类似。

坐标下降法仅沿着变量的一维进行单变量优化，有如下公式：

$$x_i^{k+1}=\arg\min_{\varepsilon\in\mathbf{R}} f\left(x_1^{k+1},x_2^{k+1},\cdots,x_i^{k+1},\varepsilon,x_{i+1}^{k+1},\cdots,x_n^k\right)$$

对于x_i^{k+1}的更新过程，我们可以看作两层循环，即

(1)外循环：for $k=1,\cdots,n$；

(2)内循环：对每一维变量依次计算$x_i^{k+1}=\arg\min_{\varepsilon\in\mathbf{R}} f\left(x_1^{k+1},x_2^{k+1},\cdots,x_{i-1}^{k+1},\varepsilon,x_{i+1}^k,\cdots,x_n^k\right)$。

从这里可以看出，坐标下降法是一个非常简单的算法。

依赖于目标函数的结构，变量之间能够解耦，$f(\boldsymbol{x})=\sum_{r=1}^m f_{ir}(\boldsymbol{x})$，其中$f_{ir}(\boldsymbol{x})$不依赖任何$x_{is}, s\neq r$。

坐标下降法还需要注意：(1)坐标下降的顺序是任意的，不一定非得按照$x_1,\cdots,x_n$的顺序来，可以是从1到n的任意排列；(2)坐标下降的关键在于一次一个的更新，所有的一起更新有可能会导致不收敛。

此外，我们再来看一下分块坐标下降法。

(1)如果不能全变量解耦，那么希望能够变量组之间分块解耦。

$$\min f(\boldsymbol{x}) \quad \text{s.t. } \boldsymbol{x}\in\boldsymbol{X}, \boldsymbol{X}=X_1\times X_2\times\cdots\times X_m$$

(2)$\forall X_i,X_j$相互独立，目标函数可拆分成独立的部分，$f(\boldsymbol{x})=\sum_{i=1}^m f_i(\boldsymbol{x}), x_i\in X_i$。

(3)基于分块独立性假设，内循环可以同时优化每一块，同一块变量之间可能不解耦，$\min f(\boldsymbol{x})=\sum_{i=1}^m \min f_i(\boldsymbol{x}), x_i\in X_i$。

(4)一般的分块坐标下降法是单变量坐标下降法的推广，即

$$x_i^{k+1}=\arg\min_{\varepsilon\in X_i} f(x_1^{k+1},x_2^{k+1},\cdots,x_{i-1}^{k+1},\varepsilon,x_{i+1}^k,\cdots,x_n^k) \text{ where } \boldsymbol{X}=X_1\times X_2\times\cdots\times X_m$$

7.6.2 随机梯度下降法

随机梯度下降(Stochastic Gradient Descent, SGD)主要是用来求解类似于如下求和形式的优化

问题：

$$f(\boldsymbol{w})=\sum_{i=1}^{n}f_i\left(\boldsymbol{w},x_i,y_i\right)$$

我们先看一下梯度下降法：

$$\boldsymbol{w}_{t+1}=\boldsymbol{w}_t-\eta_{t+1}\nabla f\left(\boldsymbol{w}_t\right)=\boldsymbol{w}_t-\eta_{t+1}\sum_{i=1}^{n}\nabla f_i\left(\boldsymbol{w}_t,x_i,y_i\right)$$

当n很大时，每次迭代计算所有的∇f_i会非常耗时。

随机梯度下降时的思想就是每次在∇f_i中随机选取一个计算代替如上的∇f_i，以这个随机选取的方向作为下降方向。

由于不是全量的样本参与梯度计算，所以梯度的计算存在偏差，但是在统计意义上是可行的。可以简单地理解为抽样。这样带来的效果就是计算很快，但是下降波动比较大，但是终究会收敛。如图7–9所示。

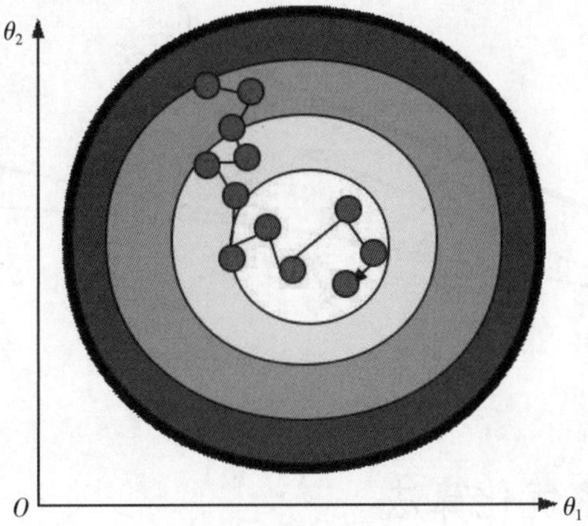

图7–9　随机梯度下降

总结：SGD算法最主要就是在快和下降波动之间抉择。

7.6.3　动量优化法

平时我们采用SGD算法在做迭代靠近最优解时容易产生震荡，这时就非常依赖学习率的设置。学习率过小训练的速度又太慢，太快容易跨过最优解，所以我们需要解决的是不仅要有较好的收敛速度，还需要保证没有较大的跨度，这里就需要用到动量优化的方法。

1. Momentum算法

Momentun算法是以SGD算法为基础，主要思想是使用累加历史梯度信息动量来加速SGD。

从训练集中取一个大小为n的小批量$\left\{X^{(1)},X^{(2)},\cdots,X^{(n)}\right\}$样本，对应的真实值分布为$Y^{(i)}$，则Momentum优化表达式为

$$\begin{cases} \boldsymbol{v}_t = \alpha \boldsymbol{v}_{t-1} + \eta_t \Delta J\left(\boldsymbol{W}_t, X^{(i_s)}, Y^{(i_s)}\right) \\ \boldsymbol{W}_{t+1} = \boldsymbol{W}_t - \boldsymbol{v}_t \end{cases}$$

其中，$\boldsymbol{v}_t$表示t时刻积攒的加速度，α表示动力的大小，$\Delta J\left(\boldsymbol{W}_t, X^{(i_s)}, Y^{(i_s)}\right)$为梯度，$\boldsymbol{W}_t$表示$t$时刻的模型参数。

2. 牛顿加速度梯度法

牛顿加速度梯度(Nesterov Accelerated Gradient，NAG)为Momentum算法的变种。其更新模型参数表达式为

$$\boldsymbol{v}_t = \gamma \boldsymbol{v}_{t-1} + \eta \nabla_{\boldsymbol{\theta}} J\left(\boldsymbol{\theta} - \gamma \boldsymbol{v}_{t-1}\right)$$
$$\boldsymbol{\theta} = \boldsymbol{\theta} - \boldsymbol{v}_t$$

对于一般Momentum算法的梯度计算，首先会来一个比较大的跨度(图7-9中长的加粗箭头)，如果用NAG算法，由于加上动量项的原因，综合后的梯度就会有比较大的修正，防止梯度过快的更新，整个效果如图7-10所示。

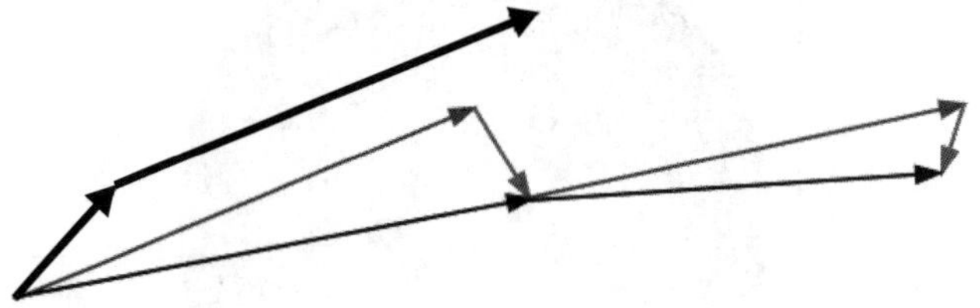

图7-10　牛顿加速度梯度

7.6.4　自适应学习率优化算法

自适应算法本质而言就是针对机器学习算法提供合理的学习率，学习率在算法学习过程中是动态变化的，所以自适应学习率优化算法对模型的性能提升有很大的影响。目前常用的算法有AdaGrad算法、RMSProp算法、AdaDelta算法和Adam算法。

1. AdaGrad算法

AdaGrad算法可以对低频的参数做较大的更新，对高频的参数做较小的更新，因此它非常适合处理稀疏数据。另外，AdaGrad算法能提高SGD算法的健壮性和鲁棒性。

$g_{t,i} = \nabla_{\boldsymbol{\theta}} J\left(\theta_i\right)$是目标函数对参数的梯度，普通的随机梯度下降法，对于所有的θ_i都使用相同的学习率。然而AdaGrad算法的学习率是不断变化的。梯度更新公式为

$$\theta_{t+1,i} = \theta_{t,i} - \frac{\eta}{\sqrt{G_{t,ii} + \varepsilon}} \cdot g_{t,i}$$

$\boldsymbol{G}_t \in \mathbf{R}^{d \times d}$是一个对角矩阵，对角线上的元素$ii$是从开始截止到$t$时刻为止所有关于$\theta_i$的梯度平方

和，即 $G_{t,ii}=\sum_{k=1}^{t}g_{k,i}^2$。$\varepsilon$ 是平滑项，防止除零操作，一般取值 1×10^{-8}。

AdaGrad算法的优点是减少了学习率的手动调节，它的缺点是学习率随着分母的积累会变得越来越小。

2. RMSProp算法

后面介绍的两种算法RMSprop和AdaDelta都是为了解决AdaGrad算法的学习率急剧下降问题的。

首先介绍RMSprop算法。梯度更新公式为

$$\begin{cases}E\left|\boldsymbol{g}^2\right|_t=\alpha E\left|\boldsymbol{g}^2\right|_{t-1}+(1-\alpha)\boldsymbol{g}_t^2\\ \boldsymbol{W}_{t+1}=\boldsymbol{W}_t-\dfrac{\eta_0}{\sqrt{E\left|\boldsymbol{g}^2\right|_t+\varepsilon}}\boldsymbol{g}_t\end{cases}$$

其中，$\boldsymbol{W}_t$ 表示 t 时刻即第 t 次迭代的模型参数；$\boldsymbol{g}_t=\Delta J\left(\boldsymbol{W}_t\right)$ 表示 t 次迭代代价函数关于 $\boldsymbol{W}$ 的梯度大小；$E\left|\boldsymbol{g}^2\right|_t$ 表示前 t 次的梯度平方的均值；α 表示动力的大小(通常设置为0.9)；η_0 表示全局初始学习率；ε 是一个取值很小的数(一般为 1×10^{-8})，为避免分母为0。

3. AdaDelta算法

AdaDelta算法是对AdaGrad算法的改进，与AdaGrad算法相比，就是分母的 G 换成了过去的梯度平方的衰减平均值——指数衰减平均值，公式为

$$\Delta\boldsymbol{\theta}_t=-\frac{\eta}{\sqrt{E\left[\boldsymbol{g}^2\right]_t+\varepsilon}}\boldsymbol{g}_t$$

同时，对于这个分母可以看成是梯度的均方根(RMS)，所以以上公式变化为

$$\Delta\boldsymbol{\theta}_t=-\frac{\eta}{\mathrm{RMS}\left[\boldsymbol{g}\right]_t}\boldsymbol{g}_t$$

其中，E 的计算公式如下，在 t 时刻的均值只取决于先前的均值和当前的梯度：

$$E\left[\boldsymbol{g}^2\right]_t=\gamma E\left[\boldsymbol{g}^2\right]_{t-1}+\left(1-\gamma\right)\boldsymbol{g}_t^2$$

最后得到梯度更新规则：

$$\Delta\boldsymbol{\theta}_t=-\frac{\mathrm{RMS}\left[\Delta\boldsymbol{\theta}\right]_{t-1}}{\mathrm{RMS}\left[\boldsymbol{g}\right]_t}\boldsymbol{g}_t$$

$$\boldsymbol{\theta}_{t+1}=\boldsymbol{\theta}_t+\Delta\boldsymbol{\theta}_t$$

总结：AdaDelta算法与RMSprop算法的第一种形式相同，使用的是指数加权平均，旨在消除梯度下降中的波动问题，与Momentum算法的效果一样，某一维度的导数比较大，则其指数加权平均就大；某一维度的导数比较小，则其指数加权平均就小，这样就保证了各维度导数都在一个量级，进而减少了摆动。允许使用一个更大的学习率 η。

4. Adam算法

Adam算法相当于RMSprop + Momentum。除了像AdaDelta和RMSprop算法一样存储了过去梯度的平方$\boldsymbol{v}_t$的指数衰减平均值，也像Momentum算法一样保持了过去梯度$\boldsymbol{m}_t$的指数衰减平均值。

$$\boldsymbol{m}_t = \beta_1 \boldsymbol{m}_{t-1} + \left(1-\beta_1\right)\boldsymbol{g}_t$$

$$\boldsymbol{v}_t = \beta_2 \boldsymbol{v}_{t-1} + \left(1-\beta_2\right)\boldsymbol{g}_t^2$$

如果$\boldsymbol{m}_t$和$\boldsymbol{v}_t$被初始化为0向量，那么它们就会向0偏置，所以做了偏差校正，通过计算偏差校正后的$\boldsymbol{m}_t$和$\boldsymbol{v}_t$来抵消这些偏差：

$$\hat{\boldsymbol{m}}_t = \frac{\boldsymbol{m}_t}{1-\beta_1^t}$$

$$\hat{\boldsymbol{v}}_t = \frac{\boldsymbol{v}_t}{1-\beta_2^t}$$

梯度更新规则：

$$\boldsymbol{\theta}_{t+1} = \boldsymbol{\theta}_t - \frac{\eta}{\sqrt{\hat{\boldsymbol{v}}_t}+\varepsilon}\hat{\boldsymbol{m}}_t$$

综上，在实际的使用中，一般Adam算法比其他适应性算法的工程效果都要好一些，当然对于Adam算法还有很多的细节可以去深挖，但是对于工程应用而言这些知识足够了。

小试牛刀16：Python编程求解凸优化问题

★案例说明★

本案例是求解凸优化问题。Python中的CVXPY与MATLAB中CVX的工具包类似，用于求解凸优化问题。CVX与CVXPY都是由CIT的Stephen Boyd教授课题组开发。CVX是用于MATLAB的包，CVXPY是用于Python的包。

(1)求解状态(xxx.status)。

optimal：最优解。

infeasible：不可行。

unbounded：无边界。

optimal_inaccurate：不精确。

infeasible_inaccurate：不精确。

unbounded_inaccurate：不精确。

对于optimal情况，求解的就是最优解，如果一个问题是不可行问题，则xxx.status将会被设置为'infeasible'；如果问题是无边界的，则xxx. status = unbounded，变量的值域将不会被更新。对于minimization问题，infeasible对应inf，unbounded对应-inf；maximization问题反之。对于后3种情况，表明求解精度低(低于期望精度)，如果求解器抛出异常(SolverError)，则可以尝试选择其他求解器。

(2)求解器(solver)。

CVXPY与开源解决方案ECOS、OSQP和SCS一起分发。如果单独安装,则CVXPY可以调用许多其他的解决方案。表7-1显示了各求解器能求解的问题。

表7-1 各求解器能求解的问题

求解器	LP	QP	SOCP	SDP	EXP	MIP
CBC	√					√
GLPK	√					
GLPK_MI	√					√
OSQP	√	√				
CPLEX	√	√	√			√
NAG	√	√	√			
ECOS	√	√	√		√	
GUROBI	√	√	√			√
MOSEK	√	√	√	√	√	√
CVXOPT	√	√	√	√		
SCS	√	√	√	√	√	
SCIP	√	√	√			√

(3)约束(constraints)。

可以使用 ==、<=、>=,不能使用 < 、> (没有意义,不接收),也不能使用0 <= x <= 1(与CVX不同)或x == y == 2(不能识别)。

示例:约束为[0 <= x , x <= 1],意味着x的每个元素都在0,1之间。

(4)变量(Variables)。

Variables可以是标量、向量、矩阵,意味着它可以是0维、1维、2维。

(5)参数(Parameters)。

Parameters可以理解为参数求解问题中的一个常数,可以是标量、向量、矩阵。在没有求解问题前(xxx.solve()),允许改变其值。CVXPY中NumPy Ndarrays、NumPy Matrices、SciPy Sparse Matrices可以作常数使用。

★实现思路★

实例01:CVXPY基础。

(1)变量定义Variable和Parameter。

(2)运算规则。

(3)定义约束。

(4)不同的求解器求解。

实例02:DCP问题的判断和求解。

一个问题能够由目标函数和一系列约束构造。如果问题遵从DCP规则,那么这个问题将是凸的,能够被CVXPY解决。DCP规则要求目标函数有以下两种形式。

(1)Minimize(convex)。

(2)Maximize(concave)。

在DCP规则下的有效约束如下。

(1)affine == affine。

(2)convex <= concave。

(3)concave >= convex。

可以调用object.is_dcp()来检查一个问题、约束、目标函数是否满足DCP规则。

实例03:最小二乘法问题的求解。

最重要的是设置objective = cvx.Minimize(cvx.sum_squares(A*x-b)),这是最小二乘法的形式。

实例04:不等式优化问题的求解。

最重要的是解决如何创建目标函数和约束条件,obj = cvx.Minimize(c.T*x),constraints = [A*x<=b, x<=6]。

★编程实现★

实例01的实现代码如下。

```
import numpy as np
import cvxpy as cvx
# 1.变量定义Variable和Parameter
a = cvx.Parameter(4, nonneg=True)
a.value = np.array([3, 4, 6, 7], dtype=np.float)
b = cvx.Variable(6)   # 列向量,6维
# 矩阵变量
c = cvx.Variable((6, 1))
d = cvx.Variable(2, complex=False)
e = cvx.Variable((6, 6), PSD=True)
f = cvx.Variable(2, complex=True)
g = cvx.Variable(2, imag=True)

# 2.运算规则
c = np.arange(6)
x = cvx.Variable(6)
print("(c*x).shape:", (c*x).shape)
print("vx.multiply(c, x).shape:", cvx.multiply(c, x).shape) # 元素乘
c = np.arange(6).reshape((6, 1))
x = cvx.Variable((6, 1))
print("(c.T*x).shape:", (c.T*x).shape)
```

```
print("cvx.multiply(c, x).shape:", cvx.multiply(c, x).shape)
c = np.arange(12).reshape((6, 2))
x = cvx.Variable((6, 2))
print("(c.T*x).shape:", (c.T*x).shape)
print("cvx.multiply(c, x).shape:", cvx.multiply(c, x).shape)
c = np.arange(6)
x = cvx.Variable((6, 6))
print("(c*x).shape:", (c*x).shape)
print("(c.T*x).shape:", (c.T*x).shape)
print("(c*x*c).shape:", (c*x*c).shape)
print("(c.T*x*c).shape:", (c.T*x*c).shape)

# 3.定义约束
x = cvx.Variable(6)
constraints = []
constraints.append(x>=0)
constraints.append(x<=10)
# 只有一部分向量sum(x[:3])<=3
constraints.append(cvx.sum(x[:3])<=3)
for constr in constraints:
    print("变量是 DCP:", constr, constr.is_dcp())
n = 6
x = cvx.Variable((n, n))
A = np.random.rand(n, n)
constraints = []
# 添加正半定约束
constraints += [(x>>0)]
constraints += [(cvx.trace(cvx.multiply(A, x))>=0)]
n = 6
x = cvx.Variable((n, n))
A = np.random.rand(n, n)
constraints = []
# 添加正半定约束
constraints += [(x>>0), (cvx.trace(cvx.multiply(A, x))>=0)]
x = cvx.Variable(2, name='x')
y = cvx.Variable(3, name='y')
z = cvx.Variable(2, name='z')
t = cvx.Variable()
exp = x + z
scalar_exp = 3.0 + t
# 二阶锥约束 SOC -> cvx.norm(exp) <= scalar_exp
constr = cvx.SOC(scalar_exp, exp)
constraints = []
constraints.append(constr)
# PSD变量
H = cvx.Variable((3, 3), PSD=True)
F1 = np.array([[0, 0, 1/2], [0, 0, 0], [1/2, 0, 1]])
```

```
F2 = np.array([[0, 0, 0], [0, 0, 1/2], [0, 1/2, 1]])
constraints = []
constraints.append(H+F1>>0)
constraints.append(H+F2>>0)
objective = cvx.Minimize(cvx.trace(H))

# 4.不同的求解器求解
# 创建3个标量优化变量
t = cvx.Variable(3)
t1 = t[0]
t2 = t[1]
t3 = t[2]
objective1 = -4 * t1 - 6 * t3
# 创建约束条件
constraints = [18*t1-t2+6*t3<=1,
               2*t1+4*t3<=1,
               10*t1+t2<=1,
               t<=1]
# 创建目标函数
obj1 = cvx.Minimize(objective1)
# 建立问题和解决问题
prob1 = cvx.Problem(obj1, constraints)
print("\nsolvers:", cvx.installed_solvers(), '\n')
solvers = [cvx.SCS, cvx.CVXOPT, cvx.GLPK, cvx.GLPK_MI, cvx.OSQP]
for solver in solvers:
    prob1.solve(solver=solver)  # Returns the optimal value
    print("solver:", solver)
    print("status:", prob1.status)
    print("optimal value", prob1.value)
    print("optimal var", t.value, '\n')
```

运行结果如图7-11(a)~(c)所示。

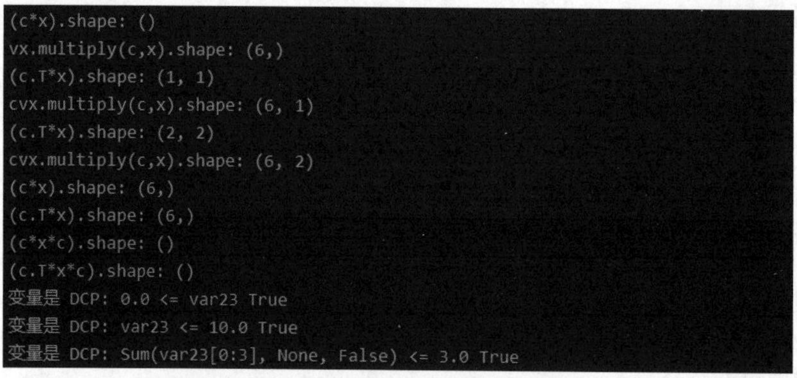

(a)

```
solvers: ['CVXOPT', 'ECOS', 'ECOS_BB', 'GLPK', 'GLPK_MI', 'OSQP', 'SCS']

WARN: aa_init returned NULL, no acceleration applied.
solver: SCS
status: optimal
optimal value -1.5199222492001716
optimal var [0.02001116 0.79979993 0.2399796 ]

solver: CVXOPT
status: optimal
optimal value -1.5199999982427246
optimal var [0.01999999 0.80000003 0.24       ]
```

(b)

```
GLPK Simplex Optimizer, v4.65
6 rows, 3 columns, 10 non-zeros
*     0: obj =   0.000000000e+00 inf =   0.000e+00 (2)
*     3: obj =  -1.520000000e+00 inf =   0.000e+00 (0)
OPTIMAL LP SOLUTION FOUND
solver: GLPK
status: optimal
optimal value -1.5200000000000002
optimal var [0.02 0.8  0.24]

solver: GLPK_MI
status: optimal
optimal value -1.5199999999999985
optimal var [0.02 0.8  0.24]

solver: OSQP
status: optimal
optimal value -1.52
optimal var [0.02 0.8  0.24]
```

(c)

图7-11　运行结果

实例02的实现代码如下。

```
# encoding:utf-8
import cvxpy as cvx
x = cvx.Variable()
y = cvx.Variable()
# DCP problems
prob1 = cvx.Problem(cvx.Minimize(cvx.square(x-y)),
                    [x+2*y>=0])
prob2 = cvx.Problem(cvx.Maximize(cvx.sqrt(x-y)),
                    [5*x-3==y,
                     cvx.square(x)<=2])
print("prob1 is DCP:", prob1.is_dcp())
print("prob2 is DCP:", prob2.is_dcp())
# 非DCP问题
```

```
# 一个非DCP 目标函数
obj = cvx.Maximize(cvx.square(x))
prob3 = cvx.Problem(obj)
print("prob3 is DCP:", prob3.is_dcp())
print("prob3的目标函数是 DCP:", obj.is_dcp())

# 一个非DCP 约束条件
constraints = [cvx.sqrt(x)<=2]
prob4 = cvx.Problem(cvx.Minimize(cvx.square(x)),
                    constraints)
print("prob4 is DCP:", prob4.is_dcp())
print("prob4的目标函数:", cvx.square(x).curvature)
print("prob4的约束条件是 DCP:", constraints[0].is_dcp())

try:
    prob1.solve(solver=cvx.CVXOPT)  # Returns the optimal value
    print("\n prob1 status:", prob1.status)
    print("optimal value", prob1.value)
except Exception as e:
    print('\n 不能求解prob1')
    print(e)

try:
    prob2.solve(solver=cvx.CVXOPT)  # Returns the optimal value
    print("\n prob2 status:", prob2.status)
    print("optimal value", prob2.value)
except Exception as e:
    print('\n 不能求解prob2')
    print(e)

try:
    prob3.solve(solver=cvx.CVXOPT)  # Returns the optimal value
    print("\n prob3 status:", prob3.status)
    print("optimal value", prob3.value)
except Exception as e:
    print('\n 不能求解prob3')
    print(e)

try:
    prob4.solve(solver=vx.CVXOPT)  # Returns the optimal value
    print("\n prob4 status:", prob4.status)
    print("optimal value", prob4.value)
except Exception as e:
    print('\n 不能求解prob4')
    print(e)
```

运行结果如图7-12(a)和(b)所示。

```
prob1 is DCP: True
prob2 is DCP: True
prob3 is DCP: False
prob3的目标函数是 DCP: False
prob4 is DCP: False
prob4的目标函数: CONVEX
prob4的约束条件是 DCP: False

 prob1 status: optimal
optimal value 0.0

 prob2 status: optimal
optimal value 2.94225325647856
```

(a)

```
 不能求解prob3
Problem does not follow DCP rules. Specifically:
The objective is not DCP, even though each sub-expression is.
You are trying to maximize a function that is convex.

 不能求解prob4
Problem does not follow DCP rules. Specifically:
The following constraints are not DCP:
power(var0, 1/2) <= 2.0 , because the following subexpressions are not:
|--  power(var0, 1/2) <= 2.0
However, the problem does follow DQCP rules. Consider calling solve() with `qcp=True`.
```

(b)

图7-12　运行结果

实例03的实现代码如下。

```
import cvxpy as cvx
import numpy
# Problem data
m = 20
n = 4
numpy.random.seed(10)
A = numpy.random.randn(m, n)
b = numpy.random.randn(m)

# 构造问题
x = cvx.Variable(n)
objective = cvx.Minimize(cvx.sum_squares(A*x-b))
prob = cvx.Problem(objective,
                   [0<=x, x<=10])
print("Optimal value", prob.solve())
print("Optimal var")
print(x.value)
```

运行结果如图7-13所示。

```
Optimal value 19.26036960586322
Optimal var
[ 6.17527869e-01  5.40291848e-02 -2.06135345e-20 -3.27451923e-21]
```

图7-13 运行结果

实例04的实现代码如下。

```
# encoding:utf-8
import cvxpy as cvx
import numpy as np
# 创建 two scalar optimization variables
x = cvx.Variable(4)
c = cvx.Parameter(shape=(4,))
c.value = np.array([-4, 0, -17, -2])

A = cvx.Parameter(shape=(4, 4))
A.value = np.array([[14, -6, 8, 7],
                    [1, 0, 4, 11],
                    [12, 3, 0, 23],
                    [5, 2, 11, 0]])
b = cvx.Parameter(shape=(4,))
b.value = np.array([1, 1, 1, 1])
objective = c.T * x

# 创建两个约束条件
constraints = [A*x<=b,
               x<=6]
# 创建目标函数
obj = cvx.Minimize(objective)

# 建立问题和解决问题
prob = cvx.Problem(obj, constraints)
print("prob is DCP:", prob.is_dcp())
prob.solve(solver=cvx.CVXOPT)  # Returns the optimal value
print("status:", prob.status)
print("optimal value", prob.value)
print("optimal var", x.value)
```

运行结果如图7-14所示。

```
prob is DCP: True
status: optimal
optimal value -67.21153811587918
optimal var [ -8.01602562 -12.459936      6.          -1.36217969]
```

图7-14 运行结果

专家点拨

NO1. 对于工程应用来说如何学习凸优化?

凸优化内容的数学公式很多,要做到严格的数学推导,其实难度很大,毕竟我们的目的在于工程应用。在工程面前数学和英语仅仅是帮助我们理解算法的工具。所以,对于凸优化的相关理论能从思路上理解,建立一定的认知后,重点是熟悉工程中常用优化算法的优缺点。掌握到这个程度在工程中就足够应付了。

NO2. 为什么拉格朗日对偶函数一定是凹函数?

拉格朗日对偶函数一定是凹函数需要如下证明。

证明:要证对偶函数一定是凹函数,根据凹函数的定义,就是要证

$$g\left(\theta\boldsymbol{\lambda}_1+(1-\theta)\lambda_2,\theta v_1+(1-\theta)v_2\right)\geqslant\theta g\left(\lambda_1,v_1\right)+(1-\theta)g\left(\lambda_2,v_2\right),\theta\in\mathbf{R} \tag{7-3}$$

由对偶函数的定义可知,对偶函数是拉格朗日函数在把 $\boldsymbol{\lambda}$ 和 $\boldsymbol{v}$ 当作常量,$\boldsymbol{x}$ 变化时的最小值,如果拉格朗日函数没有最小值(可以认为最小值为 $-\infty$),则对偶函数取值为 $-\infty$,所以可以把对偶函数按照下面的方式表达:

$$g(\boldsymbol{\lambda},\boldsymbol{v})=\min\left\{L\left(x_1,\boldsymbol{\lambda},\boldsymbol{v}\right),L\left(x_2,\boldsymbol{\lambda},\boldsymbol{v}\right),\cdots,L\left(x_n,\boldsymbol{\lambda},\boldsymbol{v}\right)\right\},n\to+\infty$$

即无穷多个 $\boldsymbol{x}$ 变化时,拉格朗日函数的最小值。

另外,由于把 $\boldsymbol{\lambda}$ 和 $\boldsymbol{v}$ 分开来写,式子太长,为了简便,记 $\boldsymbol{\gamma}=(\boldsymbol{\lambda},\boldsymbol{v})$,接下来证明式(7-3)。

$$\begin{aligned}g\left(\theta\gamma_1+(1-\theta)\gamma_2\right)&=\min\left\{L\left(x_1,\theta\gamma_1+(1-\theta)\gamma_2\right),L\left(x_2,\theta\gamma_1+(1-\theta)\gamma_2\right),\cdots,L\left(x_n,\theta\gamma_1+(1-\theta)\gamma_2\right)\right\}\\&\geqslant\min\left\{\theta L\left(x_1,\gamma_1\right)+(1-\theta)L\left(x_1,\gamma_2\right),\theta L\left(x_2,\gamma_1\right)+(1-\theta)L\left(x_2,\gamma_2\right),\cdots,\theta L\left(x_n,\gamma_1\right)+(1-\theta)L\left(x_n,\gamma_2\right)\right\}\\&\geqslant\theta\min\left\{L\left(x_1,\gamma_1\right),L\left(x_2,\gamma_1\right),\cdots,L\left(x_n,\gamma_1\right)\right\}+(1-\theta)\min\left\{L\left(x_1,\gamma_2\right),L\left(x_2,\gamma_2\right),\cdots,L\left(x_n,\gamma_2\right)\right\}\\&=\theta g\left(\gamma_1\right)+(1-\theta)g\left(\gamma_2\right)\end{aligned}$$

至此式(7-3)得证,所以原命题得证。

本章小结

本章主要介绍了凸优化问题的基本概念和分类、常见的凸优化问题、工程中常用的优化算法，通过Python编程实现了几个小的案例并展示了实现代码，给出了凸优化常见问题的解答。由于本书主要以数学基础的介绍为目的，因此希望读者能重点掌握凸优化的基本概念，对其他部分做一些了解即可。

①本章参考了清华大学潘争关于优化算法的一些见解。

第 8 章

图论

★本章导读★

从哥尼斯堡七桥问题开始，图论发展了接近300年，慢慢趋于完善。图论最本质的内容其实就是一种二元关系，这种关系可以用来表示某些抽象事物或具体事物之间的直接联系及间接联系。本章将介绍其中几个方面的数学知识，如有向图、无向图、拓扑排序、最短路径和最小生成树等。

★学习目标★

- 掌握有向图和无向图的基础概念和性质。
- 掌握最短路径和最小生成树的基础概念和性质。

★知识要点★

- 图论基本术语。
- 有向图和无向图的基础概念和性质。
- 拓扑排序的基础概念。
- 最短路径的基础概念和3种算法。
- 最小生成树的基础概念和两种算法。

8.1 图论基础

图论的“图”与现实中的“图画”并不是一个概念,它可以抽象化地表达事物与事物之间的具体联系。很多人关于图论的知识是从哥尼斯堡七桥问题及后来的一笔画问题开始的。通过对图论历史与发展的研究,可以看出图论确实在许多领域中有着十分广泛的应用。实际上,结合图论知识,可以解答一些比较简单的现实生活问题,如简单的匹配问题,或者安排座位问题等。图论的相关理论与算法设计有着密不可分的联系,两者之间的完美结合可以使生活中的复杂疑难问题能够更高效地解决,提高效率。

由于现代科技的飞速发展,几乎所有的领域都能见到图论的身影,如运筹学、物理学、生物、经济、管理科学、网络理论、信息论、控制论和计算机科学等领域。

8.1.1 图模型

图是数据结构中最为复杂的一种,在信息化社会中的应用非常广泛。图一般包括以下几类。

(1)无向图:节点的简单连接。

(2)有向图:连接有方向性。

(3)加权图:连接带有权值。

(4)加权有向图:连接既有方向性,又带有权值。

图是由一组顶点和一组能够将两个顶点相连的边组成。常见的地图、电路、网络等都是图的结构。

图模型也称为概率图模型或结构概率模型,它是一种统计模型。图模型是一类用图的形式表示随机变量之间条件依赖关系的概率模型,是概率论与图论的结合。在图模型中,节点代表随机变量,节点之间的边反映了随机变量的关联性。图模型利用二维具体的图结构展示了随机变量之间抽象的关系,是概率论和数理统计中的重要组成部分。

在统计学习、机器学习及深度学习领域中,图模型在信息推断、数据恢复方面具有广泛应用。图模型的很多内容在深度学习中运用非常广泛,如隐马尔可夫模型、条件随机场在自然语言处理方面的应用等。图模型的精髓就是将在高维向量空间中的随机变量的分布函数通过点、线之间的连接投影到二维平面上。换句话说,就是将随机变量之间的联合分布逐一分割成节点之间的条件分布。

8.1.2 基本术语

图论中有一些基本概念,具体如下。

(1)图:一个图是由节点和连接这些节点的边组成的。

(2)顶点:图中的一个点。

(3)边:连接两个顶点的线段叫作边。

(4)阶：图G中顶点集V的大小称为图G的阶。

(5)环：若一条边的两个顶点为同一顶点，则此边称为环。

(6)路径：通过边来连接，按顺序的从一个顶点到另一个顶点中间经过的顶点集合。

(7)简单路径：没有重复顶点的路径。

(8)简单环：不含有重复顶点和边的环。

(9)连通的：当从一个顶点出发可以通过至少一条边到达另一个顶点，我们就说这两个顶点是连通的。

(10)连通图：如果一个图中，从任意顶点均存在一条边可以到达另一个任意顶点，我们就说这个图是一个连通图。

(11)无环图：是一种不包含环的图。

(12)稀疏图：图中每个顶点的度数都不是很高，看起来很稀疏。

(13)稠密图：图中每个顶点的度数都很高，看起来很稠密。

(14)二分图：可以将图中所有顶点分为两部分的图。

(15)邻域：在图中与u相邻的点的集合$\{v \mid v \in V,(u,v) \in E\}$，称为$u$的邻域，记作$N(u)$。

(16)度：一个顶点的度是指与该边相关联的边的条数，顶点v的度记作$\deg(v)$。

①入度：在有向图中，一个顶点v的入度是指与该边相关联的入边(边的尾是v)的条数，记作$\deg^+(v)$。

②出度：在有向图中，一个顶点v的出度是指与该边相关联的出边(边的头是v)的条数，记作$\deg^-(v)$。

(17)孤立点：度为0的点。

(18)叶：度为1的点。

(19)源：有向图中，$\deg^+(v) = 0$ 的点。

(20)汇：有向图中，$\deg^-(v) = 0$的点。

(21)奇点：度为奇数的点。

(22)偶点：度为偶数的点。

(23)子图：如果$V(G') \subseteq V(G)$及$E(G') \subseteq E(G)$，则称G'为图G的子图。

①生成子图：包含G的所有顶点的连通子图，即满足条件$V(G') = V(G)$的G的子图G'。

②生成树：设T是图G的一个子图，如果T是一棵树，且$V(T) = V(G)$，则称T为G的一个生成树。即G的生成子图，且子图为树。

③点导出子图：设$V' \subseteq V(G)$，以V'为顶点集，以两端点均在V'中的边的全体为边集所组成的子图，称为G的由顶点集V'导出的子图，简称G的点导出子图，记作$G[V']$。

④边导出子图：设$E' \subseteq E(G)$，以E'为顶点集，以两端点均在E'中的边的全体为边集所组成的子图，称为G的由边集E'导出的子图，简称G的边导出子图，记作$G[E']$。

8.2 有向图和无向图

图模型方法是统计领域中的有效研究工具之一。图模型可以分为有向图模型和无向图模型。无向图模型又称为马尔可夫网络,边的有无表示的是随机变量之间的条件独立性。无向图模型在语言分割等领域中有较大的用处。具有一定概率分布的有向无环图模型又称为贝叶斯网络。对于贝叶斯网络,它的所有边都有方向并且不能构成一个回路,这些边表示了随机变量之间的因果关系。

8.2.1 有向图

下面先来看一下有向图的几个定义。

有向无环图的定义 无环的有向图称为有向无环图,简称DAG图。一个有向无环图G包含两个元素,节点集合V和V上的有向边的集合E,其中$V=\left(X_1,X_2,\cdots,X_n\right)$是一个节点集合,$E$是$V$上一些点对的集合。如果$\exists E_{ij}\in E$($E_{ij}$表示节点$X_i$指向节点$X_j$的边),即节点$X_i$和$X_j$之间存在边,但是$E_{ji}\notin E$($E_{ji}$表示节点$X_j$指向节点$X_i$的边),且在图$G$中不存在节点之间的有向环,则称这样的图$G$为一个有向无环图。

父节点和子节点的定义 在一个有向图中,如果从节点X_i到节点X_j有一条边,则称X_i是X_j的父节点,X_j是X_i的子节点。

节点间路径的定义 对于节点集合V上的一列两两不同的节点$X_1,X_2,\cdots,X_k(k\geqslant 2)$,如果$\exists\left(X_i,X_{i+1}\right)\in E,\forall 1\leqslant i\leqslant k-1$成立,则称$l=\left(X_1,X_2,\cdots,X_n\right)$为节点间的一条路径。

顺连节点、分连接点和汇连节点的定义 设Z是一条路径上的一个节点。如果Z与之前后两个节点形成一个顺连结构,则称它为路径l的顺连节点;如果Z与之前后两个节点形成一个分连结构,则称它为路径l的分连节点;如果Z与之前后两个节点形成一个汇连结构,则称它为路径l的汇连节点。

阻塞的定义 设Z为一个节点集合,X和Y是不在Z中的两个节点。考虑X和Y之间的一条路径l,如果满足下面任一条件,则称l被Z所阻塞。

(1)路径l上有一个节点是顺连节点,且该节点在集合Z中。

(2)路径l上有一个节点是分连节点,且该节点在集合Z中。

(3)路径l上有一个节点是汇连节点,它和它的后代节点都不在集合Z中。

d-分离的定义 如果Z阻塞了节点X和Y中所有路径，则称Z有向分离X和Y，简称d-分离X和Y。

由d-分离的定义可知，如果Z有向分离X和Y，当给定集合Z时，节点X和Y是条件独立的。进而可以推广得知，若X,Y,Z是3个两两交空的节点集合，且X中任意节点和Y中任意节点都被Z d-分离，则称Z d-分离X和Y，在这种情况下X和Y在给定Z时条件独立。

由于有向图具有不对称性，所以在很多时候，它会涉及一些相对比较难的算法。其实，无向图可以看作一种特殊的有向图。有向图模型如图8-1所示。

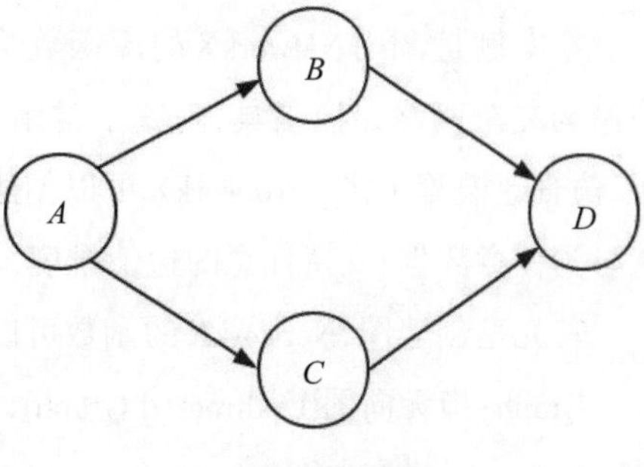

图8-1 有向图模型

假设有向图模型对于分布中每一个随机变量X_i都含有一个影响因子，这个组成X_i条件概率的影响因子为X_i的父节点，记作$g\left(X_i\right)$，则有

$$P(X)=\prod_i P\left(X_i \middle| g\left(X_i\right)\right)$$

根据上式可以将图8-1对应的概率分布分解为

$$P(A,B,C,D)=P(A)P(B|A)P(C|A)P(D|B,C)$$

其中，B，C的父节点是A，D的父节点是B，C。

8.2.2 无向图

相对于有向图来说，无向图就是图中的所有边都没有方向。图G的节点集定义为V，其所有边的集合为E。从这个描述可以看出，条件独立性在无向图中比在有向图中更直接和简单，因为边之间的方向不是必须的。在现实生活中，我们经常会得到一系列由各种变量产生的数据，但是这些变量之间的联合分布是未知的。因此，需要设计算法来从这些已知数据推断变量之间的因果关系。

无向图中任何满足两两之间有边连接的节点集合称为团，若在一个团中加入任何一个节点都不再形成团，则称该团为极大团。

无向图模型中每个团C^i都伴随着一个因子(或称为势函数)，记作$\psi^i\left(C^i\right)$。这些因子仅仅是函数，并不是概率分布。虽然每个因子的输出都必须为非负，但不要求这些因子的和或积分为1。

随机变量的联合概率与所有这些因子的乘积成比例，虽然不能保证乘积为1，但我们可以使其归一化来得到一个概率分布，除以一个常数Z使其归一化，这个常数被定义为ψ函数乘积的所有状态的求和或积分。则联合概率$P(x)$定义为$P(x)=\frac{1}{z}\prod_i \psi^i\left(C^i\right)$。无向图模型如图8-2所示。

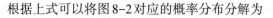

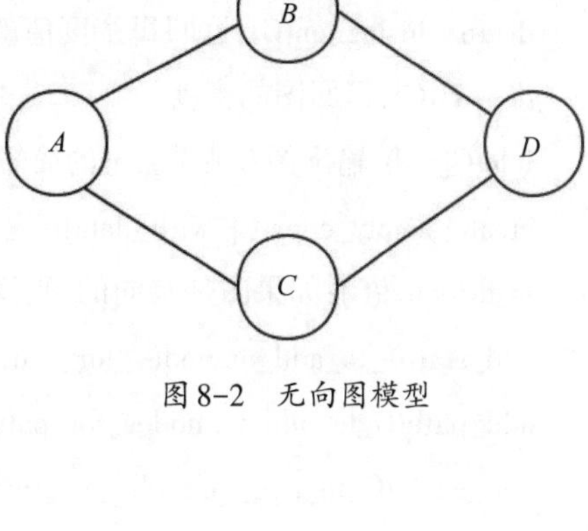

图8-2 无向图模型

根据上式可以将图8-2对应的概率分布分解为

$$P(A,B,C,D)=\psi^1(A,B)\psi^2(A,C)\psi^3(B,D)\psi^4(C,D)/Z$$

由此可以看出，有向图模型的联合概率可以写成各条件概率的乘积，而无向图模型的联合概率可以写成最大团随机变量函数的乘积。

小试牛刀17：Python编程绘制有向图和无向图

★案例说明★

本案例是调用NetworkX的库函数绘制有向图和无向图。NetworkX是一个用Python语言开发的图论与复杂网络建模工具，内置了常用的图与复杂网络分析算法，可以方便的进行复杂网络数据分析、仿真建模等工作。NetworkX可以创建简单无向图、有向图和多重图；内置许多标准的图论算法，节点可为任意数据；支持任意的边值维度，功能丰富，简单易用。

首先是创建图，NetworkX的函数可以创建以下几种图。

Graph：指无向图(Undirected Graph)，即忽略了两节点间边的方向。

DiGraph：指有向图(Directed Graph)，即考虑了边的有向性。

MultiGraph：指多重无向图，即两个节点之间的边数多于一条，又允许顶点通过同一条边和自己关联。

MultiDiGraph：多重图的有向版本。

示例如下。

G = nx.Graph()：创建无向图。

G = nx.DiGraph()：创建有向图。

G = nx.MultiGraph()：创建多重无向图。

G = nx.MultiDiGraph()：创建多重有向图。

下面是NetworkX库可以调用的函数。

(1)关于图的函数。

degree(G[, nbunch, weight])：返回单个节点或nbunch节点的度数视图。

degree_histogram(G)：返回每个度值的频率列表。

density(G)：返回图的密度。

info(G[, n])：输出图G或节点n的简短信息摘要。

create_empty_copy(G[, with_data])：返回图G删除所有的边的拷贝。

is_directed(G)：如果图是有向的，则返回True。

add_star(G_to_add_to, nodes_for_star, **attr)：在图G_to_add_to上添加一个星形。

add_path(G_to_add_to, nodes_for_path, **attr)：在图G_to_add_to中添加一条路径。

add_cycle(G_to_add_to, nodes_for_cycle, **attr)：向图G_to_add_to添加一个循环。

(2)关于图中节点的函数。

nodes(G):在图节点上返回一个迭代器。

number_of_nodes(G):返回图中节点的数量。

all_neighbors(graph, node):返回图中节点的所有邻居。

non_neighbors(graph, node):返回图中没有邻居的节点。

common_neighbors(G, u, v):返回图中两个节点的公共邻居。

(3)关于图中边的函数。

edges(G[, nbunch]):返回与nbunch中的节点相关的边的视图。

number_of_edges(G):返回图中边的数目。

non_edges(graph):返回图中不存在的边。

★实现思路★

这里准备展现两个小案例,一个是实现无向图的展示,另一个是实现有向图的展示。两个小案例中都包括了创建图、添加单个节点、由集合来添加节点、删除节点、删除集合中的节点、添加边、添加list来添加多条边、删除边、保存图像、输出图像、清空图这些操作。

★编程实现★

实例01的实现代码如下。

```
# encoding:utf-8
import networkx as nx
import matplotlib.pyplot as plt
# 建立无向图
G = nx.Graph()
G.add_node('A')  # 添加一个节点A
G.add_nodes_from(['B', 'C', 'D', 'E'])  # 添加点集合
H = nx.path_graph(6)  # 返回由6个节点挨个连接的无向图,所以有5条边
G.add_nodes_from(H)  # 创建一个子图H加入G
G.add_node(H)  # 直接将图作为节点
# 访问节点
print('图中所有的节点:\n', G.nodes())
print('图中节点的个数:', G.number_of_nodes())
# 删除节点
G.remove_node(1)    # 删除指定节点
G.remove_nodes_from(['B', 'C', 'D'])    # 删除集合中的节点
print('\n图中所有的节点:\n', G.nodes())
print('图中节点的个数:', G.number_of_nodes())
nx.draw(G, with_labels=True)
G.clear() # 清空图
```

```
# 创建无向图
# 添加边
F = nx.Graph()
F.add_edge(7, 8)    # 一次添加一条边
# 等价于
e = (9, 10)         # e是一个元组
F.add_edge(*e) # 这是Python中解包裹的过程
F.add_edges_from([(1, 9), (2, 7), (8, 6), (11, 10)])    # 通过添加list来添加多条边
# 通过添加任何ebunch来添加边
F.add_edges_from(H.edges()) # 不能写作F.add_edges_from(H)
nx.draw(F, with_labels=True)
plt.savefig("17-a.png")
plt.show()
print('\n图中所有的边:\n', F.edges())
print('图中边的个数:', F.number_of_edges())
# 删除边
F.remove_edge(1, 2)
F.remove_edges_from([(1, 9), (8, 6)])
print('\n图中所有的边:\n', F.edges())
print('图中边的个数:', F.number_of_edges())
nx.draw(F, with_labels=True)
plt.savefig("17-b.png")
plt.show()
F.clear() # 清空图
```

添加节点后的运行结果如图8-3所示。

```
图中所有的节点：
 ['A', 'B', 'C', 'D', 'E', 0, 1, 2, 3, 4, 5, <networkx.classes.graph.Graph object at 0x00000000050657C8>]
图中节点的个数： 12
```

图8-3 运行结果

删除节点后的运行结果如图8-4所示。

```
图中所有的节点：
 ['A', 'E', 0, 2, 3, 4, 5, <networkx.classes.graph.Graph object at 0x00000000050657C8>]
图中节点的个数： 8
```

图8-4 运行结果

添加边后的运行结果如图8-5和图8-6所示，其中图8-5是添加边后无向图的展示。

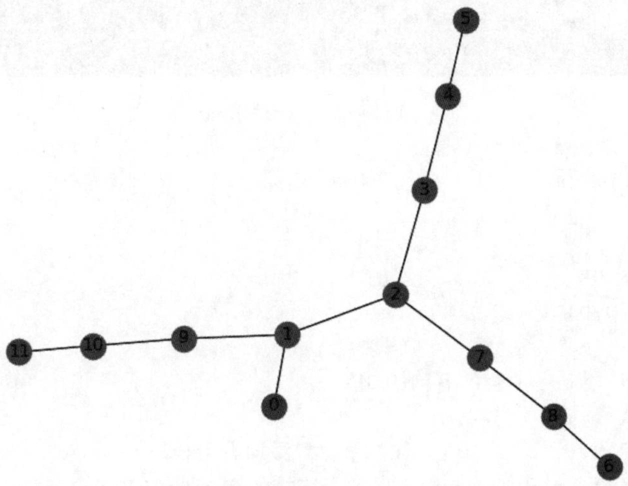

图 8-5　添加边后的无向图

```
图中所有的边：
 [(7, 8), (7, 2), (8, 6), (9, 10), (9, 1), (10, 11), (1, 0), (1, 2), (2, 3), (3, 4), (4, 5)]
图中边的个数： 11
```

图 8-6　运行结果

删除边后的运行结果如图 8-7 和图 8-8 所示，其中图 8-7 是删除图 8-5 的部分边后无向图的展示。

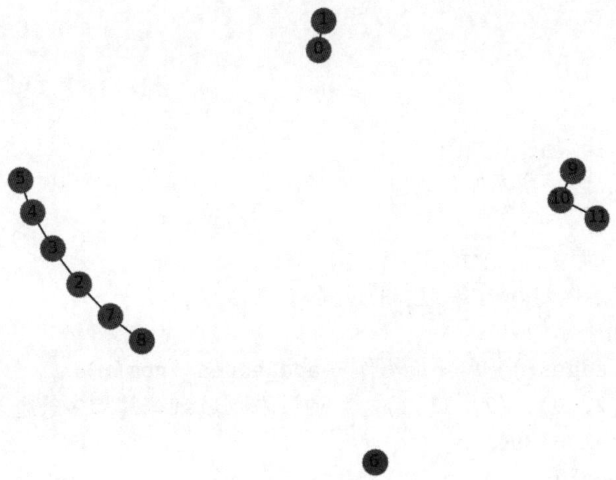

图 8-7　删除边后的无向图

```
图中所有的边：
 [(7, 8), (7, 2), (9, 10), (10, 11), (1, 0), (2, 3), (3, 4), (4, 5)]
图中边的个数： 8
```

图 8-8　运行结果

实例02的实现代码如下。

```
# encoding:utf-8
import networkx as nx
import matplotlib.pyplot as plt
# 建立有向图
G = nx.DiGraph() # 建立一个空的有向图G
G.add_node('A')  # 添加一个节点A
G.add_nodes_from(['B', 'C', 'D', 'E'])  # 添加点集合
H = nx.path_graph(8)  # 返回由8个节点挨个连接的有向图,所以有7条边
G.add_nodes_from(H)  # 创建一个子图H加入G
G.add_node(H)  # 直接将图作为节点
# 访问节点
print('图中所有的节点:\n', G.nodes())
print('图中节点的个数:', G.number_of_nodes())
# 删除节点
G.remove_node(1)     # 删除指定节点
G.remove_nodes_from(['B', 'C', 'D'])     # 删除集合中的节点
print('\n图中所有的节点:\n', G.nodes())
print('图中节点的个数:', G.number_of_nodes())
G.clear() # 清空图

# 创建有向图
# 添加边
F = nx.DiGraph()     # 创建有向图
F.add_edge(9, 10)    # 一次添加一条边
# 等价于
e = (11, 12)         # e是一个元组
F.add_edge(*e) # 这是Python中解包裹的过程
# 通过添加任何ebunch来添加边
F.add_edges_from(H.edges()) # 不能写作F.add_edges_from(H)
F.add_edges_from([(2, 9), (7, 11)])  # 通过添加list来添加多条边
nx.draw(F, with_labels=True)
plt.savefig("17-c.png")
plt.show()
print('\n图中所有的边:\n', F.edges())
print('图中边的个数:', F.number_of_edges())
# 删除边
F.remove_edge(2, 3)
F.remove_edges_from([(5, 6), (9, 10)])
```

```
print('\n图中所有的边:\n', F.edges())
print('图中边的个数:', F.number_of_edges())
nx.draw(F, with_labels=True)
plt.savefig("17-d.png")
plt.show()
F.clear() # 清空图
```

添加节点后的运行结果如图8-9所示。

```
图中所有的节点：
 ['A', 'B', 'C', 'D', 'E', 0, 1, 2, 3, 4, 5, 6, 7, <networkx.classes.graph.Graph object at 0x00000000050656C8>]
图中节点的个数： 14
```

图8-9　运行结果

删除节点后的运行结果如图8-10所示。

```
图中所有的节点：
 ['A', 'E', 0, 2, 3, 4, 5, 6, 7, <networkx.classes.graph.Graph object at 0x00000000050656C8>]
图中节点的个数： 10
```

图8-10　运行结果

添加边后的运行结果如图8-11和图8-12所示，其中图8-11是添加边后有向图的展示。

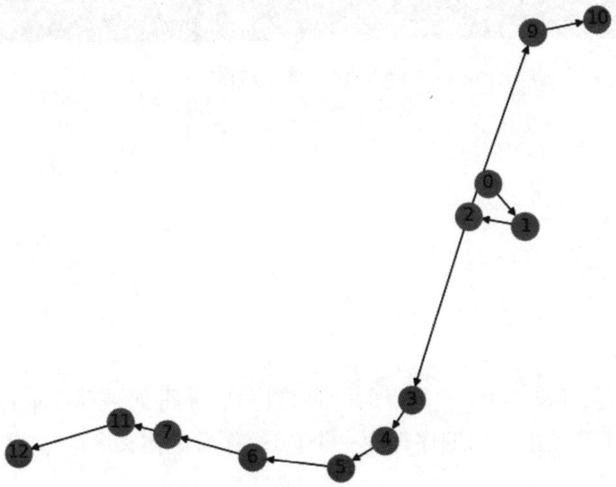

图8-11　添加边后的有向图

```
图中所有的边：
 [(9, 10), (11, 12), (0, 1), (1, 2), (2, 3), (2, 9), (3, 4), (4, 5), (5, 6), (6, 7), (7, 11)]
图中边的个数： 11
```

图8-12　运行结果

删除边后的运行结果如图8-13和图8-14所示，其中图8-13是删除图8-11的部分边后有向图的展示。

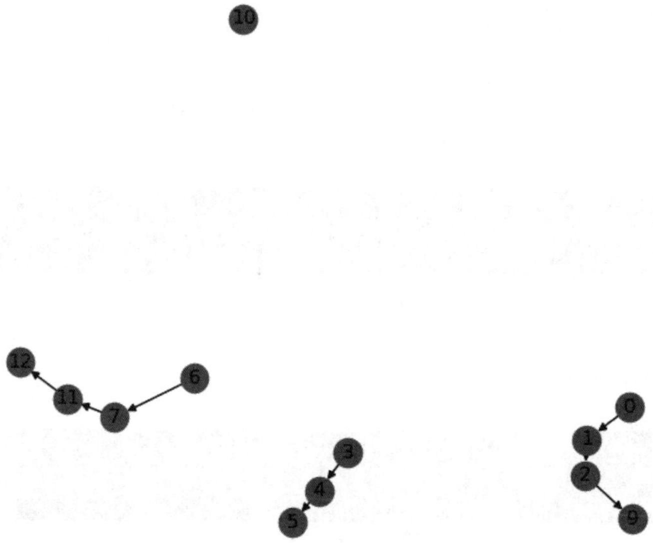

图8-13　删除边后的有向图

```
图中所有的边：
 [(11, 12), (0, 1), (1, 2), (2, 9), (3, 4), (4, 5), (6, 7), (7, 11)]
图中边的个数： 8
```

图8-14　运行结果

8.3 拓扑排序

拓扑排序是对有向无环图(DAG)的顶点的一种排序，它使得如果存在u,v的有向路径，那么满足序中u在v前。拓扑排序就是由一种偏序得到一个全序(称为拓扑有序)。偏序是满足自反性、反对称性、传递性的序。

拓扑排序的思路很简单，就是每次任意找一个入度为0的点输出，并把这个点及与这个点相关的边删除。实际算法中，用一个队列实现。

算法如下。

(1)把所有入度 = 0的点入队Q。

(2)若队Q非空，则点u出队，输出u；否则转(4)。

(3)把所有与点u相关的边(u,v)删除，若此过程中有点v的入度变为0，则把v入队Q，转(2)。

(4)若出队点数 $< N$,则说明有圈;否则输出结果。

对一个有向无环图的 G 进行拓扑排序,是将 G 中所有顶点排成一个线性序列,使得图中任意一对顶点 u 和 v,若边 $(u,v) \in E(G)$,则 u 在线性序列中出现在 v 之前。通常,这样的线性序列称为满足拓扑次序的序列,简称拓扑序列。

理解:(1)根据定义,可知它是针对有向图而言的。(2)它是一个包含有向图的所有点的线性序列,且满足两个条件:①有向图的每个顶点只出现一次;②若存在一条从顶点 A 到顶点 B 的路径,那么在序列中顶点 A 应该出现在顶点 B 的前面。

需要注意的是,拓扑排序并不是唯一的,下面以图8-15为例进行说明。

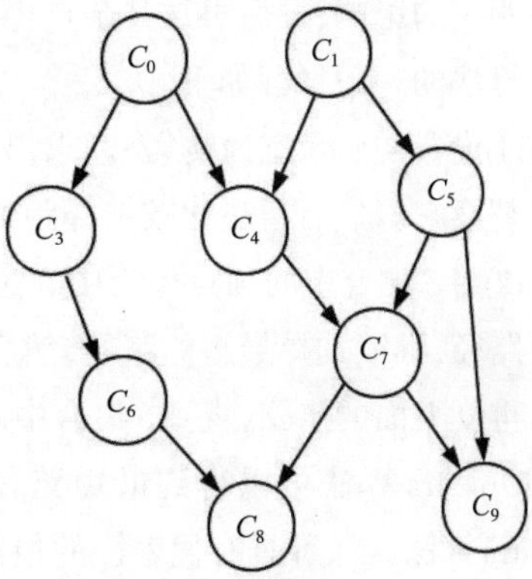

图8-15 拓扑排序示例

(1)从有向图中选择一个没有前驱(入度为0)的顶点并输出,这里我们可以选择 C_0 或 C_1。

(2)从图中删除输出的顶点和所有以它为起点的有向边。

(3)循环步骤(1)和步骤(2),终止条件为当前的有向图为空或当前图中不存在无前驱的顶点。

若当前图中不存在无前驱的顶点,则说明有向图中必然存在环。

8.4 最短路径

最短路径问题在我们的实际生活中应用非常广泛,例如,两个指定城市之间的道路铺设时间最短、交通费用最少问题等。两个相连接的顶点之间的边上通常有一定的权值,代表时间或费用等,一般根据具体问题而定。这些问题实质上就是求权值最小。最短路径问题是图论研究中的一个经典算法问题,旨在寻找图(由节点和路径组成的)中两节点之间的最短路径。

最短路径问题具体的形式包括以下几个方面。

(1)确定起点的最短路径问题:已知起始节点,求最短路径的问题。

(2)确定终点的最短路径问题:与确定起点的问题相反,该问题是已知终结节点,求最短路径的问题。在无向图中该问题与确定起点的问题完全等同,在有向图中该问题等同于把所有路径方向反转的确定起点的问题。

(3)确定起点终点的最短路径问题:已知起点和终点,求两节点之间的最短路径。

(4)全局最短路径问题:求图中所有的最短路径。

问题求解:用于解决最短路径问题的算法被称为最短路径算法。最常用的路径算法有Dijkstra算法、SPFA算法、Bellman-Ford算法、Floyd-Warshall 算法、Johnson算法、A*算法等。下面我们重点介绍一下Dijkstra算法、Floyd-Warshall 算法和A*算法。

8.4.1 Dijkstra算法

Dijkstra算法的核心是每次找到离源点最近的点，然后以该点为中心扩展，最终得到源点到其余所有点的最短距离。当找到一个离源点最近的顶点v时，$d[v]$的值就确定了，因为不可能存在一个顶点k使得当$c[k][v] > 0$时，$d[v] > d[k] + c[k][v]$；然后以顶点v为中转点，对边进行松弛操作，即消除顶点v对最短距离的影响；最后再从其余点中，找到一个离源点最近的点，重复上述操作。

算法的一般过程如下。

(1)设置初始状态为空集S。求出从这个特定的顶点到每个点的距离，如果不能到达选择点，则用无穷来替换它。然后通过比较选择距离最短的边，将与该边相关的顶点包含在S集合中，并记录路径。

(2)将S集合中的顶点作为中间过渡点，更新特定的顶点到各个顶点的最短路径，除去第(1)步中的最短路径，继续选择最短的路径，然后将最短路径中的还未计入S集合中的顶点计入S集合中。

重复上面的步骤，直到S集合中出现全部的顶点，算法结束。

Dijkstra算法可以得到最短路径的最优解，但由于它需要遍历大量的计算节点，所以效率低。Dijkstra算法是一种具有代表性的最短路径算法。

Dijkstra一般的表述通常有两种方式，一种用永久和临时标号方式；另一种是用OPEN、CLOSE表方式，其采用的是贪心法的算法策略，大概过程如下。

创建两个表：OPEN和CLOSE。OPEN表保存所有已生成而未考察的节点，CLOSE表中记录已访问过的节点。

(1)访问路网中距离起始点最近且没有被检查过的点，把这个点放入OPEN组中等待检查。

(2)从OPEN表中找出距起始点最近的点，找出这个点的所有子节点，把这个点放到CLOSE表中。

(3)遍历考察这个点的子节点。求出这些子节点距起始点的距离值，放子节点到OPEN表中。

(4)重复第(2)步和第(3)步，直到OPEN表为空，或者找到目标点。

8.4.2 Floyd-Warshall算法

Floyd-Warshall算法是一种经典的动态规划算法。简单地说，我们的首要目标是找到从点i到点j的最短路径。从动态规划的角度出发，我们需要对这个目标进行重新诠释，这是动态规划最具创造性的本质。

从任意节点i到任意节点j的最短路径不外乎两种可能，一种是直接从i到j；另一种是从i经过若干个节点k到j。所以，这里假设$D(i,j)$为节点u到节点v的最短路径的距离，对于每一个节点k，检查$D(i,k) + D(k,j) < D(i,j)$是否成立，如果成立，则证明从i到k再到j的路径比直接从i到j的路径短，因此便设置$D(i,j) = D(i,k) + D(k,j)$，这样一来，当我们遍历完所有节点k，$D(i,j)$中记录的便是i到j的最短路径的距离。

算法描述如下。

(1)从任意一条单边路径开始。所有两点之间的距离是边的权，如果两点之间没有边相连，则权为无穷大。

(2)对于每一对顶点u和v,看看是否存在一个顶点w使得从u到w再到v比已知的路径更短。如果是,则更新它。

算法的大致过程如下。

用邻接矩阵map[][]存储有向图,用$d[i][j]$表示i到j的最短路径。设G的顶点为$V=\{1,2,3,\cdots,n\}$,对于任意一对顶点(i,j)属于V,假设i到j有路径且中间节点皆属于集合$\{1,2,3,\cdots,k\}$,P是其中的一条最小权值路径,即i到j的最短路径P所通过的中间顶点最大不超过k。

设$D_{i,j,k}$为从i到j的只以$(1,2,\cdots,k)$集合中的节点为中间节点的最短路径的长度。

若最短路径经过点k,则$D_{i,j,k}=D_{i,k,k-1}+D_{k,j,k-1}$;若最短路径不经过点$k$,则$D_{i,j,k}=D_{i,j,k-1}$。因此,$D_{i,j,k}=\min\left(D_{i,k,k-1}+D_{k,j,k-1},D_{i,j,k-1}\right)$。

Floyd-Warshall算法与Dijkstra算法的不同如下。

(1)Floyd-Warshall算法是求任意两点之间的距离,是多源最短路,而Dijkstra算法是求一个顶点到其他所有顶点的最短路径,是单源最短路。

(2)Floyd-Warshall算法属于动态规划,Dijkstra算法属于贪心算法。

(3)Dijkstra算法的时间复杂度一般是$O(n^2)$,Floyd-Warshall算法的时间复杂度是$O(n^3)$,Dijkstra算法比Floyd-Warshall算法快。

8.4.3 A*算法

在计算机科学中,A*算法作为Dijkstra算法的扩展,因其高效性而被广泛应用于寻路和图的遍历。它结合了Dijkstra算法(靠近初始点的节点)和BFS算法(靠近目标点的节点)的信息块。在理解该算法之前,我们需要了解几个概念。

(1)搜索区域:将图中的搜索区域划分为一个简单的二维数组,数组中的每个元素对应一个小方格。当然,我们也可以把这个区域划分成五角星、长方形等。一个单元的中心点通常称为搜索区域节点(node)。

(2)开放列表:将路径规划过程中待检测的节点存储在open list中,而已检测过的方格则存储在close list中。

(3)父节点:在路径规划中用于回溯的节点,开发时可视为双向链表结构中的父节点指针。

(4)路由排序:移动到哪个节点由公式$F(n)=G+H$决定。G表示从初始位置A沿生成的路径到指定待检测方格的移动代价,H表示从待检测方格到目标节点B的估计移动代价。

(5)启发函数:H是一个启发函数,也被认为是一个试探。因为我们不确定在找到唯一的路径之前会出现什么障碍,所以我们用一个算法来计算H,这是由实际情况决定的。在我们的简化模型中,H使用传统的曼哈顿距离,即垂直和水平移动距离的总和。

A*算法的步骤如下。

(1)把起点加入open list。

(2)重复如下过程。

①遍历open list,查找F值最小的节点,把它作为当前要处理的节点,然后移到close list中。

②对当前方格的8个相邻方格(包括当前方格在内的9个方格,类似于井字格)逐一进行检查,如果它是不可抵达的或它在close list中,则忽略它。否则,做如下操作。

a. 如果它不在open list中,则把它加入open list,并且把当前方格设置为它的父节点。

b. 如果它已经在open list中,则检查这条路径(经由当前方格到达它那里)是否更近。如果更近,则把它的父节点设置为当前方格,并重新计算它的*G*和*F*值。如果open list是按*F*值排序的,则改变后可能需要重新排序。

③遇到以下情况停止搜索:把终点加入了open list中,此时路径已经找到了,或者查找终点失败,并且open list是空的,此时没有路径。

(3)从终点开始,每个方格沿着父节点移动直至起点,形成路径。

小试牛刀18:Python编程解决最短路径问题

★案例说明★

本案例是求从某源点到其余各顶点的最短路径。Dijkstra算法、Floyd-Warshall算法和A*算法都可用于求解图中某源点到其余各顶点的最短路径。假设*G*是含有6个顶点的有向图,可以依据前面介绍的算法流程进行求解,也可以调用NetworkX的库函数实现使用Dijkstra算法、Floyd-Warshall算法和A*算法求解从源节点到目标节点的最短加权路径。

★实现思路★

实例01和02:分别依据Dijkstra算法和Floyd-Warshall算法的计算流程计算最短路径。

实例03:用NetworkX绘制出带权值的有向图。权值的添加调用NetworkX中的add_weighted_edges_from()函数。为了使绘制出的图美化,还调用了spring_layout()函数。

(1)示例代码:add_weighted_edges_from(ebunch, weight='weight', **attr)。

参数说明如下。

ebunch:列表或容器中给定的每条边都将添加到图中。边必须以三元组(u,v,w)的形式给出,其中w是一个数。

weight:字符串,可选(默认值为'weight'),要添加的边权重的属性名称。

**attr: 关键字参数,可选(默认值为无属性),要为所有边添加或更新的边属性。

(2)示例代码:spring_layout(G, dim=2, k=None, pos=None, fixed=None, iterations=50, weight='weight', scale=1.0),使用Fruchterman-Reingold force-directed算法定位节点。

参数说明如下。

G:NetworkX图形。

dim:int,维度的布局。

k:float(默认值为None),节点间的最佳距离。如果没有,则将距离设置为1/sqrt(n),其中n是节点数。增大此值可将节点移动得更远。

pos:dict或None,可选(默认值为None),节点作为字典的初始位置,节点作为键,值作为列表或元组。如果没有,则使用随机初始位置。

fixed:列表或None,可选(默认值为None),在初始位置保持固定的节点。

iterations:int,可选(默认值为50),弹簧力松弛迭代次数。

weight:string或None,可选(默认值为'weight'),保存用于边权重的数值的边属性。如果没有,则所有边权重为1。

scale:float(默认值为1.0),位置的比例因子。节点位于大小为[0,scale] × [0,scale]的框中。

返回值如下。

dict:由节点设置关键点的位置字典。

实例04、05、06:分别调用NetworkX的库函数实现使用Dijkstra算法、Floyd-Warshall算法和A*算法求解从源节点'0'到目标节点'4'的最短加权路径。

实例04:调用NetworkX库中的dijkstra_predecessor_and_distance()和nx.dijkstra_path()函数,实现使用Dijkstra算法计算最短路径。

(1)示例代码:dijkstra_predecessor_and_distance(G, source, cutoff=None, weight='weight'),计算加权最短路径长度和前置任务。使用Dijkstra算法获得最短加权路径,并返回每个节点的前置字典和每个节点与源节点的距离。

参数说明如下。

G:NetworkX图形。

source:节点,路径的起始节点。

cutoff:整数或浮点,可选,停止搜索的深度。只返回长度小于等于截断的路径。

weight:string,可选(默认值为'weight'),与边权重相对应的边数据键。

返回值如下。

pred,distance:词典,返回两个字典,表示一个节点的前置任务列表及到每个节点的距离。

(2)示例代码:nx.dijkstra_path(G, source, target, weight='weight'),返回从源到目标的最短加权路径(G)。使用Dijkstra算法计算图中两个节点之间的最短加权路径。

参数说明如下。

G:NetworkX图形。

source:节点,路径的起始节点。

target:节点,路径的结束节点。

weight:字符串或函数。如果这是字符串,则将使用此键通过"边"属性访问边权重(连接u到v的边的权重将为G.edges[u, v][weight])。如果不存在这样的边属性,则假定边的权重为1。如果这是函数,则边的权重是函数返回的值。该函数必须精确地接受3个位置参数:边的两个端点和该边的边属性字典。函数必须返回一个数字。

返回值如下。

path:最短路径中的节点列表。

返回类型:列表。

实例05：调用NetworkX库中的floyd_warshall_predecessor_and_distance()、floyd_warshall_numpy()及reconstruct_path()函数，实现使用Floyd-Warshall算法计算最短路径。

(1)示例代码：floyd_warshall_predecessor_and_distance(G, weight = 'weight')，用Floyd-Warshall算法求所有对的最短路径长度。

参数说明如下。

G：NetworkX图形。

weight：string，可选(默认值为'weight')，与边权重相对应的边数据键。

返回值如下。

predecessor，distance：字典，所有节点与各个节点之间的最短路径及最短路径上的距离。

(2)示例代码：floyd_warshall_numpy(G, nodelist=None, weight='weight')，用Floyd-Warshall算法求所有对的最短路径长度。

参数说明如下。

G：NetworkX图形。

nodelist：列表，可选，行和列按nodelist中的节点排序。如果nodelist为None，则由G.nodes()生成顺序。

weight：字符串，可选(默认值为'weight')，与边权重相对应的边数据键。

返回值如下。

distance：NumPy矩阵，节点间最短路径距离的矩阵。如果到节点之间没有路径，则相应的矩阵条目将为inf。

(3)示例代码：reconstruct_path(source, target, predecessors)，使用前置任务重建从源到目标的路径，floyd_warshall_predecessor_and_distance()的predecessor，distance返回的dict。

参数说明如下。

source：节点，路径的起始节点。

target：节点，路径的结束节点。

predecessors：词典。

返回值如下。

path：列表，包含从源到目标的最短路径的节点列表，如果源和目标相同，则返回空列表。

实例06：调用NetworkX库中的astar_path()和nx.astar_path_length()函数，实现使用A*算法计算最短路径。

(1)示例代码：astar_path(G, source, target, heuristic=None, weight='weight')，使用A*算法返回源和目标之间最短路径中的节点列表。可能有多条最短路径，这里只返回一个。

参数说明如下。

G：NetworkX图形。

source：节点，路径的起始节点。

target：节点，路径的结束节点。

heuristic：函数，评估从节点到目标的距离估计值的函数。该函数接受两个节点参数，必须返回一个数字。

weight:string,可选(默认值为'weight'),与边权重相对应的边数据键。

(2)示例代码:nx.astar_path_length(G, source, target, heuristic=None, weight='weight'),使用A*算法返回源和目标之间最短路径的长度。

参数说明如下。

G:NetworkX图形。

source:节点,路径的起始节点。

target:节点,路径的结束节点。

heuristic:函数,评估从节点到目标的距离估计值的函数。该函数接受两个节点参数,必须返回一个数字。

weight:string,可选(默认值为'weight'),与边权重相对应的边数据键。

★编程实现★

实例01:依据Dijkstra算法的计算流程计算最短路径,实现代码如下。

```
import numpy as np
def start_to_end(P, startpoint, endpoint, p, m):
    if startpoint < m:
        if startpoint == endpoint:
            p.append(startpoint)
        else:
            p.append(endpoint)
            start_to_end(P, startpoint, P[endpoint], p, m)
    return p
G = np.array([[0, 12, 50, float('inf'), 39, 41],
              [float('inf'), 0, 21, 18, float('inf'), 11],
              [float('inf'), float('inf'), 0, 9, 2, 6],
              [float('inf'), float('inf'), float('inf'), 0, 13, 2],
              [float('inf'), float('inf'), float('inf'), float('inf'), 0, 3],
              [float('inf'), float('inf'), float('inf'), float('inf'),
               float('inf'), 0]])

label = ['A', 'B', 'C', 'D', 'E', 'F']

n = G.shape[0]
P1 = []
A = []
for index, item in enumerate(label):
    for index1, item1 in enumerate(label):
        Dist = [[] for i in range(n)]
        Path = [[] for i in range(n)]
        flag = [[] for i in range(n)]
        i = 0
```

```
    while i < G.shape[0]:
        Dist[i] = G[label.index(item)][i]
        flag[i] = 0
        if G[label.index(item)][i] < float('inf'):
            Path[i] = label.index(item)
        else:
            Path[i] = -1
        i += 1

    flag[label.index(item)] = 1
    Path[label.index(item)] = 0
    Dist[label.index(item)] = 0
    i = 1
    while i < G.shape[0]:
        MinDist = float('inf')
        j = 0
        while j < G.shape[0]:
            if flag[j] == 0 and Dist[j] < MinDist:
                t = j
                MinDist = Dist[j]
            j += 1
        flag[t] = 1
        End = 0
        MinDist = float('inf')

        while End < G.shape[0]:
            if flag[End] == 0:
                if G[t][End] < MinDist and Dist[t] + G[t][End] < Dist[End]:
                    Dist[End] = Dist[t] + G[t][End]
                    Path[End] = t
            End += 1
        i += 1
    v_to_end = []  # 存储从源点到终点的最短路径
    if (index1==len(label)-1):
        P1.append(Path)
    path = start_to_end(Path, label.index(item), label.index(item1), v_to_end,
                        len(label)-1)
    dist = Dist[ label.index(item1)]
    if dist == float('inf') or dist == 0:
        pass
    else:
        Path = []
        for k in range(len(path)):
            Path.append(label[path[len(path)-1-k]])
        print('从顶点{}到顶点{}的最短路径为:{}最短路径长度为:{}'.format(item, item1,
             Path, dist))
A.append(Dist)
```

```
P1 = np.array(P1)
A = np.array(A)
print(A, '\n', P1)
```

运行结果如图8-16(a)和(b)所示。

```
从顶点A到顶点B的最短路径为：['A', 'B']最短路径长度为：12.0
从顶点A到顶点C的最短路径为：['A', 'B', 'C']最短路径长度为：33.0
从顶点A到顶点D的最短路径为：['A', 'B', 'D']最短路径长度为：30.0
从顶点A到顶点E的最短路径为：['A', 'B', 'C', 'E']最短路径长度为：35.0
从顶点A到顶点F的最短路径为：['A', 'B', 'F']最短路径长度为：23.0
从顶点B到顶点C的最短路径为：['B', 'C']最短路径长度为：21.0
从顶点B到顶点D的最短路径为：['B', 'D']最短路径长度为：18.0
从顶点B到顶点E的最短路径为：['B', 'C', 'E']最短路径长度为：23.0
从顶点B到顶点F的最短路径为：['B', 'F']最短路径长度为：11.0
从顶点C到顶点D的最短路径为：['C', 'D']最短路径长度为：9.0
从顶点C到顶点E的最短路径为：['C', 'E']最短路径长度为：2.0
从顶点C到顶点F的最短路径为：['C', 'E', 'F']最短路径长度为：5.0
从顶点D到顶点E的最短路径为：['D', 'E']最短路径长度为：13.0
从顶点D到顶点F的最短路径为：['D', 'F']最短路径长度为：2.0
从顶点E到顶点F的最短路径为：['E', 'F']最短路径长度为：3.0
```

(a)

```
[[  0.  12.  33.  30.  35.  23.]
 [inf   0.  21.  18.  23.  11.]
 [inf inf   0.   9.   2.   5.]
 [inf inf inf   0.  13.   2.]
 [inf inf inf inf   0.   3.]
 [inf inf inf inf inf   0.]]
 [[ 0  0  1  1  2  1]
 [-1  0  1  1  2  1]
 [-1 -1  0  2  2  4]
 [-1 -1 -1  0  3  3]
 [-1 -1 -1 -1  0  4]
 [-1 -1 -1 -1 -1  0]]
```

(b)

图8-16　运行结果

实例02：依据Floyd-Warshall算法的计算流程计算最短路径，实现代码如下。

```
# coding:utf-8
import numpy as np
e = np.mat([[0, 12, 50, float('inf'), 39, 41],
            [float('inf'), 0, 21, 18, float('inf'), 11],
            [float('inf'), float('inf'), 0, 9, 2, 6],
            [float('inf'), float('inf'), float('inf'), 0, 13, 2],
            [float('inf'), float('inf'), float('inf'), float('inf'), 0, 3],
            [float('inf'), float('inf'), float('inf'), float('inf'),
             float('inf'), 0]])
L = e[:]
path = -np.ones((len(e), len(e)))
```

```
for i in range(len(e)):
    for j in range(len(e)):
        if e[i, j] == float('inf'):
            path[i][j] = -1
        elif e[i, j] == 0 :
            path[i][j] = 0
        else:
            path[i][j] = i
print('初始:')
print(L, '\n', path)
for a in range(len(e)):
    for b in range(len(e)):
        for c in range(len(e)):
            if (L[b, a]+L[a, c]<L[b, c]):
                L[b, c] = L[b, a] + L[a, c]
                path[b][c] = path[a][c]
print('结果:')
print(L, '\n', path)
```

运行结果如图8-17所示。

```
初始:
[[ 0. 12. 50. inf 39. 41.]
 [inf  0. 21. 18. inf 11.]
 [inf inf  0.  9.  2.  6.]
 [inf inf inf  0. 13.  2.]
 [inf inf inf inf  0.  3.]
 [inf inf inf inf inf  0.]]
 [[ 0.  0.  0. -1.  0.  0.]
 [-1.  0.  1.  1. -1.  1.]
 [-1. -1.  0.  2.  2.  2.]
 [-1. -1. -1.  0.  3.  3.]
 [-1. -1. -1. -1.  0.  4.]
 [-1. -1. -1. -1. -1.  0.]]
结果:
[[ 0. 12. 33. 30. 35. 23.]
 [inf  0. 21. 18. 23. 11.]
 [inf inf  0.  9.  2.  5.]
 [inf inf inf  0. 13.  2.]
 [inf inf inf inf  0.  3.]
 [inf inf inf inf inf  0.]]
 [[ 0.  0.  1.  1.  2.  1.]
 [-1.  0.  1.  1.  2.  1.]
 [-1. -1.  0.  2.  2.  4.]
 [-1. -1. -1.  0.  3.  3.]
 [-1. -1. -1. -1.  0.  4.]
 [-1. -1. -1. -1. -1.  0.]]
```

图8-17 运行结果

实例03:绘制出带权值的有向图,实现代码如下。

```
# encoding:utf-8
```

```
import networkx as nx
import matplotlib.pyplot as plt
# 使用Floyd-Warshall算法找到所有对的最短路径长度
G = nx.DiGraph() # 建立一个空的有向图G
G.add_weighted_edges_from(
    [('0', '1', 12), ('0', '2', 50), ('0', '4', 39), ('0', '5', 41),
     ('1', '2', 21), ('1', '3', 18), ('1', '5', 11),
     ('2', '3', 9), ('2', '4', 2), ('2', '5', 6),
     ('3', '4', 13), ('3', '5', 2), ('4', '5', 3)])
# 边和节点信息
edge_labels = nx.get_edge_attributes(G, 'weight')
labels = {'0': 'A', '1': 'B', '2': 'C', '3': 'D', '4': 'E', '5': 'F'}
# 生成节点位置
pos = nx.spring_layout(G)
# 把节点画出来
nx.draw_networkx_nodes(G, pos, node_color='g', node_size=500, alpha=0.8)
# 把边画出来
nx.draw_networkx_edges(G, pos, width=1.5, alpha=0.8, edge_color='b')
# 把节点的标签画出来
nx.draw_networkx_labels(G, pos, labels, font_size=20)
# 把边权重画出来
nx.draw_networkx_edge_labels(G, pos, edge_labels, font_size=10)
# 显示Graph
plt.savefig("18-a.png")
plt.show()
```

带权值的有向图绘制结果如图8-18所示。

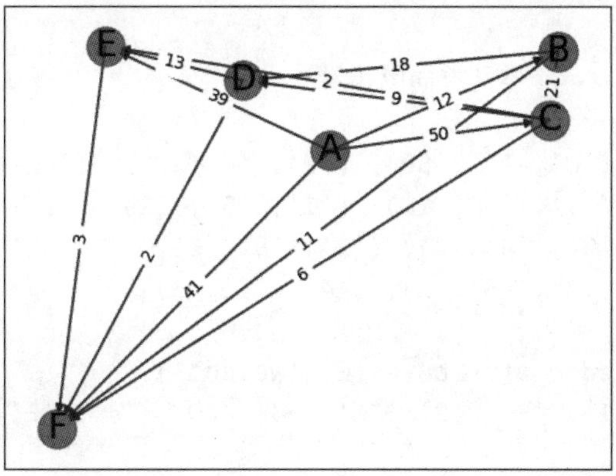

图8-18　带权值的有向图

实例04：调用NetworkX的库函数实现使用Dijkstra算法计算最短路径，实现代码如下。

```
# encoding:utf-8
import networkx as nx
# 使用Dijkstra算法找到所有对的最短路径长度
G = nx.DiGraph() # 建立一个空的有向图G
```

```
G.add_weighted_edges_from(
    [('0', '1', 12), ('0', '2', 50), ('0', '4', 39), ('0', '5', 41),
     ('1', '2', 21), ('1', '3', 18), ('1', '5', 11),
     ('2', '3', 9), ('2', '4', 2), ('2', '5', 6),
     ('3', '4', 13), ('3', '5', 2), ('4', '5', 3)])
# 边和节点信息
edge_labels = nx.get_edge_attributes(G, 'weight')
labels = {'0': 'A', '1': 'B', '2': 'C', '3': 'D', '4': 'E', '5': 'F'}
pred, dist = nx.dijkstra_predecessor_and_distance(G, '0')
print('\n加权图最短路径前驱和长度:\n ', pred, '\n', dist)
# 返回G中从源到目标的最短加权路径,要求边权重必须为数值
print('\nG中从源0到目标4的最短加权路径: ', nx.dijkstra_path(G, '0', '4'))
print('\nG中从源0到目标4的最短加权路径的长度: ',
      nx.dijkstra_path_length(G, '0', '4'))  # 最短路径长度
```

运行结果如图8-19所示。

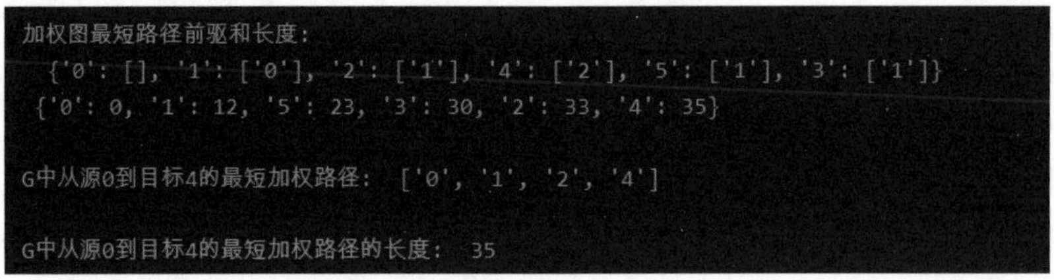

图8-19 运行结果

实例05:调用NetworkX的库函数实现使用Floyd-Warshall算法计算最短路径,实现代码如下。

```
# encoding:utf-8
import networkx as nx
G = nx.DiGraph() # 建立一个空的有向图G
G.add_weighted_edges_from(
    [('0', '1', 12), ('0', '2', 50), ('0', '4', 39), ('0', '5', 41),
     ('1', '2', 21), ('1', '3', 18), ('1', '5', 11),
     ('2', '3', 9), ('2', '4', 2), ('2', '5', 6),
     ('3', '4', 13), ('3', '5', 2), ('4', '5', 3)])
# 边和节点信息
edge_labels = nx.get_edge_attributes(G, 'weight')
labels = {'0': 'A', '1': 'B', '2': 'C', '3': 'D', '4': 'E', '5': 'F'}
# 计算最短路径长度
lenght = nx.floyd_warshall(G, weight='weight')
# 计算最短路径上的前驱与路径长度
predecessor, distance1 = nx.floyd_warshall_predecessor_and_distance(G,
                                                                    weight='weight')
# 计算两两节点之间的最短距离,并以NumPy矩阵形式返回
distance2 = nx.floyd_warshall_numpy(G, weight='weight')
print("节点:", list(distance1))
print("最短加权路径矩阵:\n", distance2)
```

```
print( "'0'到 '4'的最短加权路径:\n", nx.reconstruct_path('0', '4', predecessor))
```

运行结果如图8-20所示。

```
节点: ['0', '1', '2', '4', '5', '3']
最短加权路径矩阵:
 [[ 0. 12. 33. 35. 23. 30.]
 [inf  0. 21. 23. 11. 18.]
 [inf inf  0.  2.  5.  9.]
 [inf inf inf  0.  3. inf]
 [inf inf inf inf  0. inf]
 [inf inf inf 13.  2.  0.]]
'0'到 '4'的最短加权路径:
 ['0', '1', '2', '4']
```

图8-20 运行结果

实例06:调用NetworkX的库函数实现使用A*算法计算最短路径,实现代码如下。

```
# encoding:utf-8
import networkx as nx
G = nx.DiGraph() # 建立一个空的有向图G
G.add_weighted_edges_from(
    [('0', '1', 12), ('0', '2', 50), ('0', '4', 39), ('0', '5', 41),
     ('1', '2', 21), ('1', '3', 18), ('1', '5', 11),
     ('2', '3', 9), ('2', '4', 2), ('2', '5', 6),
     ('3', '4', 13), ('3', '5', 2), ('4', '5', 3)])
# 边和节点信息
edge_labels = nx.get_edge_attributes(G, 'weight')
labels = {'0': 'A', '1': 'B', '2': 'C', '3': 'D', '4': 'E', '5': 'F'}
print("'0'到 '4'的最短加权路径:", nx.astar_path(G, '0', '4'))
print("'0'到 '4'的最短加权路径的长度:", nx.astar_path_length(G, '0', '4'))
```

运行结果如图8-21所示。

```
'0'到 '4'的最短加权路径: ['0', '1', '2', '4']
'0'到 '4'的最短加权路径的长度: 35
```

图8-21 运行结果

8.5 最小生成树

树是图论中非常重要的一类图,它类似于自然界中的树,结构简单、应用广泛,最小生成树问题是其中最经典的问题之一。在实际应用中许多问题的图论模型都是最小生成树,如通信网络建设、有线电缆铺设、加工设备分组等。生成树又称为“花费树”“出本树”或“植树”,一个图的生成树就是以最少的边来连通图中所有的顶点,且不造成回路的树形结构。

树的定义 连通的无圈图称为树。

设G是具有n个顶点m条边的图,则下列命题等价。

(1)G是一棵树。

(2)G连通,且$n = m + 1$。

(3)G无圈,且$n = m + 1$。

(4)G的任何两个顶点之间存在唯一的一条路。

(5)G连通,且将G的任何一条边删去之后,该图成为非连通图。

(6)G无圈,且在G的任何两个不相邻顶点之间加入一条边之后,该图正好含有一个圈。

这里还有一个经典公式,即Cayley公式:一个完全图有n个顶点,即有n^{n-2}棵生成树,换句话说,n个节点的带标号的无根树有n^{n-2}个。

最小生成树是指连通图中所有生成树中边权和最小的一个。即求G的一棵生成树T,使得最小生成树要求从一个带权无向完全图中选择$n-1$条边并使这个图仍然连通(也即得到了一棵生成树),同时还要考虑使树的权最小。

最小生成树问题:通俗地说就是没有圈的连通图,常记作T。现有一个图为G,假设$V(G)$与$V(T)$完全一致,而$E(T)$是$E(G)$的子集,那么此时T为G的生成树。最小生成树是指具有最小权的生成树的图。

例如,现在需要在n个城市之间修建高速公路,并且两城之间的高速公路造价已知,怎样设计线路才能使得总造价最低。

问题分析:这种类型问题可被总结为最小生成树问题,在赋权图中找出一个具备最小权的生成树为此问题对应的数学模型。在后面的小试牛刀19中我们将以此图为数据源。赋权图路径中的权值表示如表8-1所示,其中float('inf')表示没有此路径。

表8-1 赋权图路径中的权值表示

顶点j	顶点i					
	1	2	3	4	5	6
1	0	12	50	float('inf')	39	41
2	12	0	21	18	float('inf')	11
3	50	21	0	9	2	6
4	float('inf')	18	9	0	13	2
5	39	float('inf')	2	13	0	3
6	41	11	6	2	3	0

注:$i=j$时即表示同一个顶点,所以此时连通的权值为0。

问题解决有两种算法：Prim算法和Kruskal算法，下面我们分别介绍一下。

8.5.1 Prim算法

Prim算法又称为P氏法，它是在拥有最小成本边的基础上开始的，然后层层向外扩展，最后得到结论。Prim算法的实现过程是在初始状态中只计入了一条成本最小的边及与此条边关联的两个节点，然后寻找计入的下一条边及相关的节点。该过程需要满足的条件如下。

(1)这条边的一个节点已经计入生成树中，另一个节点还未计入生成树中。

(2)此条边必须在满足第一个条件的情况下成本最小。依次类推，直到所有节点都计入生成树中并形成一个连通的网络，操作结束。

求最小生成树的一般算法可描述为：对于图G，从空树T开始，选择$n-1$条安全边(u,v)，一个接一个地添加到集合T中，得到具有$n-1$条边的最小生成树。当一条边(u,v)加入T时，必须保证$T\{(u,v)\}$仍是最小生成树的子集，我们将这样的边称为T的安全边。

Prim算法可以概括如下。

(1)输入(input)：给定一个加权连通图G，其中顶点集合为$V(G)$，边集合为$E(G)$。

(2)初始化：$V_{new}=\{x\}$，其中x为集合中$V(G)$的任一点(起始点)，$E_{new}=\{\ \}$，为空。

(3)重复下列操作，直到$V_{new}=V$。

①在集合$E(G)$中选取权值最小的边(u,v)，其中u为集合V_{new}中的元素，而v不在V_{new}集合中，并且$v\in V(G)$。

②将v加入集合V_{new}中，将边(u,v)加入集合E_{new}中。

(4)输出(output)：使用集合V_{new}和E_{new}来描述所得到的最小生成树。

8.5.2 Kruskal算法

Kruskal算法的基本思路：先对边按权重从小到大排序，再选取权重最小的一条边，如果该边的两个节点均为不同的分量，则加入最小生成树，否则计算下一条边，直到遍历完所有的边。

Kruskal算法如下。

(1)选$e_1\in E(G)$，使得$w(e_1)$最小。

(2)若$e_1,e_2,\cdots,e_i$已选好，则从$E(G)-\{e_1,e_2,\cdots,e_i\}$中选取$e_{i+1}$，使得$G[\{e_1,e_2,\cdots,e_i,e_{i+1}\}]$中无圈，且$w(e_{i+1})$最小。

(3)直到选得e_{v-1}为止。

小试牛刀19:Python编程解决最小生成树问题

★案例说明★

本案例分为3个小案例。

实例01和02:分别依据Prim算法和Krushal算法的计算流程计算最小生成树。

实例03:调用NetworkX库中的minimum_spanning_edges()和minimum_spanning_tree()函数计算最小生成树。

★实现思路★

实例01:用Prim算法计算最小生成树的步骤如下。

(1)输入原图。

(2)按Prim算法流程计算并输出结果。

(3)NetworkX绘制出结果。

实例02:用Kruskal算法计算最小生成树的步骤如下。

(1)输入原图。

(2)按Kruskal算法流程计算并输出结果。

(3)NetworkX绘制出结果。

实例03:调用NetworkX的库函数计算最小生成树。

(1)示例代码:minimum_spanning_edges(G, algorithm='kruskal', weight='weight', keys=True, data=True, ignore_nan=False),在无向加权图的最小生成树中生成边。最小生成树是具有最小边权和的图(树)的子图。生成森林是图中每个连通分量的生成树的并集。

参数说明如下。

G:无向图。如果G是连通的,则算法会找到一棵生成树。否则,就会发现一个跨越的森林。

algorithm:字符串,查找最小生成树时使用的算法。有效的选择是'kruskal'、'prim'或'boruvka',默认值为'kruskal'。

weight:string,用于权重的边缘数据键(默认值为'weight')。

keys:bool,除边外,是否在多图中生成边键。如果G不是多重图,则忽略它。

data:bool,可选,如果为True,则生成边数据和边。

ignore_nan:bool(默认值为False)。如果发现一个nan作为边缘权重,则会引发异常。如果ignore_nan为真,则忽略该边。

返回值如下。

edges:最小生成树的边。

返回类型:迭代器。

(2)示例代码：minimum_spanning_tree(G, weight='weight', algorithm='kruskal', ignore_nan=False)，返回无向图G上的最小生成树或森林。

参数说明如下。

G：无向图。如果G是连通的，则算法会找到一棵生成树。否则，就会发现一个跨越的森林。

weight：string，用于边权重的数据键。

algorithm：字符串，查找最小生成树时使用的算法。有效的选择是'kruskal'、'prim'或'boruvka'，默认值为'kruskal'。

ignore_nan：bool(默认值为False)。如果发现一个nan作为边缘权重，则会引发异常。如果ignore_nan为真，则忽略该边。

返回值如下。

G：最小生成树或森林。

返回类型：NetworkX图形。

计算最小生成树的步骤如下。

(1)输入原图，NetworkX绘制出原图。

(2)调用minimum_spanning_edges()函数，algorithm设置为'prim'，用Prim算法计算最小生成树的边并输出结果。

(3)调用minimum_spanning_tree()函数，algorithm设置为'prim'，用Prim算法直接计算最小生成树并输出结果。

(4)调用minimum_spanning_edges()函数，algorithm设置为'kruskal'，用Kruskal算法计算最小生成树的边并输出结果。

(5)调用minimum_spanning_tree()函数，algorithm设置为'kruskal'，用Kruskal算法直接计算最小生成树并输出结果。

★编程实现★

实例01的实现代码如下。

```
# encoding:utf-8
import matplotlib.pyplot as plt
import networkx as nx
tu = [[0, 12, 50, float('inf'), 39, 41],
      [12, 0, 21, 18, float('inf'), 11],
      [50, 21, 0, 9, 2, 6],
      [float('inf'), 18, 9, 0, 13, 2],
      [39, float('inf'), 2, 13, 0, 3],
      [41, 11, 6, 2, 3, 0]]
print('邻接矩阵为')
```

```
for i in tu:
    print(i)
print('节点数:%d个'%(len(tu)))
result = []
# 选择节点
s_node = [0]
# 备选节点
c_node = [i for i in range(1, len(tu))]
while len(c_node) > 0:
    start, end, small = 0, 0, float('inf')
    for i in s_node:
        for j in c_node:
            if tu[i][j] < small:
                small = tu[i][j]
                start = i
                end = j
    result.append([start, end, small])
    s_node.append(end)
    c_node.remove(end)
print('最小生成树prim算法的结果:\n', result)

tree = []
for i in result:
    i = tuple(i)
    tree.append(i)
mtg = nx.Graph()
mtg.add_weighted_edges_from(tree)
print('图中所有的节点:', mtg.nodes())
print('图中节点的个数:', mtg.number_of_nodes())
pos = nx.spring_layout(mtg)
nx.draw(mtg, pos,
        arrows=True,
        with_labels=True,
        nodelist=mtg.nodes(),
        style='dashed',
        edge_color='b',
        width=2,
        node_color='r',
        alpha=0.5)
plt.savefig("19-a.png")
plt.show()
```

运行结果如图8-22和图8-23所示。

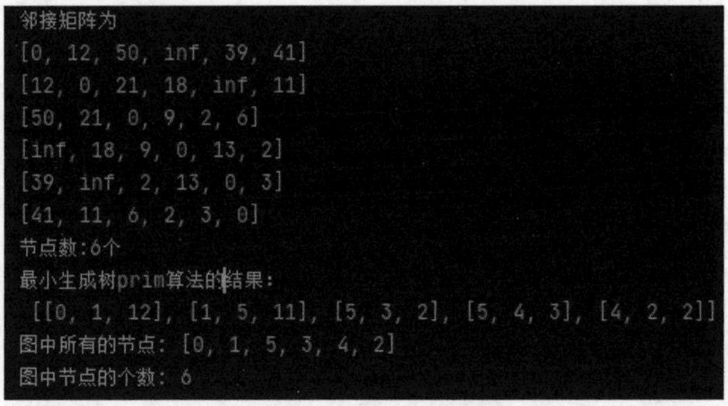

```
邻接矩阵为
[0, 12, 50, inf, 39, 41]
[12, 0, 21, 18, inf, 11]
[50, 21, 0, 9, 2, 6]
[inf, 18, 9, 0, 13, 2]
[39, inf, 2, 13, 0, 3]
[41, 11, 6, 2, 3, 0]
节点数:6个
最小生成树prim算法的结果:
 [[0, 1, 12], [1, 5, 11], [5, 3, 2], [5, 4, 3], [4, 2, 2]]
图中所有的节点: [0, 1, 5, 3, 4, 2]
图中节点的个数: 6
```

图8-22　运行结果

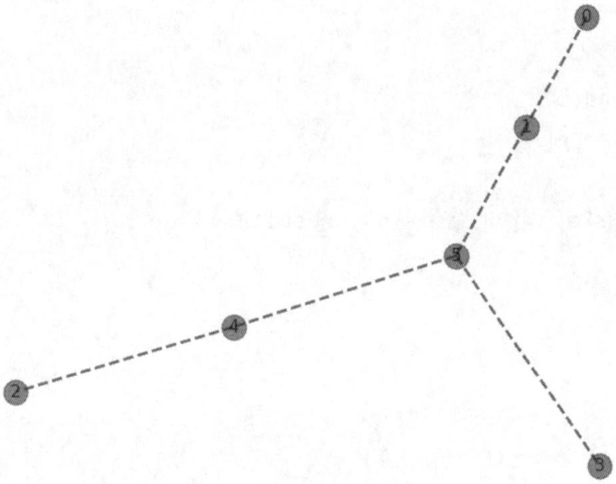

图8-23　运行结果

实例02的实现代码如下。

```
# encoding:utf-8
import matplotlib.pyplot as plt
import networkx as nx
tu = [[0, 12, 50, float('inf'), 39, 41],
      [12, 0, 21, 18, float('inf'), 11],
      [50, 21, 0, 9, 2, 6],
      [float('inf'), 18, 9, 0, 13, 2],
      [39, float('inf'), 2, 13, 0, 3],
      [41, 11, 6, 2, 3, 0]]
print('邻接矩阵为')
for i in tu:
    print(i)
print('节点数:%d个'%(len(tu)))
```

```
result = []
b_list = []
for i in range(len(tu)):
    for j in range(i, len(tu)):
        if tu[i][j] < float('inf'):
            b_list.append([i, j, tu[i][j]])  # 按[begin, end, weight]形式加入
b_list.sort(key=lambda a: a[2])  # 已经排好序的边集合
g = [[i] for i in range(len(tu))]
for b in b_list:
    for i in range(len(g)):
        if b[0] in g[i]:
            m = i
        if b[1] in g[i]:
            n = i
    if m != n:
        result.append(b)
        g[m] = g[m] + g[n]
        g[n] = []
print('最小生成树kruskal算法的结果:\n', result)

tree = []
for i in result:
    i = tuple(i)
    tree.append(i)
mtg = nx.Graph()
mtg.add_weighted_edges_from(tree)
print('图中所有的节点:', mtg.nodes())
print('图中节点的个数:', mtg.number_of_nodes())
pos = nx.spring_layout(mtg)
nx.draw(mtg, pos,
        arrows=True,
        with_labels=True,
        nodelist=mtg.nodes(),
        style='dashed',
        edge_color='b',
        width=2,
        node_color='r',
        alpha=0.5)
plt.savefig("19-b.png")
plt.show()
```

运行结果如图8-24和图8-25所示。

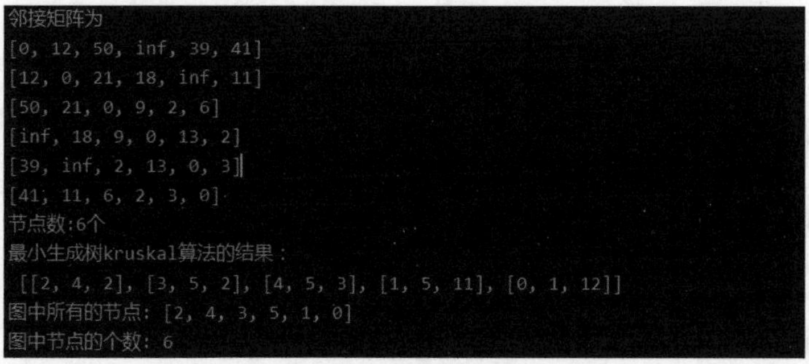
邻接矩阵为
[0, 12, 50, inf, 39, 41]
[12, 0, 21, 18, inf, 11]
[50, 21, 0, 9, 2, 6]
[inf, 18, 9, 0, 13, 2]
[39, inf, 2, 13, 0, 3]
[41, 11, 6, 2, 3, 0]
节点数:6个
最小生成树kruskal算法的结果：
 [[2, 4, 2], [3, 5, 2], [4, 5, 3], [1, 5, 11], [0, 1, 12]]
图中所有的节点: [2, 4, 3, 5, 1, 0]
图中节点的个数: 6

图8-24　运行结果

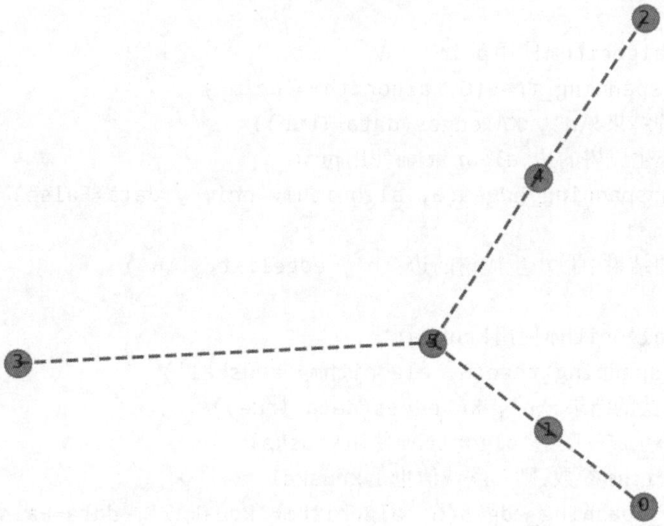

图8-25　运行结果

实例03的实现代码如下。

```
# encoding:utf-8
import networkx as nx
import matplotlib.pyplot as plt
G = nx.Graph() # 建立一个空的无向图G
G.add_weighted_edges_from(
    [('0', '1', 12), ('0', '2', 50), ('0', '4', 39), ('0', '5', 41),
     ('1', '2', 21), ('1', '3', 18), ('1', '5', 11),
     ('2', '3', 9), ('2', '4', 2), ('2', '5', 6),
     ('3', '4', 13), ('3', '5', 2), ('4', '5', 3)])
# 边和节点信息
edge_labels = nx.get_edge_attributes(G, 'weight')
labels = {'0': '0', '1': '1', '2': '2', '3': '3', '4': '4', '5': '5'}
# 生成节点位置
pos = nx.spring_layout(G)
```

```
# 把节点画出来
nx.draw_networkx_nodes(G, pos, node_color='g', node_size=500, alpha=0.8)
# 把边画出来
nx.draw_networkx_edges(G, pos, width=1.0, alpha=0.5,
                       edge_color=['b', 'r', 'b', 'r', 'r', 'b', 'r'])
# 把节点的标签画出来
nx.draw_networkx_labels(G, pos, labels, font_size=16)
# 把边权重画出来
nx.draw_networkx_edge_labels(G, pos, edge_labels)
plt.savefig("19-c.png")
# 显示Graph
plt.show()
# 最小生成树
# 求得最小生成树,algorithm使用prim
KA = nx.minimum_spanning_tree(G, algorithm='prim')
print('prim算法的结果:\n', KA.edges(data=True))
# 直接计算构成最小生成树的边,algorithm使用prim
mst = nx.minimum_spanning_edges(G, algorithm='prim', data=False)
edgelist = list(mst)
print('prim算法的结果中最小生成树的边:\n', edgelist, '\n')

# 求得最小生成树,algorithm使用kruskal
KA = nx.minimum_spanning_tree(G, algorithm='kruskal')
print('kruskal算法的结果:\n', KA.edges(data=True))
# 直接计算构成最小生成树的边,algorithm使用kruskal
# 如果不写出algorithm参数,则其默认值也是kruskal
mst = nx.minimum_spanning_edges(G, algorithm='kruskal', data=False)
edgelist = list(mst)
print('kruskal算法的结果中最小生成树的边:\n', edgelist)
```

运行结果如图8-26和图8-27所示。

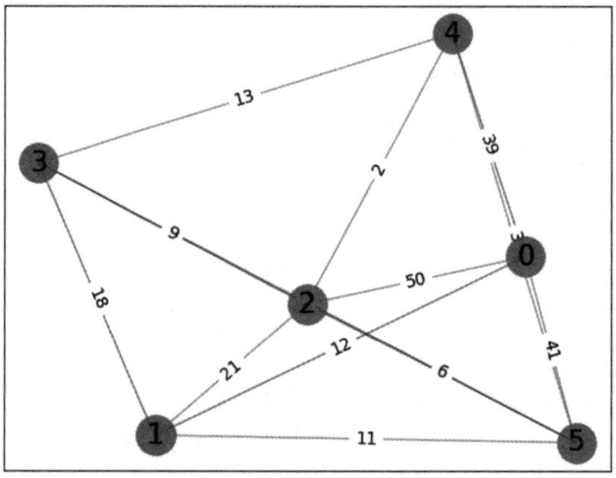

图8-26 运行结果

```
prim算法的结果:
 [('0', '1', {'weight': 12}), ('1', '5', {'weight': 11}), ('2', '4', {'weight': 2}), ('4', '5', {'weight': 3}), ('5', '3', {'weight': 2})]
prim算法的结果中最小生成树的边:
 [('4', '2'), ('4', '5'), ('5', '3'), ('5', '1'), ('1', '0')]

kruskal算法的结果:
 [('0', '1', {'weight': 12}), ('1', '5', {'weight': 11}), ('2', '4', {'weight': 2}), ('4', '5', {'weight': 3}), ('5', '3', {'weight': 2})]
kruskal算法的结果中最小生成树的边:
 [('2', '4'), ('5', '3'), ('4', '5'), ('1', '5'), ('0', '1')]
```

图 8-27　运行结果

专家点拨

NO1. 图论的作用是什么?

图论的建模思想就是利用事物的时间依赖关系进行建模，专注的是关系的抽象，往往关系之间是一种非线性关系。

NO2. 怎么去学习图论呢?

要学会灵活地应用图论解决实际问题，只有多做练习，慢慢积累，这就好像解数学证明题一样，没有通用的方法和经验，只能自己慢慢积累和体会。

本章小结

本章主要介绍了图论的基础知识，简要介绍了有向图和无向图、拓扑排序、最短路径及最小生成树等基本概念，通过 Python 编程实现了几个小的案例并展示了实现代码，给出了图论常见问题的解答。

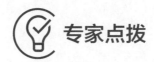

第 9 章

微积分的应用案例

★本章导读★

本章将利用已学习的微积分知识试着思考怎么去建立一个数学模型。虽然这些数学模型都比较简单，但这是从数学角度去思考复杂问题的第一步。虽然读者的目的在于学习机器学习或深度学习算法，但是养成从定性思考到定量思考问题的习惯，对于以后利用算法工具抽象现实中的业务问题有很大的帮助，同时现实中的业务问题不仅仅是简单的分类和聚类问题，还有很多不同的思维方式或建模方法。

9.1 案例01:家禽出售的时机

家禽饲养出售问题与比较常见的生猪饲养出售问题类似。生猪的净利润比较高,周期较长;家禽的净利润比较低,周期较短。大型的家禽养殖基地饲养的家禽基数比较大,单只家禽的利润比较低,对于家禽饲养出售时机这个问题需要有比较精确的数学建模。

9.1.1 案例背景

一个家禽养殖基地每天投入2元资金用于饲料、设备、人力,估计可使一只2千克重的鹅每天增加0.1千克。目前鹅出售的市场价格为每千克30元,但是预测每天会降低0.04元。问该基地应该什么时候出售这批鹅?如果上面的估计和预测有出入,那么对结果有多大影响?

模型假设:每天投入2元资金使鹅体重每天增加常数$r(=0.1$千克);鹅出售的市场价格每天降低常数$g(=0.04$元)。

9.1.2 模型建立

给定每天投入2元资金使鹅体重每天增加常数$r(=0.1$千克);鹅出售的市场价格每天降低常数$g(=0.04$元)。各运算符号对应的含义和单位如表9-1所示。

表9-1 运算符号对应的含义和单位

符号	t	w	p	C	Q	R
含义	时间	鹅体重	单价	t天资金投入	纯利润	出售收入
单位	天	千克	元/千克	元	元	元

按照假设,鹅体重$w=2+rt(r=0.1)$,出售单价$p=30-gt\left(g=0.04\right)$,又知道出售收入$R=pw$,资金投入$C=2t$,再考虑到纯利润扣掉以当前价格(30元/千克)出售2千克鹅的收入,有$Q=R-C-30\times 2$,得到目标函数(纯利润)为

$$Q(t)=(30-gt)(2+rt)-2t-60$$

其中,$r=0.1,g=0.04$。求$t(\geqslant 0)$使$Q(t)$最大,这是二次函数最值问题,而且是现实中的优化问题,故$Q(t)$的一阶导数为零的$t(\geqslant 0)$值可使$Q(t)$取最大值。出售的最佳时机是保留鹅直到每天利润的增值等于每天的费用时为止。

9.1.3 模型求解

本案例用梯度下降法求解$Q(t)=(30-gt)(2+rt)-2t-60$,本公式中只有t为变量,即为求单变量的梯度下降案例,可参照第7章中的“小试牛刀15:Python编程实现简单的梯度下降法”。

实现步骤如下。

首先分析 $Q(t) = (30 - gt)(2 + rt) - 2t - 60$ 是求极大值，而用梯度下降法得到的是极小值，因此将原函数取负值，最后得到结果时再取相反数。故这里将该式转化为 $Q_1(t) = -((30 - gt)(2 + rt) - 2t - 60)$，求 $Q_1(t)$ 关于 t 的一阶导数。

```
from sympy import *
g, r, t = symbols("g, r, t")
Q = -(30-g*t) * (2+r*t) + 2 * t + 60
dify = diff(Q, t)
print(dify)
```

运行结果如图9-1所示。

```
g*(r*t + 2) + r*(g*t - 30) + 2
```

图9-1　运行结果

将运行结果 g*(r*t + 2) + r*(g*t − 30) + 2 放到以下代码中，可求出 $Q_1(t)$ 的极小值。

```
import matplotlib.pyplot as plt
import numpy as np
def fun(g, r, t):
    Q = -(30-g*t) * (2+r*t) + 2 * t + 60
    return Q
def di(g, r, t):
    Q1 = g * (r*t+2) + r * (g*t-30) + 2
    return Q1
def grad(g, r, n):
    alpha = 0.1    # 学习率
    t = 2    # 初始值
    y1 = fun(g, r, t)
    for i in range(n):
        di1 = di(g, r, t)
        t = t - alpha * di1
        y2 = fun(g, r, t)
        if y1 - y2 < 1e-7:
            return t, y2
        if y2 < y1:
            y1 = y2
    return t, y2
g = 0.04
r = 0.1
t, y = grad(g, r, 100000)
print('取整后：极小值y:', round(y), 't坐标点:', round(t))
x = np.linspace(0.05, 250, 500)
y = -(30-g*x) * (2+r*x) + 2 * x + 60
plt.plot(x, y, ls="-", lw=2, label="plot figure")
```

```
plt.legend()
plt.show()
```

运行结果如图9-2所示。$t=115$时，极小值为-53，故$Q(t)$的极大值为53。

图9-2　运行结果

函数$Q_1(t)=-((30-gt)(2+rt)-2t-60)$的曲线图如图9-3所示。从图9-3中也可以看出，$Q_1(t)$的极小值点与以上运算结果一致。

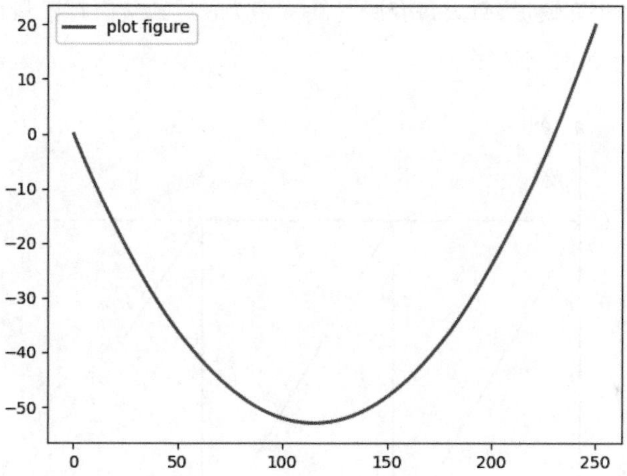

图9-3　曲线图

本案例中对于$Q(t)=(30-gt)(2+rt)-2t-60$，当$t=115$天时，它就能使利润最大为53元。总而言之，本案例在短期内还是有很大的研究价值。由于在本案例中当$t=115$天时，它就能使利润最大化。也就是说，短期内鹅体重增量和市场价格变动不会出现巨大的波动，从而就不会使模型的估计值与实际情况偏差很大。但是，当t取值很大时，本案例就会有很大的弊端。因为鹅的出售价格就可能受外来同类产品的冲击，各种替代产品的影响，各种节日的影响，等等，这些都将会使估算利润出现很大偏差。

9.2 案例02：允许缺货模型

某配送中心为所属的几个超市配送某品牌的厨具，假设超市每天对这种厨具的需求量是稳定的，订货费与每套产品每天的存贮费都是常数。如果超市对这种厨具的需求是可以缺货的，试制定最优的存贮策略(多长时间订一次货，一次订多少货)。

9.2.1 案例背景

如果日需求为100元,一次订货费为5000元,每套厨具每天的存贮费为1元,每套厨具每天的缺货费为0.1元,请给出最优结果。

与不允许缺货情况不同的是,对于允许缺货的情况,缺货时因失去销售机会而使利润减少,减少的利润可以看作因缺货而付出的费用,称为缺货费。

模型假设如下。

(1)每天的需求量为常数r。

(2)每次的订货费为c_1,每天每件产品的存贮费为c_2。

每隔T天订货Q件,允许缺货,每天每套厨具缺货费为c_3。缺货时存贮量q看作负值,$q(t)$的图形如图9-4所示,货物在$t = T_1$时刻送完。

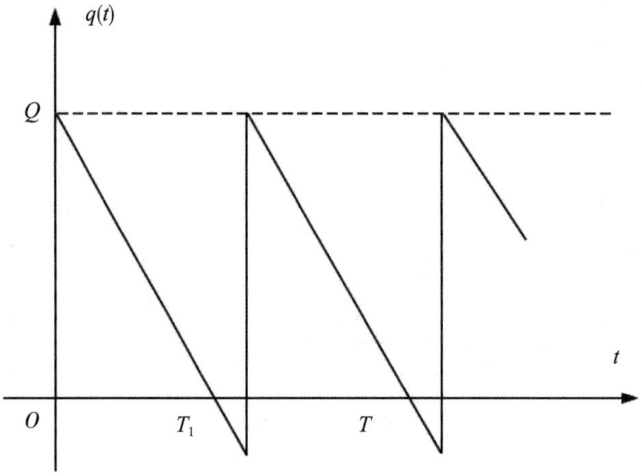

图9-4　存贮量随时间变化的曲线

9.2.2 模型建立

一个供货周期T内的总费用包括:订货费c_1,存贮费$c_2\int_0^{T_1} q(t)\mathrm{d}t$,缺货费$c_3\int_{T_1}^{T}\left|q(t)\right|\mathrm{d}t$,借助图9-4可以得到一个周期总费用为

$$\overline{C} = c_1 + \frac{1}{2}c_2QT_1 + \frac{1}{2}c_3r(T - T_1)^2$$

每天的平均费用为

$$C(T,Q) = \frac{c_1}{T} + \frac{c_2Q^2}{2rT} + \frac{c_3(rT - Q)^2}{2rT}$$

利用微分法,令

$$\begin{cases} \dfrac{\partial C}{\partial T} = 0 \\ \dfrac{\partial C}{\partial Q} = 0 \end{cases}$$

可以求出最优的T,Q值分别为

$$T' = \sqrt{\frac{2c_1}{rc_2} \cdot \frac{c_2 + c_3}{c_3}}, Q' = \sqrt{\frac{2c_1 r}{c_2} \cdot \frac{c_3}{c_2 + c_3}}$$

9.2.3 模型求解

实现步骤如下。

首先分析$C(T,Q) = \dfrac{c_1}{T} + \dfrac{c_2 Q^2}{2rT} + \dfrac{c_3(rT - Q)^2}{2rT}$是求极小值，用梯度下降法分别求$C(T,Q)$关于$T,Q$的一阶导数。

```
from sympy import *
t, c1, c2, c3, r, Q = symbols("t, c1, c2, c3, r, Q")
C = c1 / t + (c2*(Q**2)) / (2*r*t) + (c3*((r*t-Q)**2)) / (2*r*t)
dify1 = diff(C, t)
dify2 = diff(C, Q)
print(dify1)
print(dify2)
```

运行结果如图9-5所示。

```
-Q**2*c2/(2*r*t**2) - c1/t**2 + c3*(-Q + r*t)/t - c3*(-Q + r*t)**2/(2*r*t**2)
Q*c2/(r*t) + c3*(2*Q - 2*r*t)/(2*r*t)
```

图9-5 运行结果

将运行结果$C(T,Q)$关于T的一阶导数-Q**2*c2/(2*r*t**2) - c1/t**2 + c3*(-Q + r*t)/t - c3*(-Q + r*t)**2/(2*r*t**2)，$C(T,Q)$关于Q的一阶导数Q*c2/(r*t) + c3*(2*Q - 2*r*t)/(2*r*t)放到以下代码中，可求出$C(T,Q)$的极小值。利用微分法得出最优的T,Q值作为验证。

```
from sympy import *
def fun(c1, c2, c3, r, t, Q):
    C = c1 / t + (c2*(Q**2)) / (2*r*t) + (c3*((r*t-Q)**2)) / (2*r*t)
    return C
def di(c1, c2, c3, r, t, Q):
    C1 = -Q ** 2 * c2 / (2*r*t**2) - c1 / t ** 2 + c3 * (-Q+r*t) /
        t - c3 * (-Q+r*t) ** 2 / (2*r*t**2)
    C2 = Q * c2 / (r*t) + c3 * (2*Q-2*r*t) / (2*r*t)
    return C1, C2
def grad(c1, c2, c3, r, n):
    alpha = 0.1    # 学习率
```

```
    alpha1 = 0.4  # 学习率
    t, Q = 1, 1    # 初始值
    y1 = fun(c1, c2, c3, r, t, Q)
    for i in range(n):
        di1, di2 = di(c1, c2, c3, r, t, Q)
        t = t - alpha * di1
        Q = Q - alpha1 * di2
        y2 = fun(c1, c2, c3, r, t, Q)
        # print(t)
        # print(y2)
        if y1 - y2 < 1e-10:
            return t, Q, y2
        if y2 < y1:
            y1 = y2
    return t, Q, y2
c1, c2, c3, r = 4000, 1.2, 0.15, 120
t, Q, y = grad(c1, c2, c3, r, 100000)
print('计算得到 极小值y:', y, '\n', 't, Q坐标点:', t, Q)
# 验证
t1 = sqrt((2*c1/r*c2)*((c2+c3)/c3))
q1 = sqrt((2*c1*r/c2)*(c3/(c2+c3)))
print('*'*50)
print('微分法验证 t,Q坐标点:', t1, q1)
```

运行结果如图 9-6 所示。当 $t = 22.360384389778606, Q = 298.10702765259487$ 时，极小值为 357.7708766797003。微分法验证结果为 $t = 26.8328157299975, Q = 298.142396999972$。

```
计算得到 极小值y: 357.7708766797003
 t, Q坐标点:  22.360384389778606 298.10702765259487
**************************************************
微分法验证 t, Q坐标点:  26.8328157299975 298.142396999972
```

图 9-6　运行结果

本章小结

本章介绍了利用微积分的知识构建模型分析现实中的小问题的方法。模型虽然简单，但是让我们初步地体会到了建模的能力。其实，对于第 2 个问题的建模在现实中用处很大。只是现实世界中的问题更复杂，如排班调度问题等，而这些问题的解决都是从简单的思维开始锻炼的。

第10章 线性代数的应用案例

★本章导读★

本章将展示线性代数的部分应用案例，线性代数的思维也是建模中常用的思维，该思维对我们抽象数学建模问题有重要意义。第1个案例将介绍投入产出问题，并实现用Python求解。第2个案例将介绍金融公司支付基金的流动问题，并实现用Python求解。

10.1 案例03:投入产出问题

在研究多个经济部门之间的投入产出关系时,W. Leontief提出了投入产出模型。这为经济学研究提供了强有力的手段,W. Leontief因此获得了1973年的诺贝尔经济学奖。

10.1.1 案例背景

某县区有A,B,C三个企业,A企业每生产1元的产品要消耗0.4元B企业的产品和0.3元C企业的产品;B企业每生产1元的产品要消耗0.7元A企业的产品、0.12元自产的产品和0.2元C企业的产品;C企业每生产1元的产品要消耗0.6元A企业的产品和0.15元B企业的产品。如果这3个企业接到的外来订单分别为7万元、8.5万元、5万元,那么他们各生产多少才能满足需求?

模型假设:假设不考虑价格变动等其他因素。

10.1.2 模型建立

设A,B,C三个企业分别产出x_1元,x_2元,x_3元刚好满足需求,如表10-1所示(表中横向的每一行表示产品消耗和订单的关系)。

表10-1 消耗与产出情况

企业	产出(1元)			订单
	A	B	C	
A	0	0.4	0.3	70000
B	0.7	0.12	0.2	85000
C	0.6	0.15	0	50000

根据需求,应该有

$$\begin{cases} x_1 - (0.4x_2 + 0.3x_3) = 70000 \\ x_2 - (0.7x_1 + 0.12x_2 + 0.2x_3) = 85000 \\ x_3 - (0.6x_1 + 0.15x_2) = 50000 \end{cases}$$

即

$$\begin{cases} x_1 - 0.4x_2 - 0.3x_3 = 70000 \\ -0.7x_1 + 0.88x_2 - 0.2x_3 = 85000 \\ -0.6x_1 - 0.15x_2 + x_3 = 50000 \end{cases}$$

10.1.3 模型求解

令$\boldsymbol{x} = \begin{pmatrix} x_1 \\ x_2 \\ x_3 \end{pmatrix}$, $\boldsymbol{A} = \begin{pmatrix} 0 & 0.4 & 0.3 \\ 0.7 & 0.12 & 0.2 \\ 0.6 & 0.15 & 0 \end{pmatrix}$, $\boldsymbol{b} = \begin{pmatrix} 70000 \\ 85000 \\ 50000 \end{pmatrix}$,其中$\boldsymbol{x}$称为总产值列向量,$\boldsymbol{A}$称为消耗系数矩阵,$\boldsymbol{b}$

称为最终产品向量，有 $\boldsymbol{x}-\boldsymbol{A}\boldsymbol{x}=\boldsymbol{b}$，即 $(\boldsymbol{E}-\boldsymbol{A})\boldsymbol{x}=\boldsymbol{b}$。

$$\boldsymbol{A}_1=\boldsymbol{E}-\boldsymbol{A}=\begin{pmatrix}1 & -0.4 & -0.3\\ -0.7 & 0.88 & -0.2\\ -0.6 & -0.15 & 1\end{pmatrix}$$

Python代码中输入A1和b，求x。

下面用两种方法进行求解。

方法1：先求 $\boldsymbol{A}_1$ 逆矩阵，再点积求值 $\boldsymbol{x}=(\boldsymbol{E}-\boldsymbol{A})^{-1}\boldsymbol{b}$。

```
import numpy as np
A1 = [[1, -0.4, -0.3],
      [-0.7, 0.88, -0.2],
      [-0.6, -0.15, 1]]
b = np.transpose([70000, 85000, 50000])
A_inv = np.linalg.inv(A1)
X = np.dot(A_inv, b)
print("方程组的解:\n", X)
```

运行结果如图10-1所示。

方程组的解:
[344850.94850949 444444.44444444 323577.23577236]

图10-1　运行结果

方法2：直接使用NumPy的solve函数求解。

```
import numpy as np
A1 = [[1, -0.4, -0.3],
      [-0.7, 0.88, -0.2],
      [-0.6, -0.15, 1]]
b = np.transpose([70000, 85000, 50000])
X = np.linalg.solve(A1, b)
print("方程组的解:\n", X)
```

运行结果如图10-2所示。

方程组的解:
[344850.94850949 444444.44444444 323577.23577236]

图10-2　运行结果

10.2 案例04：金融公司支付基金的流动问题

金融公司支付基金的流动推荐系统(Recommender System, RS)是向用户建议有用物品的软件工具和技术。常用于多种决策过程，如购买什么商品、听什么音乐、在网站上浏览什么新闻等。

10.2.1 案例背景

金融机构为保证现金充分支付，设立一笔总额8600万元的基金，分开放置在位于甲城和乙城的两家公司，基金在平时可以使用，但每周末结算时必须确保总额仍然为8600万元。经过相当长的一段时期的现金流动，发现每过一周，各公司的支付基金在流通过程中多数还留在自己的公司内，而甲城公司有15%支付基金流动到乙城公司，乙城公司则有18%支付基金流动到甲城公司。起初甲城公司基金为4100万元，乙城公司基金为4600万元。按此规律，两公司支付基金数额变化趋势如何？如果金融专家认为每个公司的支付基金不能少于3900万元，那么是否需要在必要时调动基金？

10.2.2 模型建立

设第$k+1$周末结算时，甲城公司和乙城公司的支付基金数分别为α_{k+1}，β_{k+1}(单位：万元)，则有$\alpha_0=4100, \beta_0=4600$，

$$\begin{cases}\alpha_{k+1}=0.85\alpha_k+0.18\beta_k\\ \beta_{k+1}=0.15\alpha_k+0.82\beta_k\end{cases}$$

原问题可转化为以下问题。

(1)把α_{k+1}，β_{k+1}表示成k的函数，并确定$\lim\limits_{k\to+\infty}\alpha_k$和$\lim\limits_{k\to+\infty}\beta_k$。

(2)看$\lim\limits_{k\to+\infty}\alpha_k$和$\lim\limits_{k\to+\infty}\beta_k$是否小于3900。

10.2.3 模型求解

由$\begin{cases}\alpha_{k+1}=0.85\alpha_k+0.18\beta_k\\ \beta_{k+1}=0.15\alpha_k+0.82\beta_k\end{cases}$可得

$$\begin{pmatrix}\alpha_{k+1}\\ \beta_{k+1}\end{pmatrix}=\begin{pmatrix}0.85 & 0.18\\ 0.15 & 0.82\end{pmatrix}\begin{pmatrix}\alpha_k\\ \beta_k\end{pmatrix}=\begin{pmatrix}0.85 & 0.18\\ 0.15 & 0.82\end{pmatrix}^2\begin{pmatrix}\alpha_{k-1}\\ \beta_{k-1}\end{pmatrix}=\cdots=\begin{pmatrix}0.85 & 0.18\\ 0.15 & 0.82\end{pmatrix}^{k+1}\begin{pmatrix}\alpha_0\\ \beta_0\end{pmatrix}$$

令$\boldsymbol{A}=\begin{pmatrix}0.85 & 0.18\\ 0.15 & 0.82\end{pmatrix}$，则$\begin{pmatrix}\alpha_{k+1}\\ \beta_{k+1}\end{pmatrix}=\boldsymbol{A}^{k+1}\begin{pmatrix}\alpha_0\\ \beta_0\end{pmatrix}=\boldsymbol{A}^{k+1}\begin{pmatrix}4100\\ 4600\end{pmatrix}$。

$\boldsymbol{A}$分解得到$\boldsymbol{D}$，$\boldsymbol{P}$，分别为$\boldsymbol{A}$的特征值和对应特征向量的元组。

```
from numpy import *
import numpy as np
A = [[0.85, 0.18], [0.15, 0.82]]
D, P = linalg.eig(A)
print(D, P)
```

运行结果如图10-3所示。

```
[1.    0.67] [[ 0.76822128 -0.70710678]
 [ 0.6401844    0.70710678]]
```

图10-3　运行结果

这意味着 $P^{-1}AP = D = \begin{pmatrix}1 & 0\\0 & 0.67\end{pmatrix}$，于是有 $A = PDP^{-1}$，$A^{k+1} = PD^{k+1}P^{-1} = P\begin{pmatrix}1 & 0\\0 & 0.67^{k+1}\end{pmatrix}P^{-1}$，$\begin{pmatrix}\alpha_{k+1}\\\beta_{k+1}\end{pmatrix} = A^{k+1}\begin{pmatrix}4100\\4600\end{pmatrix} = P\begin{pmatrix}1 & 0\\0 & 0.67^{k+1}\end{pmatrix}P^{-1}\begin{pmatrix}4100\\4600\end{pmatrix}$。以下代码计算$\begin{pmatrix}\alpha_{k+1}\\\beta_{k+1}\end{pmatrix}$。

```
import numpy as np
from sympy import *
P1 = np.array([[0.76822128, -0.70710678], [0.6401844, 0.70710678]])
k = symbols("k")
P2 = np.linalg.inv(P1)
s1 = [[1, 0], [0, 0.67**(k+1)]]
a = [4100, 4600]
s = np.dot(np.dot(np.dot(P1, s1), P2), a)
print(s)
```

运行结果如图10-4所示。

```
[4745.45454545455 - 645.454545454546*0.67**(k + 1)
 645.454545454546*0.67**(k + 1) + 3954.54545454545]
```

图10-4　运行结果

图10-4中的执行结果s就是$\begin{pmatrix}\alpha_{k+1}\\\beta_{k+1}\end{pmatrix}$。

s = [4745.45454545455 − 645.454545454546*0.67**(k + 1)
    645.454545454546*0.67**(k + 1) + 3954.54545454545]

计算f1 = s[0]和f2 = s[1] 在k趋近于无穷大时的值。

```
from sympy import *
k = symbols("k")
f1 = 4745.45454545455 - 645.454545454546 * 0.67 ** (k+1)
f2 = 645.454545454546 * 0.67 ** (k+1) + 3954.54545454545
print(limit(f1, k, oo))
print(limit(f2, k, oo))
```

运行结果如图10-5所示。

```
4745.45454545455
3954.54545454545
```

图10-5　运行结果

以上结果中$\lim\limits_{k\to+\infty}\alpha_k$和$\lim\limits_{k\to+\infty}\beta_k$都大于3900，所以不需要调动基金。

本章小结

本章主要介绍了线性代数在两类数学建模中的应用。投入产出问题是常见的线性代数中线性方程组求解的问题,金融公司支付基金的流动问题则是矩阵分解和连乘的问题。

第11章 概率统计的应用案例

★本章导读★

本章将展示概率统计的部分应用案例。第1个案例将介绍贝叶斯网络实现交通事故预测，用模拟交通信息与交通故障的对应数据，简单地实现贝叶斯网络预测。第2个案例将介绍HMM实现天气预测，这是HMM算法中通过运用Viterbi解码预测的典型案例。

11.1 案例05：贝叶斯网络实现交通事故预测

道路交通事故作为道路交通的三大公害之一，它不仅直接威胁着道路使用者的人身安全，造成巨大的经济损失，还严重地影响着道路交通系统的正常运行。交通事故是随机事件，表面上它没有规律可循，其实交通事故偶然性的表象，是始终受其内部的规律所支配的，这种规律已被大量的交通事故的研究结果所证实，它是客观存在的。因此，利用交通事故的客观发展规律，来对交通事故的发展进行预测，对减少和防止交通事故的发生，改善城市交通安全状况是至关重要的。

本案例是从真实的案例中剥离出来的，但是由于篇幅和数据的原因，因此本节对此模型进行了简化。交通事故的发生是人、车、路、环境综合作用的结果，且各个影响因素间的关系是相互关联的，其信息具有随机性、不确定性和相关性，而贝叶斯网络能很好地表示变量之间的不确定性和相关性，并进行不确定性推理，这就保证了将贝叶斯网络用于交通事故预测的可行性。

对于交通事故的预测往往难度较大，因为涉及的因素很多，突变性也很强。同时影响因素之间还有相互制约关系，对于这些制约关系有时很难用数学公式去刻画。此外，对于交通事故是否发生的预测触发条件也不一定是刚性或稳定的，例如，一个驾驶人员驾驶的速度很快，这里不能说他会发生交通事故，但是较快的驾驶速度相对于不发生交通事故而言概率要大很多。从这个角度出发，本节将综合考虑导致交通事故的天气、时段、车流量、车速等多个因素来建立贝叶斯网络推断交通事故预测模型，以满足预测的有效性和准确性。

11.1.1 案例技术分析

贝叶斯网络由一个有向无环图(DAG)和条件概率表(CPT)组成。贝叶斯网络通过一个有向无环图来表示一组随机变量与它们的条件依赖关系。它通过条件概率分布来参数化，每一个节点都通过P(node|Pa(node))来参数化，Pa(node)表示网络中的父节点。

设$X=\{Q,T,S,V,G\}$，其中Q表示天气情况，T为时段，S为路段车流量，V为车速，G为交通事故。各变量对应的值域分别如下。

Q:{晴，雨，雾，雪}。

T:{白天早晚高峰，白天非早晚高峰，夜晚}。

S:{0~80，80~160，160以上}。

V:{0~60，60~100，100以上}。

G:{1，0}，其中1表示发生交通事故，0表示不发生交通事故。

该模型的网络结构如图11-1所示。图11-1中的每个节点表示一个变量，节点之间的有向弧线表示各变量之间的因果关系，没有弧线连接的则表示条件独立。

确定了网络结构，还需要给出一个条件概率表，才能表示各变量之间的联合概率分布。下面通过图11-2来说明条件概率表的表示方法，模拟Q，T，G在图11-1中的关系。

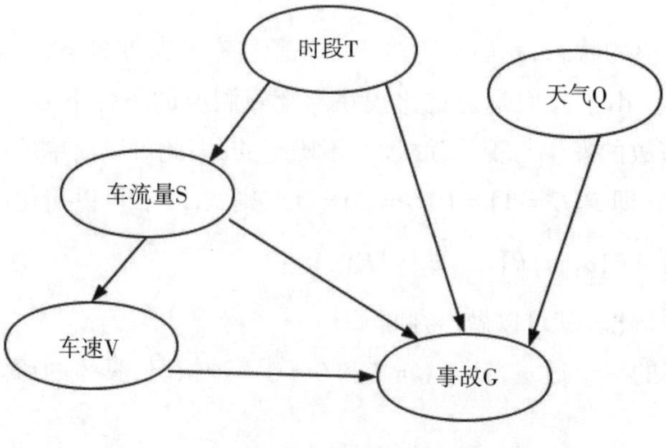

图 11-1　交通事故预测模型的网络结构

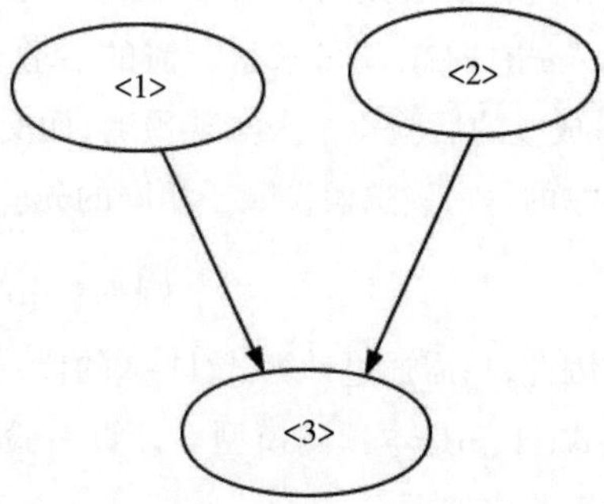

图 11-2　节点关系

根据图11-2定义一个条件概率表,如表11-1所示。

表11-1　节点<3>对于节点<1>、<2>的条件概率表

<1>、<2>	<3>			
	g_1	g_2	…	g_k
(q_1, t_1)	λ_1	λ_2	…	λ_k
…	…	…	…	…
(q_n, t_m)	…	…	…	…

从图11-1中可以看出,不管是天气、时段,还是车流量及车速,每个变量的状态都对交通事故的发生有一定的影响。获取交通事故在上述4个影响因素联合分布下的条件概率,即求概率$P(g|q,t,s,v)$的过程,实质上是一个贝叶斯学习的过程。贝叶斯法则是贝叶斯学习方法的基础。

由贝叶斯公式可知$P(g|q,t,s,v)=\dfrac{P(q,t,s,v|g)P(g)}{P(q,t,s,v)}$,其中$P(q,t,s,v)$应被去掉,因为它是不依赖于$P(g)$的常量,即$P(g|q,t,s,v)=P(q,t,s,v|g)P(g)$。

$P(q,t,s,v|g)$运用条件独立性得到$P(q,t,s,v|g)=P(q|g)P(t,s,v|g)$,因此上式可以改写成:

$$P(g|q,t,s,v)=P(q|g)P(t,s,v|g)P(g) \tag{11-1}$$

要计算概率$P(g|q,t,s,v)$的值,需要知道某些先验概率及条件概率。通过对我们所获得的重庆市道路交通事故的统计数据进行分析,得到所需的相关概率分布。

$$\begin{aligned}P(q,t,s,v,g)&=P(q)P(t|q)P(s|t,q)P(v|s,t,q)P(g|s,t,q,v)\\&=P(q)P(t)P(s|t)P(v|s)P(g|s,t,q,v)\end{aligned}$$

将式(11-1)代入上式,得到预测模型中各变量间的联合概率分布。

$$P(q,t,s,v,g)=P(q)P(t)P(s|t)P(v|s)P(q|g)P(t,s,v|g)P(g) \tag{11-2}$$

有了联合概率分布,就可以通过反复应用贝叶斯公式和乘积与求和公式得到网络中任意想知道

的概率。

在进行事故预测时，对于任意一组观测值的状态，我们都有对应的先验概率及条件概率，分别将其代入式(11-2)，就可求得所需的后验概率。由于我们是通过比较在给定观测值的条件下 $G = 1$ 和 $G = 0$ 成立的后验概率来实现预测，而交通事故的发生与否是随机的、不确定的，因此可以简单地将交通事故的每一候选假设赋予相同的先验概率，即 $P(G = 1) = P(G = 0) = 0.5$，则式(11-2)可以简化成：

$$P\left(g \middle| q_1, t_1, s_1, v_1\right) = P\left(q_1 \middle| g\right) P\left(t_1, s_1, v_1 \middle| g\right) P(g) \tag{11-3}$$

因此，只需通过计算式(11-3)的值，并进行比较就可以做出判断了。

式(11-3)是本预测模型中计算后验概率的一个通式，针对 $G = 1$ 和 $G = 0$ 两种情况，具体的后验概率计算公式如下。

候选假设 $G = 1$ 成立时，其后验概率应为

$$P\left(g_1 \middle| q_1, t_1, s_1, v_1\right) = P\left(q_1 \middle| g_1\right) P\left(t_1, s_1, v_1 \middle| g_1\right)$$

候选假设 $G = 0$ 成立时，其后验概率应为

$$P\left(g_0 \middle| q_1, t_1, s_1, v_1\right) = P\left(q_1 \middle| g_0\right) P\left(t_1, s_1, v_1 \middle| g_0\right) = P\left(q_1\right) P\left(t_1\right) P\left(s_1 \middle| t_1\right) P\left(v_1 \middle| s_1\right)$$

然后将两者进行比较，如果 $P\left(G = 1 \middle| q_1, t_1, s_1, v_1\right)$ 的计算值大于 $P\left(G = 0 \middle| q_1, t_1, s_1, v_1\right)$ 的计算值，则表明会发生交通事故，反之则不会发生交通事故。通过这种方法就可以判断是否会发生交通事故。

Python 提供的 pgmpy 库，有两种类型的应用。

第 1 种是针对已知结构及参数，先采用 BayesianModel 构造贝叶斯网络结构，然后通过 TabularCPD 构造条件概率分布(Condition Probability Distribution，CPD)表格，最后将 CPD 数据添加到贝叶斯网络结构中，完成贝叶斯网络的构造。这里主要用到两个函数：BayesianModel 和 TabularCPD。

第 2 种是针对已知结构，未知参数，可以先建立贝叶斯网络结构，然后将样本导入训练。

在本例中用的就是第 2 种方法，通过边来定义贝叶斯网络模型 model = BayesianModel()，然后利用提供的 fit 函数，一并估计各个 CPD。与 fit 函数类似，pgmpy 也提供了输入 DataFrame 的简便推理方法 predict。

根据这个简便方法我们能较好地设计算法流程，在 11.1.2 小节中我们将详细讲解本例的实现过程。

11.1.2 贝叶斯网络实现

首先做数据准备，模拟两组数据，一组为训练数据，另一组为测试数据。

Q:{晴,雨,雾,雪}分别表示为{0, 1, 2, 3}。

T:{白天早晚高峰,白天非早晚高峰,夜晚}分别表示为{0, 1, 2}。

S:{0~80, 80~160, 160以上}分别表示为{2, 1, 0}。

V:{0~60, 60~100, 100以上}分别表示为{0, 1, 2}。

G:{1, 0}，其中 1 表示发生交通事故，0 表示不发生交通事故。

部分训练数据如图 11-3 所示。

```
train1.csv
,Q,T,S,V,G
0,0,0,0,0,0
1,2,2,1,2,1
2,3,2,1,1,1
3,0,0,1,0,0
4,1,0,0,1,0
5,3,1,2,2,1
6,1,2,2,1,0
7,2,1,2,1,0
8,3,0,1,0,0
9,2,0,0,2,1
10,1,2,2,0,0
11,1,0,2,2,1
12,2,0,1,2,1
13,3,1,2,1,0
14,2,0,0,2,1
15,0,1,2,1,0
```

图 11-3　模型训练数据

实现步骤如下。

步骤1：读取训练和测试的数据，模拟数据中有事故为1，没有事故为0。

步骤2：用model = BayesianModel([('T', 'S'), ('T', 'G'), ('Q', 'G'), ('S', 'V'), ('V', 'G'), ('S', 'G')])函数通过边来定义贝叶斯网络模型。

步骤3：用model.fit()函数训练，用model.get_cpds()函数获得各个CPD的估计值并输出。

步骤4：将预测的列代入到model.predict()函数，得到预测结果并输出。

实现代码如下。

```
from pgmpy.models import BayesianModel
from pgmpy.estimators import BayesianEstimator
import pandas as pd
train1 = pd.read_csv('./train1.csv')
test1 = pd.read_csv('./test1.csv')
train = pd.DataFrame(train1, columns=['T', 'S', 'Q', 'V', 'G'])
# head = next(train1)
model = BayesianModel([('T', 'S'), ('T', 'G'), ('Q', G'), ('S', 'V'),
                       ('V', 'G'), ('S', 'G')])
model.fit(train, estimator=BayesianEstimator, prior_type="BDeu")
                                        # default equivalent_sample_size = 5
for cpd in model.get_cpds():
    print(cpd)
predict_data = pd.DataFrame(test1, columns=['T', 'S', 'Q', 'V'])
y_pred = model.predict(predict_data)
i = 0
print("预测结果:")
```

```
while i < len(y_pred['G']):
    print(y_pred['G'][i], ' ', end='')
    i = i + 1
```

运行结果如图11-4(a)~(c)所示。图11-4(b)中只展示了左侧的部分运行结果。

```
+------+----------+
| T(0) | 0.412121 |
+------+----------+
| T(1) | 0.321212 |
+------+----------+
| T(2) | 0.266667 |
+------+----------+
+------+---------------------+---------------------+----------------------+
| T    | T(0)                | T(1)                | T(2)                 |
+------+---------------------+---------------------+----------------------+
| S(0) | 0.37745098039215685 | 0.3144654088050315  | 0.03787878787878788  |
+------+---------------------+---------------------+----------------------+
| S(1) | 0.5539215686274509  | 0.20125786163522014 | 0.5151515151515151   |
+------+---------------------+---------------------+----------------------+
| S(2) | 0.06862745098039215 | 0.4842767295597485  | 0.44696969696969696  |
+------+---------------------+---------------------+----------------------+
```

(a)

```
+------+----------------------+----------------------+------+------+----------------------+------+
| Q    | Q(0)                 | Q(0)                 | Q(0) | Q(0) | Q(0)                 | Q(0) |
+------+----------------------+----------------------+------+------+----------------------+------+
| S    | S(0)                 | S(0)                 | S(0) | S(0) | S(0)                 | S(0) |
+------+----------------------+----------------------+------+------+----------------------+------+
| T    | T(0)                 | T(0)                 | T(0) | T(1) | T(1)                 | T(1) |
+------+----------------------+----------------------+------+------+----------------------+------+
| V    | V(0)                 | V(1)                 | V(2) | V(0) | V(1)                 | V(2) |
+------+----------------------+----------------------+------+------+----------------------+------+
| G(0) | 0.9778761061946902   | 0.9778761061946902   | 0.5  | 0.5  | 0.9778761061946902   | 0.5  |
+------+----------------------+----------------------+------+------+----------------------+------+
| G(1) | 0.022123893805309734 | 0.022123893805309734 | 0.5  | 0.5  | 0.022123893805309734 | 0.5  |
+------+----------------------+----------------------+------+------+----------------------+------+
```

(b)

```
+------+----------+
| Q(1) | 0.240909 |
+------+----------+
| Q(2) | 0.368182 |
+------+----------+
| Q(3) | 0.204545 |
+------+----------+
+------+---------------------+---------------------+---------------------+
| S    | S(0)                | S(1)                | S(2)                |
+------+---------------------+---------------------+---------------------+
| V(0) | 0.24242424242424243 | 0.3192488262910798  | 0.21333333333333335 |
+------+---------------------+---------------------+---------------------+
| V(1) | 0.44696969696969696 | 0.3192488262910798  | 0.5733333333333334  |
+------+---------------------+---------------------+---------------------+
| V(2) | 0.3106060606060606  | 0.36150234741784043 | 0.21333333333333335 |
+------+---------------------+---------------------+---------------------+
100%|██████████| 5/5 [00:00<00:00, 35.71it/s]
预测结果：
0  0  0  1  0
```

(c)

图11-4　运行结果

11.2 案例06:HMM实现天气预测

本案例也是基于现实中的真实案例,这里主要对隐含变量序列的预测进行简化,同时也转化为实现我们较为熟悉的问题。如何利用隐马尔可夫模型解决天气预测的问题,是隐马尔可夫模型的3个基本问题之一,即给定一个模型和某个特定的输出序列,如何找到最可能产生这个输出的隐含状态的序列? 此类问题一般使用Viterbi算法实现。

11.2.1 案例技术分析

本例中天气预测就是隐马尔可夫模型的这一类案例,给定一个模型和某个特定的输出序列,找到最可能产生这个输出的隐含状态的序列。我们设置的观测状态与隐含状态天气的状态是对应的,就是设定某一个人在一段时间内每天的主要活动“浇水”“除草”“劈柴”“休息”为可观测状态,由此来推断当天是晴天、阴天还是雨天。

本节所用的一组数据,是我们预先通过输入以下数据得到的一组模型数据,参数如下。

可观测状态为“浇水”“除草”“劈柴”“休息”。

隐含状态为“晴”“阴”“雨”。

隐含状态转移概率矩阵:A = np.array([[0.6, 0.25, 0.15], [0.35, 0.4, 0.25], [0.2, 0.3, 0.5]])。

可观测值转移矩阵:B = np.array([[0.5, 0.35 , 0.1, 0.05], [0.1, 0.5, 0.3, 0.1], [0.0, 0.1, 0.6, 0.3]])。

初始状态概率向量:pi = np.array([0.2, 0.65, 0.15])。

再用这一组数据做下面的模拟天气预测。

11.2.2 HMM实现天气预测

hmmlearn有以下3种隐马尔可夫模型。

(1)GaussianHMM:观测状态是连续型,且符合高斯分布。

(2)GMMHMM:观测状态是连续型,且符合混合高斯分布。

(3)MultinomialHMM:观测状态是离散型。

我们的数据是离散型数据组,所以调用的就是MultinomialHMM函数。对于MultinomialHMM的模型,使用比较简单,“startprob_”参数对应初始状态概率向量pi,“transmat_”参数对应隐含状态转移概率矩阵A,“emissionprob_”参数对应可观测值转移矩阵B。

hmmlearn中的hmm库函数,示例代码:hmmlearn.hmm.MultinomialHMM(n_components=1, startprob_prior=1.0, transmat_prior=1.0, algorithm='viterbi', random_state=None, n_iter=10, tol=0.01, verbose=False, params='ste', init_params='ste')。

主要参数说明如下。

n_components:隐藏层个数。

n_iter：最大迭代次数。

tol：收敛阈值。

方法如下。

(1)decode(X, lengths=None, algorithm=None)，找出最可能与X对应的状态序列。

参数说明如下。

X：个体样本的特征矩阵。

lengths：X中个体序列的长度，其总和应为n_samples。

algorithm：解码器算法，必须是viterbi或map，如果没有指定，则用decoder。

返回值如下。

logprob：float，所生成状态序列的对数概率。

state_sequence：array，shape(n_samples,)，依据algorithm加密器获得的X中每个样本的标签。

(2)fit(X, lengths=None)，估算模型参数。

参数说明如下。

X：个体样本的特征矩阵。

lengths：X中个体序列的长度，其总和应为n_samples。

实现步骤如下。

步骤1：定义变量和常量。

可观测状态：ob1 = ["浇水", "除草", "劈柴", "休息"]。

隐含状态：states = ["晴", "阴", "雨"]。

步骤2：调用hmm.MultinomialHMM(n_components=len(states))，model.fit(s)训练HMM模型。

步骤3：输出模型训练后的几个参数。

步骤4：调用model.decode(se, algorithm='viterbi')，用Viterbi解码预测天气序列和概率，并输出结果。

实现代码如下。

```
import numpy as np
import hmmlearn.hmm as hmm
states = ["晴", "阴", "雨"]
ob = {"浇水": 0, "除草": 1, "劈柴": 2, "休息": 3}
model = hmm.MultinomialHMM(n_components=len(states))
s = []
for line in open ("h1.txt", encoding='utf-8'):
    r = [i.split('_')for i in line[:-2].split('\t')]
    # print(r)
    L = []
    for i in r:
        L.append(i[0])
    L1 = [ob[j] for j in L]
    s.append(L1)
model.fit(s)
```

```
print(model.startprob_)
print(model.transmat_)
print(model.emissionprob_)
# 运用Viterbi预测的问题
se = np.array([[0, 1, 1, 0, 2, 3, 3]]).T
ob1 = ["浇水", "除草", "劈柴", "休息"]
logprod, box_index = model.decode(se, algorithm='viterbi')
print("当天的事件:", end="")
print(" ".join(map(lambda t: ob1[t], [0, 1, 1, 0, 2, 3, 3])))
print("天气:", end="")
print(" ".join(map(lambda t: states[t], box_index)))
print("概率值:", end="")
print(np.exp(logprod))
```

运行结果如图11-5所示，案例分析中模拟数据使用的HMM参数如下。

隐含状态转移概率矩阵：A = np.array([[0.6, 0.25, 0.15], [0.35, 0.4, 0.25], [0.2, 0.3, 0.5]])。

可观测值转移矩阵：B = np.array([[0.5, 0.35, 0.1, 0.05], [0.1, 0.5, 0.3, 0.1], [0.0, 0.1, 0.6, 0.3]])。

初始状态概率向量：pi = np.array([0.2, 0.65, 0.15])。

以上参数与图11-5中输出的参数相比还有一定的差距，模型训练的准确性还有待提高。

```
[1.52726117e-03 9.98470863e-01 1.87598429e-06]
[[0.36916967 0.42365477 0.20717555]
 [0.36187919 0.42035769 0.21776312]
 [0.2377971  0.29241262 0.46979028]]
[[0.40799076 0.27338247 0.24930095 0.06932582]
 [0.25055682 0.51212869 0.20909901 0.02821548]
 [0.02380409 0.1404387  0.48458089 0.35117632]]
当天的事件:浇水 除草 除草 浇水 劈柴 休息 休息
天气:阴 阴 阴 晴 雨 雨 雨
概率值:4.677513642637002e-06
```

图11-5　运行结果

本章小结

本章主要介绍了贝叶斯网络实现交通事故预测和HMM实现天气预测，通过这两个案例希望读者熟悉概率统计方面的典型应用，以后还可以将这类模型应用到其他状态预测或已知状态预测隐含状态的案例中。

第12章 综合应用案例

★本章导读★

本章将展示工业生产领域的综合应用案例，包括工业异常参数的离群点检测和工厂发电量预测。第1个案例将介绍工业异常参数的离群点检测，实现4种算法的案例代码，分别是KNN、One-Class SVM、局部离群因子和孤立森林算法。该案例是机器学习算法的典型应用。第2个案例将介绍工厂发电量预测，实现两种算法的案例代码，分别是CNN和CNN-LSTM算法。该案例是典型的深度学习在序列预测中的应用。

12.1 案例07:工业异常参数的离群点检测

在大数据集所包含的信息中,具有相似特征的对象总是占大多数,而异常、稀有和不规则的对象总是占一小部分。离群点检测涉及生活中的各个领域,如银行欺诈、医疗、入侵检测等。这些异常值因为意义重大,使人们越来越关注它们的存在。不管离群点的性质是什么,它都会给用户带来大量的信息,因此离群点检测是一项有意义的工作。在统计数据中,数据集中离群点的数量表示数据集不确定性的强度。离群点也可以称为异常点、偏离点、奇异点等。

本案例主要介绍工业场景的离群点检测。当然,实际的环境中业务复杂,同时需要考虑数据的敏感性问题。因此,我们对常用的离群点算法进行了一个梳理,同时数据进行了脱敏操作。离群点检测算法主要用于检测工业环境中参数变量的异常情况,例如,常见的工业环境变量有压强、温度等,可以根据离群数据的积累比例多少来决定是否告警,或者根据离群数据的偏离程度进行告警。

12.1.1 KNN实现离群点检测

K最近邻(K-Nearest Neighbor,KNN)分类算法的核心思想是,如果一个样本在特征空间中的k个最相似(特征空间中最邻近)的样本中的大多数属于某一个类别,则该样本也属于这个类别。KNN算法可用于多分类,还可用于回归。通过找出一个样本的k个最近邻居,将这些邻居的属性的平均值赋给该样本,作为预测值。KNeighborsClassifier在Scikit-learn的sklearn.neighbors包之中。

KNeighborsClassifier的使用只有简单的3步。

(1)创建KNeighborsClassifier对象。

(2)调用fit函数。

(3)调用predict函数进行预测。

示例代码:sklearn.neighbors.KNeighborsClassifier(n_neighbors=5, weights='uniform', algorithm='auto', leaf_size=30, p=2, metric='minkowski', metric_params=None, n_jobs=None, **kwargs)。

主要参数说明如下。

n_neighbors:选取最近的点的个数k。

leaf_size:构造树的大小,一般选取默认值即可,太大会影响速度。

n_jobs:默认值为1,选取-1,占据CPU比重会减小,但运行速度也会变慢,所有的core都会运行。

实现步骤如下。

步骤1:读取数据,划分训练和测试数据。

步骤2:创建KNeighborsClassifier对象,调用fit函数训练模型,调用predict函数进行分类。

步骤3:分别输出训练集和测试集的分类效果。

实现代码如下。

```
import pandas as pd
from sklearn.model_selection import train_test_split
from sklearn.metrics import precision_score, recall_score, f1_score
from sklearn.neighbors import KNeighborsClassifier
df = pd.read_csv("./1.csv")
# 分特征和目标
data = df.iloc[:, 2:]
target = df.iloc[:, 1]
# 划分训练和测试数据
x_train, x_test, y_train, y_test = train_test_split(data. values, target. values,
                                                     test_size=0.15)
knn_clf = KNeighborsClassifier(n_neighbors=2)
knn_clf.fit(x_train, y_train)
scores = knn_clf.score(x_test, y_test)
y_pred_train = knn_clf.predict(x_train)
y_pred_test = knn_clf.predict(x_test)
print('训练集的预测效果:')
print('Precision: %.3f '%precision_score(y_true=y_train, y_pred=y_pred_train),
      'Recall: %.3f '%recall_score(y_true=y_train, y_pred=y_pred_train),
      'F1: %.3f '%f1_score(y_true=y_train, y_pred=y_pred_train))
print('测试集的预测效果:')
print('Precision: %.3f '%precision_score(y_true=y_test, y_pred=y_pred_test),
      'Recall: %.3f '%recall_score(y_true=y_test, y_pred=y_pred_test),
      'F1: %.3f '%f1_score(y_true=y_test, y_pred=y_pred_test))
```

运行结果如图12-1所示。

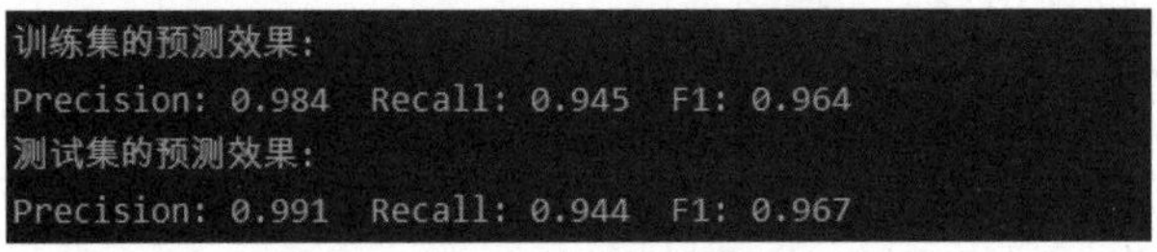
训练集的预测效果:
Precision: 0.984 Recall: 0.945 F1: 0.964
测试集的预测效果:
Precision: 0.991 Recall: 0.944 F1: 0.967

图12-1　运行结果

12.1.2　One-Class SVM实现异常点检测

利用One-Class SVM算法能很好地解决只有一个类别情况下的分类工作,如只有正类,同时SVM对非线性的数据拟合较好,所以我们往往利用它来做离群点的检测。这里主要介绍建模思路,对于相关原理没有去介绍,也就是说,主要介绍算法场景的应用。

Sklearn提供了一些机器学习算法,用于离群点或异常点检测;One-Class SVM是一种无监督算法,它的思想是寻找一个超球面,使得正常样本在球体内,异常样本在球体外,然后最小化这个球的半径或体积。

$$\min_{r,o} V(r) + C\sum_{i=1}^{m}\xi_i$$

$$\left\|x_i - o\right\|_2 \leqslant r + \xi_i (i = 1,2,\cdots,m)$$

$$\xi_i \geqslant 0 (i = 1,2,\cdots,m)$$

其中,o为球心,r为半径,$V(r)$为球的体积,C为惩罚系数,ξ为松弛变量。

示例代码:class sklearn. svm. OneClassSVM(kernel= 'rbf', degree=3, gamma= 'auto', coef0=0.0, tol=0.001, nu=0.5, shrinking=True, cache_size=200, verbose=False, max_iter=-1, random_state=None)。

主要参数说明如下。

kernel:核函数(一般使用高斯核)。

nu:设定训练误差(0, 1],表示异常点比例,默认值为0.5。

主要函数说明如下。

fit(X):训练,根据训练样本和上面两个参数探测边界(无监督)。

predict(X):返回预测值,+1就是正常样本,-1就是异常样本。

decision_function(X):返回各样本点到超平面的函数距离,正的为正常样本,负的为异常样本。

实现步骤如下。

步骤1:读取数据,划分训练和测试数据。

步骤2:创建svm.OneClassSVM对象,调用fit函数训练模型,调用predict函数进行分类。

步骤3:分别输出训练集和测试集的分类效果。

实现代码如下。

```
from sklearn import svm
import pandas as pd
from sklearn.model_selection import train_test_split
from sklearn.metrics import precision_score, recall_score, f1_score
df = pd.read_csv("./1.csv")
# 分特征和目标
data = df.iloc[:, 2:]
target = df.iloc[:, 1]
# 划分训练和测试数据
x_train, x_test, y_train, y_test = train_test_split(data. values,  target. values,
                                                    test_size=0.15)
# 模型训练
clf = svm.OneClassSVM(nu=0.1, kernel="rbf")
clf.fit(x_train)
y_pred_train = clf.predict(x_train)
y_pred_test = clf.predict(x_test)
print('训练集的预测效果:')
print('Precision: %.3f '%precision_score(y_true=y_train, y_pred=y_pred_train),
      'Recall: %.3f '%recall_score(y_true=y_train, y_pred=y_pred_train),
      'F1: %.3f '%f1_score(y_true=y_train, y_pred=y_pred_train))
```

```
print('测试集的预测效果:')
print('Precision: %.3f '%precision_score(y_true=y_test, y_pred=y_pred_test),
      'Recall: %.3f '%recall_score(y_true=y_test, y_pred=y_pred_test),
      'F1: %.3f '%f1_score(y_true=y_test, y_pred=y_pred_test))
```

运行结果如图12-2所示。

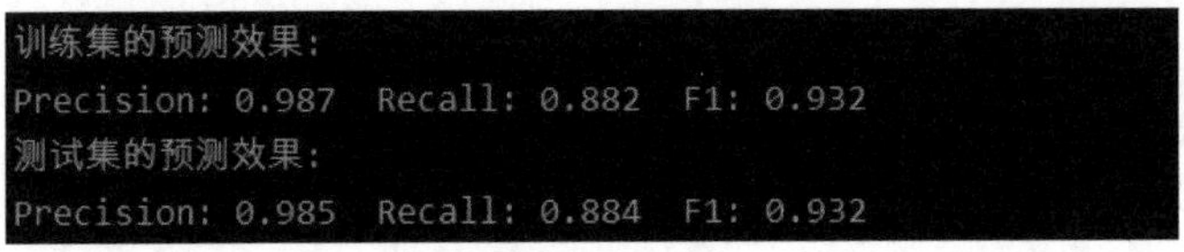
训练集的预测效果:
Precision: 0.987 Recall: 0.882 F1: 0.932
测试集的预测效果:
Precision: 0.985 Recall: 0.884 F1: 0.932

图12-2　运行结果

12.1.3　局部离群因子实现异常点检测

局部离群因子(LOF)算法中,每个点的离群度是通过局部离群因子来衡量,在检测局部离群点和全局离群点方面较为准确。该算法的思想是通过LOF来刻画一个对象成为离群点的可能性,一个数据对象对应的LOF值越高,它成为离群点的可能性越大。

给定数据集D,LOF算法的一些相关定义如下。

对象o的k-距离:用$dist_k(o)$表示,是o与目标对象$p \in D$之间的距离$dist(o,p)$,其中$dist(o,p)$采用欧氏距离公式来计算。另一个对象p满足:

(1)至少有k个对象$o' \in D\{o\}$,使得$dist(o,o') \leqslant dist(o,p)$;

(2)至少有$k-1$个对象$o'' \in D\{o\}$,使得$dist(o,o'') \leqslant dist(o,p)$。

对象o的k-距离邻域:o的k-距离邻域包含邻域内到o的距离不大于$dist_k(o)$的所有对象,它是一个点的集合,即$N_k(o)=\left\{o' \middle| o' \in D, dist(o,o') \leqslant dist_k(o)\right\}$。

数据对象o相对于数据对象o'的可达距离:给定的两个对象o和o',如果$dist(o,o') > dist_k(o)$,则从o'到o的可达距离是$dist(o,o')$,否则是$dist_k(o)$。也就是说,$reachdist_k(o \leftarrow o') = \max\left\{dist(o,o'),dist_k(o)\right\}$。

对象o的局部可达密度:

$$lrd_k(o) = \frac{\left\|N_k(o)\right\|}{\sum\limits_{o' \in N_k(o)} reachdist_k(o' \leftarrow o)}$$

上式表示对象o的k-距离邻域内的点到对象o的平均可达距离的倒数。

对象o的局部离群点因子的数学表达式为

$$LOF_k(o) = \frac{\sum\limits_{o' \in N_k(o)} \frac{lrd_k(o')}{lrd_k(o)}}{\left\|N_k(o)\right\|}$$

即局部离群因子表示为对象o的k-距离邻域内的点的局部可达密度与对象o的局部可达密度之

比的平均值。

LOF 算法的具体实现步骤描述如下。

输入：样本集合 D，正整数 k(用于计算 k-距离)

(1)计算每个对象与其他对象的欧氏距离。

(2)对欧氏距离进行排序，计算 k-距离及 k-距离邻域。

(3)计算每个对象的可达密度。

(4)计算每个对象的局部离群点因子。

(5)对每个点的局部离群点因子进行排序。

输出：各样本点的局部离群点因子。

Sklearn 提供的 neighbors.LocalOutlierFactor 模块可用于 LOF 算法。

示例代码：sklearn. neighbors. LocalOutlierFactor(n_neighbors=20, algorithm= 'auto', leaf_size=30, metric='minkowski', p=2, metric_params=None, contamination=0.1, n_jobs=1)。

主要参数说明如下。

n_neighbors：设置 k，default=20，检测的邻域点个数超过样本数则使用所有的样本进行检测。

algorithm：使用的求解算法，使用默认值即可。

p：距离度量函数，默认使用欧氏距离。

contamination：范围为(0, 0.5)，设置样本中异常点的比例，默认为 0.1。

n_jobs：并行任务数，设置为-1 表示使用所有 CPU 进行工作。

主要属性如下。

negative_outlier_factor_: numpy array, shape (n_samples,)，与 LOF 相反的值，值越小，越有可能是异常点(LOF 的值越接近 1，越有可能是正常样本；LOF 的值越大于 1，则越有可能是异常样本)。

主要函数说明如下。

fit(X)：训练。

fit_predict(X)：返回一个数组，-1 表示异常点，1 表示正常点。

实现步骤如下。

步骤 1：读取数据，划分训练和测试数据。

步骤 2：创建 LocalOutlierFactor 对象，调用 fit 函数训练模型，调用 predict 函数进行分类。

步骤 3：分别输出训练集和测试集的分类效果。

实现代码如下。

```
# -*- coding: utf-8 -*-
import pandas as pd
from sklearn.model_selection import train_test_split
from sklearn.metrics import precision_score, recall_score, f1_score
from sklearn.neighbors import LocalOutlierFactor
df = pd.read_csv("./1.csv")
# 分特征和目标
data = df.iloc[:, 2:]
```

```
target = df.iloc[:, 1]
# 划分训练和测试数据
x_train, x_test, y_train, y_test = train_test_split(data. values,  target. values,
                                                    test_size=0.15)

# 绑定数据训练
model = LocalOutlierFactor(n_neighbors=2, contamination=0.02)
model.fit(x_train)
y_pred_train = model.fit_predict(x_train)
y_pred_test = model.fit_predict(x_test)
print('训练集的预测效果:')
print('Precision: %.3f '%precision_score(y_true=y_train, y_pred=y_pred_train),
      'Recall: %.3f '%recall_score(y_true=y_train, y_pred=y_pred_train),
      'F1: %.3f '%f1_score(y_true=y_train, y_pred=y_pred_train))
print('测试集的预测效果:')
print('Precision: %.3f '%precision_score(y_true=y_test, y_pred=y_pred_test),
      'Recall: %.3f '%recall_score(y_true=y_test, y_pred=y_pred_test),
      'F1: %.3f '%f1_score(y_true=y_test, y_pred=y_pred_test))
```

运行结果如图 12-3 所示。

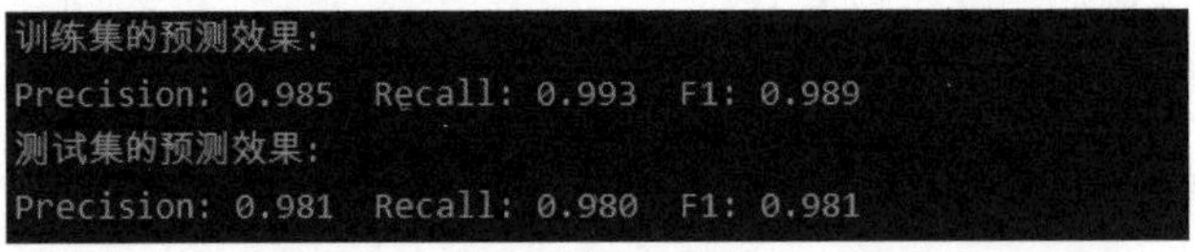
训练集的预测效果:
Precision: 0.985 Recall: 0.993 F1: 0.989
测试集的预测效果:
Precision: 0.981 Recall: 0.980 F1: 0.981

图 12-3　运行结果

12.1.4　孤立森林实现异常点检测

孤立森林(Isolation Forest)是另一种高效的异常检测算法,它与随机森林类似,但每次选择划分属性和划分点(值)时都是随机的,而不是根据互信息或基尼指数来选择。

在建树过程中,如果一些样本很快就到达了叶子节点(叶子到根的距离 d 很短),那么就被认为很有可能是异常点。因为那些路径 d 比较短的样本,都是距离主要的样本点分布中心比较远的。也就是说,可以通过计算样本在所有树中的平均路径长度来寻找异常点。

Sklearn 提供了 ensemble.IsolationForest 模块可用于孤立森林算法。

示例代码:sklearn. ensemble. IsolationForest(n_estimators=100, max_samples='auto', contamination=0.1, max_features=1.0, bootstrap=False, n_jobs=1, random_state=None, verbose=0)。

主要参数说明如下。

n_estimators: 森林中树的棵数, int, optional(default=100)。

max_samples: 对每棵树,样本个数或比例, int 或 float, optional(default="auto")。

contamination: 用户设置样本中异常点的比例, float in (0., 0.5), optional(default=0.1)。

max_features: 对每棵树,特征个数或比例, int 或 float, optional(default=1.0)。

主要函数说明如下。

fit(X):训练(无监督)。

predict(X):返回值,+1表示正常样本,-1表示异常样本。

decision_function(X):返回样本的异常评分。值越小表示越有可能是异常样本。

实现步骤如下。

步骤1:读取数据,划分训练和测试数据。

步骤2:创建IsolationForest对象,调用fit函数训练模型,调用predict函数进行分类。

步骤3:分别输出训练集和测试集的分类效果。

实现代码如下。

```
# -*- coding: utf-8 -*-
import pandas as pd
from sklearn.model_selection import train_test_split
from sklearn.metrics import precision_score, recall_score, f1_score
from sklearn.ensemble import IsolationForest
df = pd.read_csv("./1.csv")
# 分特征和目标
data = df.iloc[:, 2:]
target = df.iloc[:, 1]
print(target.value_counts())
# 划分训练和测试数据
x_train, x_test, y_train, y_test = train_test_split(data. values,  target. values,
                                                    test_size=0.15)
# 绑定数据训练
iforest = IsolationForest(n_estimators=2, random_state=1, contamination=0.02)
iforest.fit(x_train)
y_pred_train = iforest.predict(x_train)
y_pred_test = iforest.predict(x_test)
print(classification_report(y_true=y_train, y_pred=y_pred_train))
print('训练集的预测效果:')
print('Precision: %.3f '%precision_score(y_true=y_train, y_pred=y_pred_train),
      'Recall: %.3f '%recall_score(y_true=y_train, y_pred=y_pred_train),
      'F1: %.3f '%f1_score(y_true=y_train, y_pred=y_pred_train))
print('测试集的预测效果:')
print('Precision: %.3f '%precision_score(y_true=y_test, y_pred=y_pred_test),
      'Recall: %.3f '%recall_score(y_true=y_test, y_pred=y_pred_test),
      'F1: %.3f '%f1_score(y_true=y_test, y_pred=y_pred_test))
```

运行结果如图12-4所示。

```
训练集的预测效果:
Precision: 0.983   Recall: 0.980   F1: 0.982
测试集的预测效果:
Precision: 0.987   Recall: 0.976   F1: 0.982
```

图12-4　运行结果

12.2 案例08：工厂发电量预测

工厂发电量预测是我们所做的实际案例，但是由于整个系统复杂，同时我们所使用的算法也不是CNN或CNN + LSTM，而是使用类似更加复杂的算法，于是我们把这个复杂算法进行拆解，变成了CNN、CNN + LSTM两个基本的算法。这两个算法的思路很具有代表性，CNN直接用于特征提取，同时考虑局部数据的相关性；CNN + LSTM不仅考虑了空间上的相关性，还考虑了时域上的相关性。同时，这两个算法的思路的实际扩展性也很好，例如，可以用于交通故障预测、交通流量预测，工业场景中的工业参数趋势预测，等等。下面我们从发电量预测入手学习建模思路，常见的需求如下。

(1)预测一天内每小时的发电量。

(2)预测一周内每天的发电量。

(3)预测一月内每天的发电量。

(4)预测一年内每天的发电量。

以上4类预测问题称为多步预测。利用所有特征进行预测的模型称为多变量多步预测模型。每个模型都不局限于日期的大小，还可以根据需求对更细粒度的问题进行建模，如一天内某个时段每分钟的发电量预测问题。这有助于电力公司进行电能调度，是一个被广泛研究的重要问题。利用卷积神经网络(CNN)进行多步时间序列预测，需要做如下工作：给定之前几天的总日发电量，预测下一个标准周(周天开始，周六结束)的日发电量。一维CNN模型要求输入数据的shape为[样本，时间步长，特征]([samples, timesteps, features])。一个样本(sample)包含一周7天的日总有功功率，即滑动窗口的宽度为7；特征只有一个(原数据集有7个特征，不包含日期和时间)，即7天的日总有功功率序列。

12.2.1 CNN实现发电量预测

CNN能够从序列数据中自动学习特征，支持多变量数据，并可直接输出用于多步预测的向量。因此，CNN可用于多步时间序列预测。对于CNN的预测主要考虑数据在局部上的相关性，这是CNN的一个很大的特点。但是，由于真实的场景很复杂，单纯地利用CNN的效果可能不是很好，因此这个要根据真实的业务场景来确定。但是，可以肯定CNN作为特征提取器是非常优秀的。

实现代码如下。

```
import torch
import torch.nn as nn
import torch.nn.functional as F
import torch.utils.data as Data
import numpy as np
import pandas as pd
import matplotlib.pyplot as plt
from torch.autograd import Variable
import math
```

```
import sklearn.metrics as skm
# 设置中文显示
plt.rcParams['font.sans-serif'] = ['Microsoft JhengHei']
plt.rcParams['axes.unicode_minus'] = False
def sliding(data_in, sw_width=7, n_out=7):
    data = data_in.reshape((data_in.shape[0]*data_in.shape[1],
                            data_in.shape[2]))  # 将以周为单位的样本展平为以天为
                                                # 单位的序列

    X, y = [], []
    for _ in range(len(data)):
        in_b = sw_width
        out_b = in_b + n_out
        if out_b < len(data):
            data_in_seq = data[0:in_b, 0]
            data_in_seq = data_in_seq.reshape((len(data_in_seq), 1))
            X.append(data_in_seq)
            y.append(data[in_b:out_b, 0])
    X = np.array(X)
    y = np.array(y)
    X = torch.from_numpy(X).float()
    y = torch.from_numpy(y).float()
    return X, y
dataset = pd.read_csv('fadian_days.csv', header=0,
                      infer_datetime_format=True, engine='c',
                      parse_dates=['datetime'], index_col=['datetime'])
train, test = dataset.values[1:848], dataset.values[848:]
train = np.array(np.split(train, len(train)/7))  # 将数据划分为按周为单位的数据
test = np.array(np.split(test, len(test)/7))
slide = 7
input_sequence_start = 0
train_x, train_y = sliding(train, slide)
test_x, test_y = sliding(test, slide)
torch_dataset = Data.TensorDataset(train_x, train_y)
train_loader = Data.DataLoader(dataset=torch_dataset, batch_size=24, shuffle=True)
```

第二部分:引用库和数据处理。

实现代码如下(与上一部分衔接)。

```
class CNN(nn.Module):
    def __init__(self):
        super(CNN, self).__init__()
        self.conv1 = nn.Sequential(
            nn.Conv1d(
                in_channels=7,
                out_channels=32,
                kernel_size=3,
```

```
                stride=1,
                padding=2,
            ),
            nn.ReLU(),
            nn.Conv1d(
                in_channels=32,
                out_channels=32,
                kernel_size=3,
                stride=1,
                padding=2,
            ),
            nn.ReLU(),
            nn.MaxPool1d(kernel_size=2),
            nn.Conv1d(
                in_channels=32,
                out_channels=16,
                kernel_size=3,
                stride=1,
                padding=2,
            ),
            nn.ReLU(),
            nn.MaxPool1d(kernel_size=2),
        )
        self.out = nn.Linear(32, 10)
        self.out1 = nn.Linear(10, 7)
    def forward(self, x):
        x = self.conv1(x)
        x = x.view(x.size(0), -1)
        x = F.relu(self.out(x))
        output = self.out1(x)
        return output, x
name = 'cnn'
EPOCH = 10000  # train the training data n times, to save time,
               # we just train 1 epoch
BATCH_SIZE = 24
LR = 0.001  # learning rate
use_gpu = True
cnn = CNN()
if use_gpu:
    cnn = cnn.cuda()
loss_func = torch.nn.SmoothL1Loss(reduce=True, size_average=True)
                                                        # Defined loss function
optimizer = torch.optim.Adam(cnn.parameters(), lr=LR )  # Defined optimizer
optimizer.zero_grad()
for epoch in range(EPOCH):
    for step, (b_x, b_y) in enumerate(train_loader, BATCH_SIZE):
```

```
                # gives batch data, normalize x when iterate train_loader
        b_x = Variable(b_x, requires_grad=True)
        b_y = Variable(b_y, requires_grad=False)
        if use_gpu:
            b_x = b_x.cuda()
            b_y = b_y.cuda()
        output = cnn(b_x)[0]  # cnn output
        # print(output)
        loss = loss_func(output, b_y)  # cross entropy loss
        print('epoch', epoch, loss)
        optimizer.zero_grad()  # clear gradients for this training step
        loss.backward()  # backpropagation, compute gradients
        optimizer.step()  # apply gradients
```

第三部分:引用库和数据处理。

实现代码如下(与上一部分衔接)。

```
    if use_gpu:
        test_x = test_x.cuda()
    out = cnn(test_x)[0]
    out = out.data.cpu().numpy()
    scores = list()
    for i in range(test_y.shape[1]):
        mse = skm.mean_squared_error(test_y[:, i], out[:, i])
        rmse = math.sqrt(mse)
        scores.append(rmse)
    s = 0  # 计算总的RMSE
    for row in range(test_y.shape[0]):
        for col in range(test_y.shape[1]):
            s += (test_y[row, col]-out[row, col]) ** 2
    score = math.sqrt(s/(test_y.shape[0]*test_y.shape[1]))
    s_scores = ', '.join(['%.1f'%s for s in scores])
    print('%s: score [%.3f] s_scores %s\n'%(name, score, s_scores))class
```

运行结果如图12-5(a)~(c)所示,分别是epoch = 0,42,9999时的运算结果。

```
epoch 0 tensor(489.2468, device='cuda:0', grad_fn=<SmoothL1LossBackward>)
epoch 0 tensor(468.9647, device='cuda:0', grad_fn=<SmoothL1LossBackward>)
epoch 0 tensor(452.4567, device='cuda:0', grad_fn=<SmoothL1LossBackward>)
cnn: score [265.977] s_scores 252.9, 119.7, 499.8, 128.4, 180.8, 197.4, 281.2
```

(a)

```
epoch 42 tensor(1.3310, device='cuda:0', grad_fn=<SmoothL1LossBackward>)
epoch 42 tensor(4.9962, device='cuda:0', grad_fn=<SmoothL1LossBackward>)
epoch 42 tensor(5.9653, device='cuda:0', grad_fn=<SmoothL1LossBackward>)
cnn: score [99.018] s_scores 41.0, 18.3, 84.1, 156.0, 7.9, 152.7, 108.7
```

(b)

```
epoch 9999 tensor(0.2732, device='cuda:0', grad_fn=<SmoothL1LossBackward>)
epoch 9999 tensor(0.3000, device='cuda:0', grad_fn=<SmoothL1LossBackward>)
epoch 9999 tensor(0.3232, device='cuda:0', grad_fn=<SmoothL1LossBackward>)
cnn: score [100.073] s_scores 41.3, 19.9, 87.2, 157.0, 10.3, 155.2, 107.5
```

(c)

图 12-5　运行结果

12.2.2　CNN-LSTM实现发电量预测

上面的讨论中利用CNN进行了特征的提取，同时实现了时间序列的预测。但是，我们忽略了发电量的数据在时域上是相关的，如现在的发电量和之前一段时间内的发电量是相关的。所以，建模时应该把LSTM对于时域上的建模能力进行综合处理，让它在数据建模上更加的科学。

实现代码如下。

```
import torch
import torch.nn as nn
import torch.utils.data as Data
import numpy as np
import pandas as pd
import matplotlib.pyplot as plt
from torch.autograd import Variable
import math
import sklearn.metrics as skm
plt.rcParams['font.sans-serif'] = ['Microsoft JhengHei']
plt.rcParams['axes.unicode_minus'] = False
def sliding(data_in, sw_width=7, n_out=7):
    data = data_in.reshape((data_in.shape[0]*data_in.shape[1], data_in.shape[2]))
                                        # 将以周为单位的样本展平为以天为单位的序列
    X, y = [], []
    for _ in range(len(data)):
        in_b = sw_width
        out_b = in_b + n_out
        if out_b < len(data):
            data_in_seq = data[0:in_b, 0]
            data_in_seq = data_in_seq.reshape((len(data_in_seq), 1))
            X.append(data_in_seq)
            y.append(data[in_b:out_b, 0])
    X = np.array(X)
    y = np.array(y)
    X = torch.from_numpy(X).float()
    y = torch.from_numpy(y).float()
    return X, y
dataset = pd.read_csv('fadian_days.csv', header=0,
                      infer_datetime_format=True, engine='c',
```

```
                parse_dates=['datetime'], index_col=['datetime'])
train, test = dataset.values[1:848], dataset.values[848:]
train = np.array(np.split(train, len(train)/7))
test = np.array(np.split(test, len(test)/7))
slide = 7
input_sequence_start = 0
train_x, train_y = sliding(train, slide)
test_x, test_y = sliding(test, slide)
torch_dataset = Data.TensorDataset(train_x, train_y)
train_loader = Data.DataLoader(dataset=torch_dataset, batch_size=24, shuffle=True)
```

第二部分:引用库和数据处理。

实现代码如下(与上一部分衔接)。

```
class CNN_LSTM(nn.Module):
    def __init__(self):
        super(CNN_LSTM, self).__init__()
        self.conv1 = nn.Sequential(
            nn.Conv1d(
                in_channels=7,
                out_channels=32,
                kernel_size=3,
                stride=1,
                padding=2,
            ),
            nn.ReLU(),
            nn.Conv1d(
                in_channels=32, # input height
                out_channels=32, # n_filters
                kernel_size=3, # filter size
                stride=1, # filter movement/step
                padding=2,
            ),
            nn.ReLU(),
            nn.MaxPool1d(kernel_size=2),
        )
        self.rnn = nn.RNN(
            input_size=7,
            hidden_size=400,
            num_layers=2,
            dropout=0.9,
            batch_first=True,
        )
        self.out = nn.Linear(400, 1)
        self.out1 = nn.Linear(64, 7)
    def forward(self, x, h_state):
        x = self.conv1(x)
```

```
        x = x.view(x.size(0), -1)
        x = x.unsqueeze(2)
        x = x.repeat(1, 1, 7)
        x, h_state1 = self.rnn(x, h_state)
        x = self.out(x)
        x = x.squeeze(2)
        output = self.out1(x)
        return output, h_state1  # return x for visualization
name = 'cnn_lstm'
EPOCH = 10000
BATCH_SIZE = 24
LR = 0.001
use_gpu = True
cnn = CNN_LSTM()
if use_gpu:
    cnn = cnn.cuda()
loss_func = torch.nn.SmoothL1Loss(reduce=True, size_average=True)
optimizer = torch.optim.Adam(cnn.parameters(), lr=LR)
optimizer.zero_grad()
h_state = None
for epoch in range(EPOCH):
    for step, (b_x, b_y) in enumerate(train_loader, BATCH_SIZE):
        b_x = Variable(b_x, requires_grad=True)
        b_y = Variable(b_y, requires_grad=False)
        if use_gpu:
            b_x = b_x.cuda()
            b_y = b_y.cuda()
            test_x = test_x.cuda()
        prediction, h_state1 = cnn(b_x, h_state) # rnn output
        h_state1 = h_state1.data # 重置隐藏层的状态,切断和前一次迭代的链接
        loss = loss_func(prediction, b_y)
        print('epoch', epoch, loss)
        optimizer.zero_grad()
        loss.backward()
        optimizer.step()
```

第三部分:引用库和数据处理。

实现代码如下(与上一部分衔接)。

```
    if use_gpu:
        test_x = test_x.cuda()
    prediction, h_state1 = cnn(test_x, h_state)
    out = prediction.data.cpu().numpy()
    scores = list()
    for i in range(test_y.shape[1]):
        mse = skm.mean_squared_error(test_y[:, i], out[:, i])
        rmse = math.sqrt(mse)
```

```
    scores.append(rmse)
s = 0  # 计算总的RMSE
for row in range(test_y.shape[0]):
    for col in range(test_y.shape[1]):
        s += (test_y[row, col]-out[row, col]) ** 2
score = math.sqrt(s/(test_y.shape[0]*test_y.shape[1]))
s_scores = ', '.join(['%.1f'%s for s in scores])
print('%s: score [%.3f] s_scores %s\n'%(name, score, s_scores))
```

运行结果如图12-6(a) ~ (d)所示，分别是epoch = 0，38，533，9999时的运算结果。

```
epoch 0 tensor(611.9142, device='cuda:0', grad_fn=<SmoothL1LossBackward>)
epoch 0 tensor(608.7177, device='cuda:0', grad_fn=<SmoothL1LossBackward>)
epoch 0 tensor(605.3572, device='cuda:0', grad_fn=<SmoothL1LossBackward>)
cnn_lstm: score [321.566] s_scores 260.9, 306.5, 438.2, 291.7, 220.5, 231.1, 427.4
```

(a)

```
epoch 38 tensor(0.0303, device='cuda:0', grad_fn=<SmoothL1LossBackward>)
epoch 38 tensor(0.0134, device='cuda:0', grad_fn=<SmoothL1LossBackward>)
epoch 38 tensor(0.0019, device='cuda:0', grad_fn=<SmoothL1LossBackward>)
cnn_lstm: score [335.986] s_scores 314.7, 313.3, 508.7, 8.0, 231.8, 494.0, 190.9
```

(b)

```
epoch 533 tensor(0.0800, device='cuda:0', grad_fn=<SmoothL1LossBackward>)
epoch 533 tensor(0.0217, device='cuda:0', grad_fn=<SmoothL1LossBackward>)
epoch 533 tensor(7.7402e-05, device='cuda:0', grad_fn=<SmoothL1LossBackward>)
cnn_lstm: score [286.045] s_scores 285.7, 238.6, 443.8, 27.5, 183.6, 428.2, 139.6
```

(c)

```
epoch 9999 tensor(5.3956e-05, device='cuda:0', grad_fn=<SmoothL1LossBackward>)
epoch 9999 tensor(5.9747e-05, device='cuda:0', grad_fn=<SmoothL1LossBackward>)
epoch 9999 tensor(6.8439e-05, device='cuda:0', grad_fn=<SmoothL1LossBackward>)
cnn_lstm: score [336.907] s_scores 315.9, 314.1, 509.9, 8.1, 232.8, 495.1, 191.7
```

(d)

图12-6　运行结果

本章小结

本章展示了工业生产领域的综合应用案例，是机器学习算法在离群点(异常点)检测、深度学习算法在序列数据预测方面的典型应用。由于本章的案例在真实环境下较复杂，因此这里只是做了简单的介绍。本书的目的在于介绍机器学习的数学概念，对于应用的举例只是一个思维的开导，而不是系统介绍。

参考文献

[1] 孙博. 机器学习中的数学[M]. 北京:中国水利水电出版社,2019.

[2] 彭年斌,张秋燕. 微积分与数学模型(上册)[M]. 北京:科学出版社,2017.

[3] 张秋燕,彭年斌. 微积分与数学模型(下册)[M]. 北京:科学出版社,2017.

[4] 同济大学数学系. 高等数学(上册)[M]. 7版. 北京:高等教育出版社,2014.

[5] 同济大学数学系. 高等数学(下册)[M]. 7版. 北京:高等教育出版社,2014.

[6] 张雨萌. 机器学习线性代数基础:Python语言描述[M]. 北京:北京大学出版社,2019.

[7] 陈骑兵. 线性代数与数学模型[M]. 北京:科学出版社,2017.

[8] 同济大学数学系. 工程数学线性代数[M]. 6版. 北京:高等教育出版社,2014.

[9] 陈建龙,周建华,韩瑞珠,等. 线性代数[M]. 北京:科学出版社,2007.

[10] 郝志峰,谢国瑞,汪国强. 概率论与数理统计[M]. 修订版. 北京:高等教育出版社,2009.

[11] 盛骤,谢式千,潘承毅. 概率论与数理统计[M]. 4版. 北京:高等教育出版社,2008.

[12] (美)Thomas M. Cove. 信息论基础[M]. 阮吉寿,张华译. 北京:机械工业出版社,2008.

[13] (美)Dimitri P. Bertsekas. 凸优化理论[M]. 赵千川,王梦迪译. 北京:清华大学出版社,2015.

[14] (美)Stephen Boyd, Lieven Vandenberghe. 凸优化[M]. 王书宁,许鋆,黄晓霖译. 北京:清华大学出版社,2013.

[15] 马宁,李尧著. 关于生猪出售时机的优化模型[J]. 管理与财富:学术版,2018(12).

[16] 陈恩水,王峰. 数学建模与实验[M]. 北京:科学出版社,2008.

[17] 张小向,陈建龙. 线性代数学习指导[M]. 北京:科学出版社,2008.

[18] 秦小虎,刘利,张颖. 一种基于贝叶斯网络模型的交通事故预测方法[J]. 计算机仿真,2005(11).

[19] 李航. 统计学习方法[M]. 北京:清华大学出版社,2012.

[20] 涂晓敏. 基于密度的局部离群点检测算法的改进[D]. 沈阳:沈阳工业大学,2019.

[21] 卓新建,苏永美. 图论及其应用[M]. 北京:北京邮电大学出版社,2018.

[22] (美)Sheldon M. Ross. 随机过程[M]. 龚光鲁译. 北京:机械工业出版社,2013.

[23] 何书元. 随机过程[M]. 北京:北京大学出版社,2008.